Rust游戏开发实战

Hands-on Rust: Effective Learning through 2D Game Development and Play

[美] 赫伯特·沃尔弗森（Herbert Wolverson） 著

米明恒 译

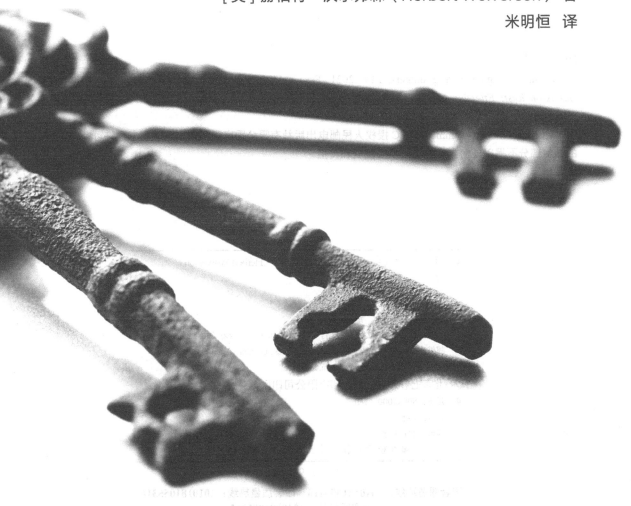

人 民 邮 电 出 版 社

北 京

图书在版编目（CIP）数据

Rust游戏开发实战 / （美）赫伯特·沃尔弗森
(Herbert Wolverson) 著；米明恒译. -- 北京：人民
邮电出版社, 2024.5
　ISBN 978-7-115-62660-8

　Ⅰ. ①R… Ⅱ. ①赫… ②米… Ⅲ. ①游戏程序—程序
设计 Ⅳ. ①TP311.5

　中国国家版本馆CIP数据核字(2023)第174413号

◆ 著　　　[美] 赫伯特·沃尔弗森（Herbert Wolverson）
　　译　　　米明恒
　　责任编辑　吴晋瑜
　　责任印制　王 郁　焦志炜
◆ 人民邮电出版社出版发行　　北京市丰台区成寿寺路 11 号
　　邮编　100164　　电子邮件　315@ptpress.com.cn
　　网址　https://www.ptpress.com.cn
　　北京七彩京通数码快印有限公司印刷
◆ 开本：800×1000　1/16
　　印张：19.5　　　　　　　　2024 年 5 月第 1 版
　　字数：421 千字　　　　　　2024 年 9 月北京第 2 次印刷
　　著作权合同登记号　图字：01-2023-0830 号

定价：99.80 元
读者服务热线：(010)81055410　印装质量热线：(010)81055316
反盗版热线：(010)81055315
广告经营许可证：京东市监广登字 20170147 号

内容提要

　　本书主要介绍基于 Rust 语言开发游戏的方法，还介绍了适用于 Unity、Unreal 等游戏引擎的技巧。

　　本书先设置开发环境，然后引导读者制作自己的 *Flappy Bird*，借实例讲解 Rust 语言的基础知识。全书引导读者逐步完成一个《地下城爬行者》（*Dungeon Crawler*）游戏项目，通过实战帮助读者掌握 Rust 的相关知识，掌握用 Bevy 开发游戏的方法，以及在不影响程序调试的情况下运行游戏系统，对所开发的游戏进行优化。

　　本书适合所有对 Rust 语言感兴趣的读者阅读，也适合从事游戏开发的读者参考。

致谢

本书的顺利付梓，离不开我的妻子梅尔·沃尔弗森（Mel Wolverson）的支持，感谢她给予我的支持和爱！

非常感谢我的父母——罗伯特·沃尔弗森（Robert Wolverson）和道恩·麦克拉伦（Dawn McLaren）。他们让我在很小的时候就接触到了计算机，并教会了我基础的编程技能，还忍受我喊了很多年的"看我做的这个东西"。是他们的教育让我热爱学习和教学，受益匪浅。

感谢紫水晶基金会（Amethyst Foundation）的厄伦德·索格·赫根（Erlend Sogge Heggen），是他把我介绍给了 Pragmatic Bookshelf 出版社。RoguelikeDev 是一个非常棒的社区，促使我重回游戏开发领域，并在本书的编写过程中不断为我提供支持。特别感谢 Cogmind 的作者乔什·葛（Josh Ge）以及 Caves of Qud 的开发者布莱恩·巴克卢（Brian Bucklew）对整个 RoguelikeDev 开发社区的鼓励。感谢史蒂夫·科特里尔（Steve Cotterill）在我构思这本书的内容框架时，他给了我一些非常好的建议。最后，特别感谢沃尔特·皮尔斯（Walter Pearce）在 Rust 语言上给出的帮助。

感谢 iZones 的肯特·弗罗施尔（Kent Froeschle）和斯蒂芬·特纳（Stephen Turner）一直以来对我的鼓励，还为我安排了弹性的工作时间，耐心地帮我完善写作计划。

感谢耐心、细致地审阅本书的所有技术审校者，他们是巴斯·扎姆斯特拉（Bas Zalmstra）、乔什·斯奈思（Josh Snaith）、弗拉迪斯拉夫·巴蒂连科（Vladyslav Batyrenko）、托马斯·吉伦（Thomas Gillen）、雷姆科·库伊珀（Remco Kuijper）、福里斯特·安德森（Forest Anderson）、奥利维亚·伊夫里姆（Olivia Ifrim）和尤吉斯·巴尔丘纳斯（Jurgis Balciunas）。

最后，感谢编辑塔米·科隆（Tammy Coron）对我的帮助和支持，引导我顺利完成本书的编写。

前言

Rust 是一种系统级编程语言，它既具备与 C、C++类似的强大功能，又具备内存安全性，还让并发编程不再令人畏惧，同时能够大幅提升开发效率。它提供了底层硬件开发所需的功能和性能，还提供了一种安全机制来避免很多低级语言易犯的错误。正是由于这些特性，Rust 逐渐成了一种非常有竞争力的开发语言，为亚马逊、谷歌、微软以及许多游戏开发公司所应用。

开发游戏是学习 Rust 的一个很好的方法。不要被那些 AAA 品质①游戏的规模和做工吓倒。小型独立游戏的开发是很有趣的，将游戏开发作为业余兴趣可能会开启你的职业游戏开发生涯，或者其他领域的开发生涯。每个成功的游戏开发者都是从小处着手，逐渐积累技能，直到能够开发自己梦想中的游戏。

本书将通过游戏开发实例引导你学习 Rust。在经过一系列案例实践、构建越来越复杂的游戏之后，你将了解如何使用 Rust 语言进行游戏开发。本书强调务实的"做中学"方法，理论部分篇幅很短，随后便是可供尝试的具体例子。学完本书，你能够掌握 Rust 语言的基础知识，并为解决更复杂的游戏开发问题做好准备。

读者对象

本书假设你有一些编程经验，并会通过循循善诱的方式介绍 Rust 和游戏开发的概念。只要你用其他编程语言写过比 "Hello, World" 更复杂的程序，那么在阅读本书示例时应该会感到非常轻松。

本书适合任何想要学习 Rust 的读者，包括没有 Rust 语言基础的人，也非常适合想要尝试游戏开发的 Rust 开发者。本书并不是单纯的编程语言入门教程，对新入行的（游戏）开发者也可能有所帮助。

本书内容

本书将引导你亲历一个典型的游戏开发过程，并会穿插着讲解 Rust 的关键概念，力求在构建实际可玩游戏的过程中，让你掌握新知识，增加技能储备。

"第 1 章　Rust 及其开发环境"：Rust 之旅由此开启。本章会介绍语言工具链的安装，并在文本编辑器中编写 Rust 源代码。本章将指引你一步一步地创建 "Hello, World" 程序，并学习使

---

① AAA 品质游戏通常是指由大型工作室开发，有巨额预算资助的游戏。——译者注

用诸如 Cargo 和 Clippy 之类的 Rust 工具来提高工作效率。

"第 2 章 Rust 的第一步"：介绍 Rust 开发的基础知识，通过编写一个树屋（treehouse）访客管理系统帮助你提升 Rust 开发技能。本章涵盖文本输入和输出、使用结构体来组织数据，以及一些 Rust 核心概念，例如迭代器、模式匹配、if 语句、函数和循环。

前两章介绍了制作简单游戏所需的一切知识。从第 3 章开始，你将正式开始构建游戏。

"第 3 章 构建第一个 Rust 游戏"：引导你创建本书的第一个游戏——*Flappy Dragon*。在此过程中，你会用到前两章学到的知识。

"第 4 章 设计地下城探险类游戏"：介绍如何规划游戏。本章将介绍如何编写游戏设计文档，从而把粗略的想法转变为一个具有真实可玩性的游戏。你将设计一个 Rogue 风格的地下城探险类游戏，将粗略的需求逐步细化，并最终得到一个最简可行产品（Minimum Viable Product，MVP）。

"第 5 章 编写地下城探险类游戏"：开始构建第 4 章所设计的地下城探险类游戏。本章将介绍随机数、游戏地图的存储结构，以及玩家的交互控制的处理，还将在游戏地图中初步添加与怪兽相关的资源，并介绍如何实现基于图块的图形界面。

"第 6 章 创建地下城居民"：随着开发的深入，游戏变得越来越复杂。本章会使用实体组件系统（Entity Component Systems，ECS）来控制系统的复杂性、实现代码复用，以及管理游戏中各个实体元素之间的交互关系。本章将使用 ECS 来实现玩家和怪兽，通过复用不同的系统来减少需要编写的代码数量。在本章结束时，你会得到一个应用了多线程和并发技术的游戏。

"第 7 章 与怪兽交替前行"：在游戏中添加一个回合制框架，实现玩家和怪兽轮流移动的功能。你将了解到如何设计一个能实现特定游戏规则的游戏框架，并根据游戏的不同环节来切换不同的 ECS 系统，还将学习如何让怪兽在地图中随意走动。

"第 8 章 生命值和近身战斗"：为游戏中的实体（玩家和怪兽）赋予生命值，并在玩家角色的上方显示血条。你会了解到如何让怪兽自动搜寻玩家，如何实现一个战斗系统，从而让玩家可以消灭敌人，或者被敌人消灭。

"第 9 章 胜与负"：增加一个游戏结束画面，以告诉玩家输掉了游戏，当然也会添加游戏胜利的判断逻辑，以及一个祝贺玩家获胜的画面。

"第 10 章 视场"：在本章之前，游戏玩家的角色是全知全能的——他们可以看到完整的地图。本章介绍视场的概念，以及一种让玩家在探索的过程中逐步熟悉地图的方法。使用 ECS 系统，能够给怪兽施加相同的视场限制——如果怪兽不知道玩家在哪里，它们就无法"纠缠"玩家。

"第 11 章 更具可玩性的地下城"：介绍一种新的地图生成算法。本章还会讨论一个更高级的 Rust 话题——trait，以及如何通过一个通用的程序接口来实现可互换性，这是一个在团队合作开发中非常有用的技能。

"第 12 章 地图的主题风格"：添加新的地图渲染方法，会用到第 11 章介绍的 trait 相关的知识。你可以通过更改地图的图块素材集来把地下城风格变成森林风格或其他风格。

"第 13 章 背包和道具"：为游戏添加物品功能、背包管理功能，以及升级奖励机制。

"第 14 章 更深的地下城"：将单层地下城升级为向更深处错综蔓延的地下城。本章将介绍如何用数据表格来把玩家的经验等级和游戏难度关联起来。

"第 15 章 战斗系统和战利品"：为游戏增加"战利品列表"功能，以及让玩家在探索地下城的过程中不断获得更高级物品的机制。玩家会找到越来越有趣的各种宝剑——在战斗中宝剑将会体现出各自不同的威力。这里将通过更高级的战利品来平衡逐渐增加的游戏难度，同时让你了解到风险-收益曲线在游戏中的应用。

"第 16 章　最后的步骤和润色"：介绍如何打包并发布前面所编写的游戏，还将介绍一些让游戏变得更加与众不同的方法，并给出进阶学习游戏开发的建议。

本书未涉及的内容

本书侧重于先让你了解实际案例，再向你解释案例中所使用的各种技术的原理，以此讲授理论知识。本书不会深入探讨 Rust 的各个细节，而是会在引入新概念时告诉你如何去寻找相关的学习资料。

本书不会涉及游戏创意的相关内容，但无论是制作一款伟大的在线对弈游戏还是射击游戏，本书涉及的概念都会让你受益。这些概念很容易应用到其他游戏引擎中，包括 Unity、Godot、Unreal 和 Amethyst 等。掌握本书中的相关内容，有助于你更好地开始制作心目中的游戏。

如何阅读本书

如果你是 Rust 开发新手，那么请按顺序阅读本书的各章内容以及相关的示例。如果你已经比较熟悉 Rust 语言，那么可以在粗略阅读概述性内容之后直接切入游戏开发部分。即便你是资深的游戏开发者，还是可以从本书中学到很多关于 Rust 的知识，以及面向数据的设计模式的知识。

不要急于把全书看完，体验学习的过程同样重要。阅读的过程可能会给你带来后续制作游戏的灵感。你不妨在阅读过程中随时记录下想做的事，以及如何用书中介绍的内容去实现这些事。

体例约定

本书的代码以 Rust 工作区的形式给出，这种做法便于把多个 Rust 项目放在一起进行管理。书中的代码被划分到如下的目录中：

```
root
/章节名称
/示例名称
/src --- 示例的源代码
/resources --- 示例所附带的其他文件
Cargo.toml --- 配置文件，用来指导 Rust 的 Cargo 构建系统构建和运行示例
/src --- 小程序源码，用来提醒你应该进入某个具体案例所在目录而不是在顶级目录中运行示例
Cargo.toml --- 配置文件，用来告诉 Rust 的 Cargo 构建系统工作区是由哪些项目组成的
```

你可以进入"章节名称/示例名称"目录下，然后通过运行 cargo run 命令来执行示例代码。

书中的代码会标明所引用的源代码路径，这些路径有时会突然切换到本章的另一个代码目录中。这样的设计可以让你在迭代开发的过程中，每一步都有可以运行的完整示例，从而使你更容易跟上本书的节奏。举个例子，你在某一章中可能会看到出自 code/FirstStepsWithRust/hello_yourname

项目的代码,而在同一章节稍后的地方又会发现出自code/FirstStepsWithRust/treehouse_guestlist_trim/项目的代码。

在线资源

以下罗列的是一些在线资料,希望对你学习 Rust 语言有所帮助。

- *Rust by Example* 是一本很好的以案例驱动形式来介绍 Rust 编程语言的书。
- *The Rust Programming Language [KN19]* 通过提供深入的概念讲解和指导来学习 Rust 的细节。本书支持在线阅读。
- Rust 标准库文档,它详细描述了 Rust 标准库中的一切内容。这是一份很好的参考资料,当你忘记标准库中某些组件的使用方法时,请查阅 Rust 标准库文档。
- Reddit 的/r/rust 和/r/rust_gamedev 两个频道提供了优质的学习资源。RoguelikeDev 社区则对于开发本书中介绍的地下城类型游戏非常有帮助。Reddit 中还有很多指向 Discord 论坛的链接,你可以在那里结识很多乐于分享的技术人。

小结

无论你想专注于学习 Rust 还是想涉足游戏开发领域,本书都可以起到很好的帮助作用。无论是完整地开发一款新游戏,还是参与一部分功能的开发,都是令人兴奋的事情,运行游戏,看到所创建的人物动起来,那一刻的快乐是无以言表的。让我们先着手搭建 Rust 开发环境,然后直接进入第一行 Rust 代码的编写。

 作者自述:我的游戏开发经历

我的成长非常幸运。我父亲教过计算机相关课程,也教了我许多计算机知识。有一天,他带了一台 BBC Micro Model B 计算机回到家,那真是一个改变我命运的日子!那台计算机有 32KB 的 RAM、彩色显示器,还能从磁带驱动器加载程序!——真是不可思议。我的父母给我买了很多游戏,包括 Repton 这样的益智游戏和各种复刻的街机游戏,让我的游戏库不断扩大。没过多久,我就萌生了制作游戏的想法,于是父亲便耐心地引导我学习 BASIC 语言。客观来说,起初我编写的游戏非常糟糕,但这也无关紧要,因为我自己做出了一些东西,并且体会到了向朋友们展示成果的快乐。

早期的 BASIC 游戏开发经历让我走上了一条有趣的道路。之后我学习了 Pascal 语言,后来又学习了 C 和 C++语言。我先后学会了为 Windows 和 Linux 开发游戏,后来参与完成了几个小组项目,并找到了一份编写商业和网络软件的工作——这很大一部分要归功于我的游戏开发经历。后来,我接触到了 Rust 语言,发现它是最适合我的。

虽然这本书主要介绍的是 Rust 和游戏开发方面的内容,但我更希望它能鼓励你去创作一些有趣的东西。

目录

第三部分　其他资源

第一部分　初识 Rust

在这一部分，你将了解 Rust 的基础知识，并编写自己的第一个游戏——
Flappy Dragon。

第 1 章　Rust 及其开发环境

在本章中，你需要先下载并安装 Rust 及其必要的工具，然后熟悉自己所搭建的开发环境，并在其中创建并运行自己的第一个 Rust 程序。

你将了解到 Cargo——它是 Rust 生态中的构建工具，如瑞士军刀一般用途广泛。将 Cargo 与 rustfmt 工具结合起来使用可以帮助开发者自动规范代码格式，而将其与 Clippy 工具结合起来使用则可以帮助开发者避免代码中的很多常见错误。Cargo 还可以帮助开发者查找并安装依赖项，并确保其使用最新版本。

在阅读本章的过程中，你将逐步熟悉 Rust 语言以及一些可以提升开发体验的工具。到本章结束时，你应该做好进入 Rust 世界并在其中纵横驰骋的准备了。

1.1　安装 Rust

Rust 语言需要开发者在自己的计算机上安装一套**工具链**（toolchain）。这套工具链包含 Rust 编译器，以及能够降低 Rust 语言使用难度的各种工具。安装这套工具链最简单的方法是访问 RustUp 网站。RustUp 会检测你当前所使用的操作系统，并给出适合当前平台的安装指引。打开一个 Web 浏览器并访问 RustUp 官方网站，你将看到一个图 1-1 所示的页面。

(a) Microsoft Windows 上的 RustUp　　　(b) Linux、OS X 和类 UNIX 操作系统上的 RustUp

图 1-1

下一步操作会因操作系统的不同而有所差异。RustUp 网站将通过一个指南来手把手引导开发者操作。

> **如何打开命令提示符或终端①**
>
> 在 Windows 系统上，你可以按下⊞+R组合键，在弹出的运行对话框中输入 cmd 后按回车键。在 macOS 系统上，你可以在 Finder 中搜索 Terminal 并且运行它。

1.1.1　在 Microsoft Windows 上安装 Rust

如果你是 Microsoft Windows 的用户，则可以下载并运行 `rustup-init.exe` 这个文件。RustUp 可能会在继续下一步之前给出提示，要求你先安装 C++构建工具。Microsoft Windows 并没有附带开发工具，而且 Windows 平台上的开发工具不是开源的——受法律限制，RustUp 不能直接把这些开发工具提供给开发者。假如你看到了这个提示信息，请执行如下操作。

（1）访问 Visual Studio 的下载页面。

（2）在 Tools for Visual Studio 2019 处，单击下载 Build Tools for Visual Studio 2019 并运行安装包。

（3）根据屏幕上的提示完成 C++构建工具的安装。

1.1.2　在其他操作系统上安装 Rust

如果你使用的是由 UNIX 衍生出来的操作系统，例如 macOS X 或者 Linux，则 RustUp 将为你展示一条命令的文本和一个复制按钮。你要做的就是将命令复制到剪贴板，打开终端窗口，然后把命令行粘贴到终端窗口中——按下回车键，安装过程就会开始。

1.1.3　完成安装

RustUp 安装工具的屏幕输出信息很冗长，它会确切地告诉使用者这个安装程序将要做的事情：

```
Welcome to Rust!

This will download and install the official compiler for the Rust
programming language, and its package manager, Cargo.

RustUp metadata and toolchains will be installed into the RustUp
home directory, located at:

    C:\Users\herbe\.rustup
```

---

① 本书将涉及命令提示符（Command Prompt）、终端（Terminal）和控制台（Console）三种不同的表达方式。它们曾有各自的含义，但如今它们之间的差异逐渐消失了。在本书中，上述三种表达方式指的都是可以输入命令的窗口。在 Windows 系统中，我们通常称之为命令提示符，而在 Linux、macOS X 等系统中则通常称之为终端或控制台。——译者注

```
This can be modified with the RUSTUP_HOME environment variable.

The Cargo home directory located at:

  C:\Users\herbe\.cargo

This can be modified with the CARGO_HOME environment variable.

The cargo, rustc, rustup and other commands will be added to
Cargo's bin directory, located at:

  C:\Users\herbe\.cargo\bin

This path will then be added to your PATH environment variable by
modifying the HKEY_CURRENT_USER/Environment/PATH registry key.

You can uninstall at any time with rustup self uninstall and
these changes will be reverted.
```

You are then presented with installation options:

```
Current installation options:

  default host triple: x86_64-pc-windows-msvc
     default toolchain: stable (default)
               profile: default
  modify PATH variable: yes

1) Proceed with installation (default)
2) Customize installation
3) Cancel installation
```

大多数情况下,用户只需要输入 1 然后按回车键即可。如果用户需要修改 Rust 的安装位置,则需要输入 2,然后按照屏幕上的提示去操作。值得注意的一点是,在自己的操作系统账户下安装 Rust 并不需要系统管理员权限。

一旦进入真正的安装环节,RustUp 会下载若干个 Rust 包并把它们安装在当前这台计算机上。RustUp 会修改 path 环境变量,如果打算在安装完成后继续使用当前的终端窗口,则最好把它重启一次[1]。恭喜你! Rust 已安装完成,并可以使用了。

安装完成后,请花一点时间来确保它能够正常运行。

1.1.4 验证安装是否成功

结束安装过程以后,请打开一个新的终端或命令提示符窗口。在命令提示符下输入 rustup-V,

---

[1] 重新启动 Shell,从而加载最新的环境变量。——译者注

然后按下回车键：

```
⇒ rustup -V
❮ rustup 1.22.1 (b01adbbc3 2020-07-08)
```

上述所列出的版本号、git 版本哈希值（hash）以及日期会和你实际操作时看到的有所差异。如果在输出中看到相关的软件包已经安装，就表示整个安装过程是成功的。

现在，从输出来看，Rust 能够在这台计算机上运行，接下来你需要通过运行 Hello World 程序验证运行。

1.1.5 测试 Rust 能否正常使用

Rust 可以通过一条简单的命令来构建一个输出 Hello World 的程序（参见 1.4 节）。现在，我们执行如下步骤，验证一下 Rust 是否真的可以在这台计算机上运行。

（1）创建一个新的文件夹，用来保存 Rust 项目。

（2）打开一个命令提示符窗口或者终端窗口。

（3）使用 cd 命令进入上述创建的文件夹，例如 cd Rust。

（4）输入 cargo new testrust ENTER。

（5）输入 cd testrust ENTER，切换到新建的 testrust 文件夹。

（6）输入 cargo run ENTER，运行新创建的程序。

你将看到类似下面的输出：

```
⇒ cargo run
❮  Compiling hello v0.1.0
     Finished dev [unoptimized + debuginfo] target(s) in 0.85s
      Running `C:\Pragmatic\Book\code\target\debug\hello.exe`
Hello, world!
```

至此，我们就有了一个可以正常使用的 Rust 工具链，接下来需要了解如何保持工具链更新到最新的版本。

1.1.6 版本更新

Rust 每隔 6 个星期会发布一个次要版本更新。次要版本更新包括缺陷修复和功能增强，这些改动不会影响已有代码的编译。Rust 的主要版本更新每两到三年出现一次，这些更新可能会引入对 Rust 语言的大规模修改。Rust 语言的核心开发者们在保持兼容性方面非常谨慎。如果某些功能要发生重大变更，那么开发者在编译时会看到 deprecation warnings 字样的警告，这些警告提示会存在相当长的一段时间。开发者可以通过 `rustup check` 命令来检查是否有新的版本发布，如图 1-2 所示。

图 1-2 所示的内容可能和你实际看到的有所不同，也可能没有可用的更新。如果有可用的新版本，则可以通过在命令提示符或终端里输入 `rustup update` 来安装它们。

恭喜你！Rust 已经成功安装并顺利运行，你也了解了如何使它保持最新的版本。下一步要做的是搭建自己的开发环境。

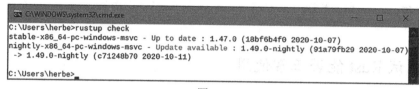

图 1-2

1.2　安装并配置开发环境

编写 Rust 代码的大部分时间里都需要使用文本编辑器。文本编辑器就像衣服一样，大多数人会用到它们，但在"哪一种是最好的"这个问题上，没有人能达成一致。此外，正如衣服一样，开发者会花费足够多的时间来寻找一款适合自己的编辑器，并且当它不再"合身"的时候，更换一个新的。如果你之前写过代码，那么大概率已经有一款自己喜欢的文本编辑器或者 IDE 了。

最好选择一款支持 Rust 的编辑器，语法高亮功能可以让阅读代码变得容易很多，自动补全功能和集成的调试器也会非常有用。目前，编辑器有很多选择，其中一部分选择如下所示。

- 从最简易的种类说起，Kate、Notepad++以及 GEdit 都可以胜任编写 Rust 代码的工作，只不过除了语法高亮，不具有其他的语言特性。
- EMACS、Vim 或 Neovim 都可以与 Rust Analyser 以及调试器进行集成，Rust Analyser 是 Rust 的语言服务器[①]。
- JetBrains 开发了 CLion 和 IntelliJ，二者都可以较好地和 Rust 集成。
- 微软的 Visual Studio Code，配上 `Rust Analyzer` 和 `CodeLLDB` 两个插件，可以和 Rust 实现非常好的集成。
- Sublime Text 可以与 Rust 集成。

寻找一款用起来顺手的编辑器或者 IDE。一旦安装并配置好了开发环境，下一步你就应该了解 Rust 是如何组织和管理一个项目的了。

---

① 语言服务器（Language Server）是一种后台程序，可以帮助编辑器实现特定语言的语法检查、代码跳转等功能。——译者注

1.3 用 Cargo 管理项目

Rust 附带了一个名为 Cargo 的工具，它可以帮助开发者完成与这门语言相关的各种日常操作。从创建全新的项目到为已有程序下载依赖包，Cargo 可以帮助你处理其中所有的事情，可以运行所编写的程序、调用其他工具来修正代码的书写风格，以及发现常见的错误。Cargo 好比一把"瑞士军刀"，堪称"万能"应对工具。

Cargo 的名字来源于 Rust 代码的组织结构。Rust 程序被称为 crate，Cargo 管理一系列的 crate[①]。在本节中，我们将引导你创建第一个 Rust 项目，并探索可以用 Cargo 做什么。

你需要做出的第一个决定是：要把 Rust 项目存放在哪里。

1.3.1 为代码选择一个主目录

你需要决定把各个 Rust 项目存放在什么位置。在 Windows 系统上，笔者会使用 c:\users\herbert\rust 这个目录，而在 Linux 系统上则会使用/home/herbert/rust 这个目录。实际上，你可以把项目放在任何自己喜欢的地方，但最好易于查找、易于记忆并且易于在键盘上输入。

如果项目的主目录还不存在，就创建一个。有了选定的主目录，你就可以向里面添加项目了。

1.3.2 用 Cargo 来开启一个新项目

每个新的项目都是从一个空的 crate 开始的，为了创建一个新的项目，你需要执行如下操作。

（1）打开一个终端窗口或者命令提示符窗口。

（2）进入为 Rust 代码选定的主目录中（使用 cd 命令）。

（3）不要自己手工为新项目创建子目录——Cargo 会帮开发者自动创建一个。

（4）输入 cargo new [project name]。

（5）至此，Rust 已经创建了一个名为[project name]的子目录，执行 cd [project name]命令就可以进入子目录。

例如，笔者为了在选定的 rust 目录下创建一个名为 Hello 的项目，则会使用：

```
⇒ cd c:\users\herbert\rust
⇒ cargo new hello
《 Created binary (application) `hello` package
```

① crate 原意是盛放物品的板条箱，cargo 的原意是由轮船等运输的大宗货物，因此 cargo 由很多 crate 组成。——译者注

> **为 crate 使用 snake_case 命名风格**
>
> 开发者可以为程序或者 crate 起任何名字，但最好使用 snake_case 风格的命名法——用下画线作为两个单词的分隔符。如果用户创建了一个名为 MyCool-Thing 的库，那么在项目中引用这个库的时候会遇到一些麻烦。
>
> 选择一个好的名字是一件很困难的事情。但是别担心，后续你可以通过修改 Cargo.toml 文件来更换名称。有个笑话是这么说的："计算机科学领域只有两个难题，那就是命名和缓存失效，以及少算了一个 1 的错误"。

启动文本编辑器或者 IDE，并在其中打开刚刚建立的项目目录。Cargo 已经在里面创建好了下列的文件和文件夹。

（1）Cargo.toml：项目的"元数据"，用来描述当前项目。

（2）src 文件夹：用来存放用户编写的代码。

（3）src/main.rs：一个短小的代码文件，包含了向终端输出 "Hello, World!" 所需要的代码。

cargo new 命令已经创建了 "Hello, World" 程序——就像之前测试 Rust 是否正常运行那样。接下来，你将近距离观察一下在这个样例程序里面发生了什么。

1.3.3　运行 Hello,World

首先要做的是打开一个终端窗口并进入项目目录中。你可以通过输入 cargo run 命令来运行这个新编写的程序：

```
⇒ cargo run
❮     Compiling hello v0.1.0 (C:\Pragmatic\Book\code\InstallingRust)
       Finished dev [unoptimized + debuginfo] target(s) in 1.18s
        Running `target\debug\hello.exe`
Hello, world!
```

如果仔细观察刚创建的项目，你会注意到有一个 .git 文件夹出现在项目里。Cargo 可以帮助开发者把 git 或者其他版本控制系统集成到项目里面。

1.3.4　与版本控制系统的集成

> **版本控制系统（Version Control System, VCS）**
>
> 版本控制系统是一类非常有用的软件。一旦用户提交了文件，VCS 就会追踪文件的变化并会存储项目中每一个文件的每一个版本。用户可以浏览历史记录，查看哪些变更破坏了哪些功能，或者在开发进入死胡同时恢复到先前的某一个版本。
>
> 使用版本控制软件是一个很明智的想法。git 是十分受欢迎的一款软件，它原本是 Linus Torvalds 为了 Linux 的开发而特地编写的一个工具。其他流行的解决方案包括 Subversion、Mercurial 以及 Perforce 等。
>
> git 也可以和 GitHub 进行集成。Rust 生态中的很多内容都可以在 GitHub 上找到，很多开发者也会在简历中写上自己的 GitHub 链接。

当使用 cargo new 来初始化一个新项目时，系统会顺带为其创建一个 git 仓库。有关 git 使用方法的介绍超出了本书的范围（那可能——而且必定——是一个能写一本鸿篇巨制的话题）。

如果开发者不想使用 git，则需要对 cargo new 命令做小小的扩展：

```
cargo new --vsc=none [project name]
```

接下来，我们将深入 Hello, World 项目，并介绍一些 Rust 的基础知识。

1.4 创建第一个 Rust 程序

刚接触一门新的编程语言时，要先对其进行仔细的审视。一种广受欢迎的方法是创建一个能向用户输出"Hello, World"问候消息的程序。比较不同语言实现"Hello, World"程序的异同，是在不深入细节的情况下，获得某种编程语言在语法上直观感受的好方法。Hello World Collection 项目提供了 578 种不同编程语言的"Hello, World"程序。

当使用 cargo new 开始一个新项目时，Rust 会为开发者创建一个"Hello, World"程序，同时也会创建出一些必需的元数据，从而使得 Cargo 可以运行开发者编写的程序。

1.4.1 Cargo 的元数据

打开在"Hello"项目中创建的 Cargo.toml 文件：

InstallingRust/HelloWorld/Cargo.toml

```
[package]
name = "Hello"
version = "0.1.0"
authors = ["Your Name"]
edition = "2018"
# See more keys and their definitions at
# https://doc.rust-lang.org/cargo/reference/manifest.html

[dependencies]
```

这个文件描述了整个程序的基本信息，以及如何构建这个程序。它采用 TOML（Tom's Obvious, Minimal Language）格式，可以把关于 crate 的各种信息以不同小节的形式进行组织和存储。[package] 小节描述当前 crate——如果把当前 crate 公开发布，这些信息将用于向它的潜在用户介绍自己。这个小节具有扩展性，从而能包含关于当前项目的很多信息。

Cargo 已经创建好了运行"Hello, World"所需的一切，所以如果不想更改任何信息，则无须编辑 Cargo.toml 文件。其中的默认值如下。

（1）name：程序的名称，在这个例子中是"Hello"。它的默认值来自调用 cargo new 命令时所提供的名称。在编译程序时，这个名称将作为编译后输出文件的文件名。在 Windows 上，hello 变为 hello.exe。在类 UNIX 系统上，输出文件被命名为 hello。

（2）version：项目的版本号。Cargo 将其初始值设定为 0.1.0。只有当需要发布 crate 的一个新版本时才需要更新版本号。此外，当开发者认为取得了很大进展并需要明确指出这种进展时，也可以更新版本号。在 1.8 节中，我们将介绍 Rust 的语义版本控制。就现阶段而言，保持版本号是 0.x.y 这种形式即可。每一位数字都可以超过 10——0.10.0 这种写法是没有问题的。

（3）authors：一个列表，可以用一对方括号来表示。它可以包含用逗号分隔的一系列作者的名字——每个名字都写在一对双引号中。如果用户已经配置好了 git，则姓名和邮件地址会自动从 git 中获取。

（4）edition：该项目所使用的 Rust 的主版本号。它的默认值总是当前最新的版本，在编写本书时，默认值是 2018。不同的大版本之间允许引入巨大的语法变化，这可能会使得老旧的程序无法编译。指定 edition 参数可以告诉 Rust 编译器哪些语法规则是可以使用的。

现在，元数据准备就位，接下来我们可以进入主程序的源代码了。

1.4.2 Hello,World 程序

打开"Hello"项目下 src/main.rs 文件。Cargo 已经自动编写了必要的程序源代码，以在终端上显示出"Hello, World"。

接下来，请逐行仔细阅读这个程序：

InstallingRust/HelloWorld/src/main.rs

```
❶ fn main() {
❷     println!("Hello, world!");
  }
```

❶ main 函数。main 是一个特殊的函数，标记了整个程序的入口点。

定义 main 函数的语法如图 1-3 所示。

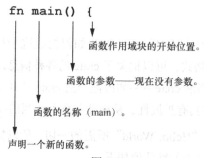

图 1-3

❷ println!宏和字符串字面量，相关内容参见下文的"打印文本"。

Rust 代码中有很多花括号（{..}），这些花括号代表了**作用域**。作用域表示具有紧密联系的一组代码。在某个作用域中创建的变量只能存在于这个作用域内——它们不会逃逸到作用域外，而且当作用域结束时，这些变量会被自动清除掉。在这个例子中，打印"Hello, World"是在 main 函数的作用域中发生的。

main 函数是一个比较特殊的函数，扮演着 Rust 程序入口点的角色。无论程序中各个函数的排列顺序是什么样的，main 函数总是第一个运行。

打印文本

main 函数的函数体包含了如下一行代码：

```
println!("Hello,world!");
```

感叹号标记代表了 println!是一个**宏**（macro）。Rust 的宏系统非常强大——它允许使用一些在常规函数中不能使用的语法。这会使得宏的用法与众不同——因此，Rust 在宏的名称里面加入了一个感叹号，用来提示当前正在调用的是一个宏。println!是一个非常灵活的宏，支持很多不同的显示格式。当前的这个例子并不涉及这些灵活的扩展功能选项，只需要打印出一些文字即可。

"Hello,world!"是一个**字符串字面量**（string literal）。之所以称之为"字面量"，是因为它表示的是写在双引号之间的原始文字，而且被存储到程序中[①]。你可以在这里写入任何其他的文本来替换掉默认的"Hello,world!"。它还支持 Unicode。"Привет, мир"和"こんにちは世界"都是可以显示在屏幕上的合法的字符串字面量，甚至 emoji 表情也是可以在这里使用的。

慎用难以输入的符号

能够随意使用各种符号是很好的一件事，但是注意不要做过头。笔者参加过一个项目，其中很多地方使用了美妙的数学符号，阅读起来令人愉悦，letθ=π*Δ 这样的写法是对底层数学公式很自然的表述。但是当需要对代码进行修改时，修改符号就变得很棘手了，因为很多符号在键盘上都找不到。正是出于这个原因，Rust 对函数名和变量名中可以使用的符号做了限制。

1.5　用 Cargo 来构建、检查并运行项目

在前面的 1.3.3 节中，我们已经用 Cargo 运行了一个项目。除此之外，Cargo 提供了一些可以用来和程序交互的其他功能，例如，可以通过输入 cargo help 来查看全部功能的列表，或者输

---

① C++涉及较多的字面量，可以查阅相关资料进行了解。"存储到程序中"指的是在编译后位于二进制文件的静态段中，而不是在数据段中。——译者注

入 cargo [command] --help 来查看指定命令的各个选项的详细说明。用户可以实现如下操作。

（1）通过输入 cargo check 来快速检查项目是否可用。这将检查当前项目及其依赖项目中的基础错误。这样做通常会比完整构建一次整个项目快很多。

（2）用 cargo build 来编译当前项目——但是并不运行。

（3）用 cargo clean 来删除整个 target 目录（该目录是存放编译后输出文件的位置）。

Cargo 还提供了一些选项来让用户自己控制构建程序时的参数。

调试构建与发布构建

当执行 cargo run 或者 cargo build 时，项目都是在**调试**模式下构建的。该模式下只有很少的优化，因此程序的运行速度会比正常水平慢很多。这样做可以让调试工作变得更简单，也可以让 Rust 告诉用户发生问题的精确位置——但代价是程序的运行速度会变慢。此外，它还会产生"调试信息"——这是一种调试工具可以读取的数据，通过它可以把错误信息和程序源代码的行号关联起来。这会导致编译出来的程序变得冗长。

你可以通过 cargo run --release 命令来实现在**发布**模式下编译并运行程序。编译器会应用多种优化算法，并且不占用额外空间来支持调试器的工作。用户会得到一个运行速度快很多并且体积小很多的程序，但是它会令排查错误变得困难重重。因此，只有真的需要发布程序时，才会再使用发布模式编译。

1.6　修正代码格式

当需要把代码分享给其他人时，标准统一的代码格式和布局会带来很多好处。Rust 官方网站虽然给出了代码风格的指导手册，但里面的内容并不容易记住。为此，Rust 提供了一个格式整改工具来帮助开发者遵循代码格式标准。cargo fmt 命令将会修改源代码以使其遵循 Rust 的代码风格指导书推荐的格式。

假设你在匆忙中将"Hello,World!"程序都写到了一行代码中：

```
fn main() { println!("Hello, world!"); }
```

上述程序可以编译和运行，但它和官方推荐的代码风格有很大差异。如果将这样的代码分享给同事，或者将其作为开源项目的一部分，那么很有可能会收到关于代码格式方面的反馈建议。你可以通过运行 cargo fmt 来把这段精练的代码恢复为指导书推荐的格式。

cargo fmt 在运行时会修改整个项目的格式。笔者建议你在编写代码的过程中定期运行它，始终保持项目中的代码风格一致。如果你不喜欢默认的风格，也可以配置其他选项。

经过整改后的格式看起来舒服了很多：

```
fn main() {
    println!("Hello, world!");
}
```

除了格式问题，Rust 还提供了帮助你在代码内容中寻找缺陷的工具。

1.7 用 Clippy 来发现常见错误

Rust 提供了一个叫作 Clippy 的工具，可以在用户编码的过程中给出提示和指导。你随时可以在终端里输入 cargo clippy，它会给出一份关于当前项目的建议列表。Clippy 给出的很多警告信息同样会在编译代码时出现在编译器的输出里。大多数支持 Rust 的开发环境能够和 Clippy 集成，这样就可以在编写代码的过程中给出实时的警告和提示。

接下来，我们演示如何用 Clippy 来修正一个简单的项目。进入此前选定的代码主目录，输入 cargo new clippy 来创建一个新的项目（见 1.3.2 节）。编辑 src/main.rs 文件使其包含下列内容：

InstallingRust/Clippy/src/main.rs
```
fn main() {
    let MYLIST = [ "One", "Two", "Three" ];
    for i in 0..3 {
        println!("{}", MYLIST[i]);
    }
}
```

在终端窗口中输入 cargo run 来运行这段程序，你会看到如下的输出（还有关于代码的若干条警告）：

```
⇒ cargo run
❮ One
  Two
  Three
```

这段程序可以良好运行，但是仍然有改进空间，因为它忽视了 Rust 提供的一些很好用的语法特性以及命名规范。这都是 Clippy 可以帮助开发者解决的一些常见问题。只要在终端里输入 cargo clippy 命令，就可以得到一个建议列表。其中的第一个警告是：

```
Checking clippy v0.1.0 (C:\Pragmatic\Book\code\InstallingRust\Clippy)
warning: the loop variable `i` is only used to index `MYLIST`.
--> src\main.rs:3:14
  |
3 |     for i in 0..3 {
  |              ^^^^
  |
  = note: `#[warn(clippy::needless_range_loop)]` on by default
```

Clippy 还建议创建一个网页，以更加详细地解释这一警告。

第二个警告是：

```
warning: variable `MYLIST` should have a snake case name
 --> src\main.rs:2:9
  |
2 |     let MYLIST = [ "One", "Two", "Three" ];
  |         ^^^^^^ help: convert the identifier to snake case: `mylist`
  = note: `#[warn(non_snake_case)]` on by default
```

Clippy 在代码中发现了如下两个问题。

（1）代码风格错误：Rust 语言约定变量名应该采用 `snake_case` 的命名方式，应该用 `my_list` 来取代 `MYLIST`。

（2）代码选择不恰当：没有必要通过下标来遍历列表。Rust 提供了一套迭代器机制来避免在使用索引编号时可能出现的错误（列表很有可能会被修改，而当列表中元素的个数发生改变时，开发者很可能会忘了去更新循环的遍历范围）。Clippy 在帮助 Rust 新手发现了这个常见错误的同时，也给出了一些用于替换原有代码的参考代码。

下面我们修改一下这两个错误。

（1）用 `ranged-for` 循环来替换掉普通的 `for` 循环。Clippy 的提示已经给出了修改说明。这个问题的详细内容参见 2.5 节。

（2）用文本编辑器的查找替换功能把所有 `MYLIST` 替换为 `my_list`。

修正后的程序如下所示，它能够输出和之前一样的结果——但是 Clippy 检测不到错误了：

InstallingRust/ClippyFixed/src/main.rs

```rust
fn main() {
    let my_list = [ "One", "Two", "Three" ];
    for num in &my_list {
        println!("{}", num);
    }
}
```

让 Clippy "吹毛求疵"

如果你觉得Clippy发现的错误还不够多，那么可以通过配置让Clippy在检查中变得更严格。在 `main.rs` 文件的第一行添加如下内容：

```rust
#![warn(clippy::all, clippy::pedantic)]
```

犹如"吹毛求疵"一般严格的检查在编写代码时很有帮助——特别是想把代码分享给别人的时候。Clippy 还提供了一些更为严格的检查选项，但是在通常情况下并不建议使用。此外，一些还处于开发阶段的 Clippy 规则之间有时会发生冲突，它们给出的建议有时也不可靠。普通级别或"吹毛求疵"级别的检查是经过正确性验证的，这通常就是你所需要的。

> **请相信 Clippy**
>
> Clippy 是一个忙碌的家伙——它是一个对所有代码都指指点点的"专横"的小吉祥物。笔者刚开始使用 Clippy 时，发现自己很讨厌 Clippy 给出的建议——特别是那些建议会带来巨大的修改工作量。但是在使用 Rust 工作一段时间并遵循 Clippy 给出的建议以后，笔者就很少再会写出能够令 Clippy 抱怨的代码了。Clippy 是一个辅助学习的工具，可以帮助用户避免错误。
>
> 把 Clippy 调整到"咬文嚼字"级别是一种备受虐待的练习过程，但也的确是改进代码的好方法。

1.8 用 Cargo 进行包管理

Cargo 可以为开发者安装依赖项。在 crate.io 上有越来越多的免费 crate（Rust 中对软件包的称呼），Cargo 使得安装和使用这些 crate，以及发布自己的 crate，都变得很简单。

你可以通过输入 cargo search [search term]，或者访问 crate 网站来查找可用的 crate。例如，以 bracket-terminal 为关键词进行搜索可以得到如下的结果：

```
⇒ cargo search bracket-terminal
《 bracket-terminal = "0.7.0"    # ASCII/Codepage 437 terminal emulator with a
                                  game loop. Defaults to OpenGL, also support
                                  Amethyst,…
```

搜索功能也会检索 crate 的描述信息。例如，你需要寻找一个"slot map"，就可以得到多个搜索结果：

```
⇒ cargo search slotmap
《 slotmap = "0.4.0"                        # Slotmap data structure
  beach_map = "0.1.2"                       # Implementation of a slotmap
```

在找到希望使用的 crate 以后，你需要将其添加到 Cargo.toml 中。在[dependencies]小节下添加一行并写上依赖的名字和版本号：

```
[dependencies]
bracket-lib = "0.8.0"
```

这里的版本号采用了语义化版本号的规范，就像在当前项目中所使用的版本号一样。语义化版本号所表达的含义如下。

（1）第一位数字表示"主"版本。某个 crate 一旦发布，就要尽力保证不做破坏兼容性的修改，从而保证主版本号不用增长。0 号版本是一个特例。主版本号为 0 的 crate 处于预发布（pre-release）状态——它们可以做出破坏兼容性的修改。

（2）第二位数字表示"次"版本。添加新功能但同时保证不破坏兼容性的改动通常会导致次要版本号的增长。

（3）第三位数字表示修订号。对于一个缺陷的快速修复通常会导致修订号的增长。

用户可以通过一些限定符来实现对所使用的 crate 的版本号进行细粒度控制。

（1）=0.8.0 将只使用 0.8.0 这个版本，任何高或低的版本都不行。

（2）^0.8.0 将使用任何版本号等于或大于 0.8.0 的版本，但只能在 0.x 这个范围内使用[1]。

（3）~0.8.0 将使用任何次要版本号大于 0.8.0 的版本。如果有新版本出现，则会自动升级，即使升级会破坏 crate 的 API 兼容性。

除版本号外，还有一些其他的选项可供配置。你可以指定一个版本的来源：它可以来自 crate.io，可以来自一个 git 仓库的地址，甚至来自一个存放在当前计算机上的 crate 的本地路径。举个例子，假设你想使用 GitHub 版本的 bracket-lib 库，则可以按如下方式指定：

```
[dependencies]
bracket-lib = { git = "      //github    /thebracket/bracket-lib" }
```

crate 还提供了**特性开关**（feature flag），这使得 crate 能够提供可选功能。例如，bracket-lib 可以被配置成使用 Amethyst 作为其后端，而不是使用 OpenGL。用如下方法来开启这样的特性：

```
[dependencies]
bracket-lib = {
    git = "https://github.com/thebracket/bracket-lib",
    default-features = false,
    features = [ "amethyst_engine_vulkan" ]
}
```

你可以通过从 Cargo.toml 文件中删除对应条目的方法来为项目删除一个依赖项。运行 cargo clean，则会把这些依赖从这台计算机上彻底删除[2]。在 3.1.2 节中，你将用到 Cargo 的依赖项。

1.9　小结

至此，你完成了 Rust 的安装，并且对其所提供的工具有了一定的了解。你尝试编写了第一个 Rust 程序，并且有了一个舒适的文本编辑环境。在第 2 章中，你将把这些知识投入实际应用，并着手编写其他 Rust 程序。

---

[1] 只能在主版本号为 0.x 的情况下使用。——译者注

[2] 从 Cargo.toml 中删除依赖项时仅表示项目不再使用该依赖了，但并不会删除已经下载到本地计算机的依赖项。如果希望释放存储空间，则需要在 Cargo.toml 中删除依赖项之后，再执行 cargo clean 来彻底将其删除。——译者注

第 2 章　Rust 的第一步

在第 1 章中，你已经安装了 Rust，配置好了得心应手的开发环境，并且详细研究了 "Hello,
World" 程序。在本章中，你将设计一个程序，并用它来协助 treehouse 的安全团队，同时进一
步了解 Rust 开发。在编写这个程序的过程中，你将学会如何从键盘接收输入、如何在变量中存
储数据、如何用数组或向量存储一系列的数据，并且开始感受到 Rust 中迭代器和枚举体的强大
功能。

接下来迎接你的会是一段风雨兼程的旅途——因为这一章将涉及非常多的概念。但是只要
你坚持下去，就一定会有货真价实的收获。（即使不能记住所有的内容，也不要担心。使用 Rust
的次数越多，你就越能记住它们运作的机理。）

你将从创建一个新的项目开始，这个项目会贯穿本章的始终。随着所掌握 Rust 知识的增多，
你可以为这个项目添加更多的功能。

2.1　创建一个新的项目

你在 1.3.2 节中创建了自己的第一个项目，但是我们还是要回顾一下创建新项目时要遵循
的步骤。

（1）打开终端或命令提示符窗口。

（2）切换到存放 Rust 代码的主目录（例如 cd /home/bert/learnrust）。

（3）用 Cargo 来创建一个新的 treehouse 项目：cargo new treehouse。

（4）启动自己最喜欢的一款文本编辑器或 IDE，并加载这个新的项目。

现在，一个新的 "Hello, World" 项目已经准备好了，你可以基于这个项目编写自己的代码。
下面让我们加入一些使其能够与用户进行交互的功能。

2.2　捕捉用户输入

绝大多数计算机程序都会在循环中周而复始地工作，在每一个循环中接收用户的输入，然

后把输入数据转换成某种形式的——希望是有用的——输出数据。一个没有按键的计算器是毫无用处的，同理，如果一个计算机程序无法接收用户输入，也就只能不断重复做相同的事情。你在 "Hello, World" 程序中曾用 println! 来输出信息，现在可以使用 read_line() 函数来从终端窗口接收数据。

在本节中，你将使用终端窗口提示访客输入姓名，然后接收用户的输入，最后通过 Rust 提供的字符格式化系统，把一条私人订制的问候语显示在终端窗口上。

2.2.1 提示访客输入姓名

当访客来到这个崭新、华丽的树屋时，系统首先需要询问他们的名字。在 1.4.2 节中，你用 println! 来向屏幕输出文字，在这里要做同样的事情。

把 println!("Hello,World") 替换成：

FirstStepsWithRust/hello_yourname/src/main.rs

```
println!("Hello, what's your name?");
```

为什么项目名称改变了？

不要着急。现在还是在 treehouse 这个项目下进行开发。本书中的代码示例是以分段的形式提供的，这些分段各自代表了当前章节中的每一个开发阶段。若示例代码的源文件路径发生改变，则表示这段代码引用了下一个阶段中的代码——你不需要做出任何改动①。

通过上面的代码替换，你可以实现询问访客姓名的字符串输出，接下来可以准备接收访客的回复并将其存储起来了。

2.2.2 用变量存储姓名

访客的姓名将被存储在一个变量中。Rust 的变量默认是**不可变**（immutable）的。不可变的变量一旦被赋值，其中存储的内容就不可以再被修改。你可以创建新的变量，这些新变量可以引用原有变量，或者复制原有变量。但无论如何，只要不可变变量被赋予了初始值，这个变量就不能再被修改了。你可以通过 mut 关键字来把一个变量显式标记为**可变**（mutable）的。一旦被标记为可变，这个变量的值就可以根据需要随时修改。

接下来要做的是为程序添加第二行代码：

---

① 在本书可下载的完整示例代码中，有项目开发迭代过程中不同阶段的 "快照"，每个 "快照" 都是当前阶段下能够完整运行的 Rust 项目，而且它们都有自己独立的文件夹。作者想表达的意思是：这一章都是在开发 treehouse 这个项目，代码源文件路径的变化代表着开发进入了下一个阶段，与文件夹的名字和项目的名字没有关系。——译者注

FirstStepsWithRust/hello_yourname/src/main.rs

```
let mut your_name = String::new();
```

当心变种人[①]

变种人令人害怕，可变的变量也是如此。把所有变量都标记为可变是一种看起来很诱人的做法，因为那样就不用花精力去区分哪里需要可变，哪里不需要可变了。但是，当 Rust 编译器或者 Clippy 发现一个变量没有必要被标记为可变时，它们会给出警告信息。最好认真对待这些警告信息，因为如果每一个变量都能反映出开发者想表达的真实意图，那么理解整个程序就会变得更加简单。

这行代码创建了一个名为 your_name 的可变变量，并且将其内容设置为一个空字符串。定义变量的语法如图 2-1 所示。

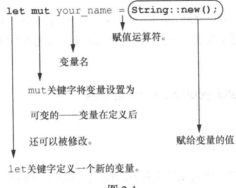

图 2-1

String 是一个 Rust 内置的**类型**。类型可以有多个与之关联的函数，我们将在 2.6 节中介绍如何为类型关联函数。

变量名应该符合 snake_case 风格

Rust 建议在给变量命名时使用 snake_case 风格。使用小写字母，并且把空格替换为下画线。如果开发者忘记了这样做，Clippy 将会给出提示。

接下来，你就可以从键盘获得访客的姓名，并将其存储到一个字符串变量中了。

2.2.3 接收键盘输入

Rust 的标准输入系统提供了一个从键盘接收输入的简单方法。Rust 在 std::io::stdin 里面提供了从终端输入数据的相关功能。你可以通过 std::io::stdin::read_line 这样的写法来引用 read_line 函数。这是很长的一段代码，之所以写这么长，只是为了从键盘读取一行文本。

[①] 原文中 Mutation、Mutants、mutable 几个单词具有相同的词根，作者在这里用了谐音梗。这段提示的意思是：不可变变量比可变变量简单很多，如果把原本可以是不可变的变量定义为可变的，会增加阅读代码的负担。——译者注

为此，你可以使用 Rust 的 use 关键字，这样就不用每次都把函数的完整引用路径写出来了。

在 main.rs 的最上面添加如下一行代码：

FirstStepsWithRust/hello_yourname/src/main.rs

```
use std::io::stdin;
```

上述代码将 std::io::stdin 引入了当前项目。这样你就不必记住完整的命名空间前缀了，只需要在代码中输入 stdin 即可。

2.2.4　读取用户输入

现在，你可以访问 stdin，同时还有一个可以用来存储访客姓名的变量，这样就为从控制台输入读取访客的名字做好了准备。接下来要做的是将下列代码添加到 main 函数中变量声明语句下方的位置：

FirstStepsWithRust/hello_yourname/src/main.rs

```
stdin()
    .read_line(&mut your_name)
    .expect("Failed to read line");
```

这种组合使用函数的方式称为函数的**链式调用**（function chaining）。从最上面开始，每个函数都把自己的计算结果传递给下一个函数。对于这种链式调用而言，通常会把每一个步骤写在单独的一行上，并通过缩进来表示这些行代码属于一个整体。cargo fmt 命令（见 1.6 节）会为开发者自动应用这样的格式。

为什么要先创建一个变量？

read_line()函数希望把它的执行结果写入一个已经存在的字符串，而不是返回一个新的字符串。因此，你需要先创建一个空的字符串变量，这样才有位置来存储函数执行的结果。

关于 read_line 函数调用的解释如图 2-2 所示。

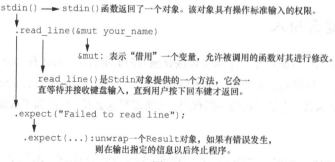

图 2-2

你可以从这段代码中学到两个重要的概念。

（1）在变量名前面写一个与符号（ & ），即能创建一个此变量的**引用**（reference）。引用可以传递对变量自身的访问权限，而不是把变量复制一份。你也可以将其称为**借用**（borrowing）——把变量借给（lending）当前正在准备调用的函数去使用。当使用&mut 形式借出时，借用该变量的函数就能对这个变量进行修改。对借用变量的修改都会直接作用到被借出的变量上。若将 &mut your_name 传递给 read_line 函数，则会使得 read_line 函数可以直接写入 your_name 变量。

（2）开发者期待 read_line 函数能够正常工作。如果不符合预期，那么这个程序就会崩溃。这个 Rust 函数会返回一个 Result 类型的对象，你可以通过调用 Result 类型的 expect 方法来检查函数是否正常工作。现在还不必急于了解这方面的细节，你将在 3.1.4 节中了解到与错误处理相关的内容。

2.2.5　用占位符实现格式化打印

现在 your_name 变量已经包含了访客的姓名，你可以得体地向他们打招呼了。你可以通过另一个 println!宏调用来向访客打招呼：

FirstStepsWithRust/hello_yourname/src/main.rs

```
println!("Hello, {}", your_name)
```

这个 println!宏调用和之前的相差无几，但是多出了一个**占位符**（placeholder）。在 println!的模板字符串中加入{}可以表示某个变量的值会在打印时出现在这个位置上。然后，你需要把这个将要替换占位符的变量作为宏调用的第二个参数。Rust 具有一个非常强大的字符串格式化系统，可以满足绝大多数的字符串格式化需求，而且是开箱即用的。

2.2.6　完整的问候程序

你编写的 treehouse 管理程序现在看起来是这个样子的：

FirstStepsWithRust/hello_yourname/src/main.rs

```
use std::io::stdin;

fn main() {
    println!("Hello, what's your name?");
    let mut your_name = String::new();
    stdin()
        .read_line(&mut your_name)
```

```
        .expect("Failed to read line");
    println!("Hello, {}", your_name)
}
```

使用 cargo run 命令（如果需要回顾与运行程序代码相关的内容，请参阅 1.3.3 节的内容）
来运行程序，你将看到如下的输出：

```
⇒ cargo run
❮ Hello, what's your name?
⇒ Herbert
❮ Hello, Herbert
```

恭喜，现在你可以看到正确的输入和输出结果了，接下来要把处理用户输入的这一部分代
码变成一个可复用的代码块，并借此来学习**函数**的概念。

2.3 将输入处理逻辑移入函数

在本章中，你将频繁询问访客的姓名。如果经常用到一些代码，那么你可以将其转换为函
数。这样做会带来两方面的好处：一方面，开发者不必重复输入相同的代码；另一方面，源代
码中对 what_is_your_name() 函数的调用只会占用一行代码的空间，这就不会给整个程序
的执行流程引入太多干扰，从而让你可以把注意力集中到更重要的程序主流程上。这是一种**抽
象**：用一个函数调用取代具体的代码，然后把具体的代码移动到函数中。

何时应该使用函数？

如果你发现重复输入了一段代码，就该尝试使用函数了。这被称作 DRY 原则：不要让自己重
复（Do not Repeat Yourself）。Code Complete [McC04]提供了一个非常棒的关于 DRY 原则的
概览及应用实例。

当代码变得冗长时，你也应该考虑将其拆分为多个函数。一个会调用其他函数，但是自身比较
短小的函数阅读起来会相对容易，特别是在短暂休息过后重新开始阅读一段代码时。

在 1.4.2 节中，你声明过 main 函数，创建自己的函数也与此类似。代码如下：

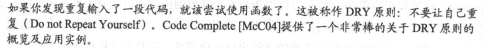

FirstStepsWithRust/hello_yourname_function/src/main.rs

```
    use std::io::stdin;

❶   fn what_is_your_name() -> String {
❷       let mut your_name = String::new();
        stdin()
            .read_line(&mut your_name)
            .expect("Failed to read line");
❸       your_name
    }
```

```
fn main() {
    println!("Hello, what's your name?");
❹  let name = what_is_your_name();
    println!("Hello, {}", name);
}
```

❶ 这个函数的签名和 main 函数很类似。区别在于函数名不一样，以及后面多出来的 ->String——它表示这个函数的**返回值**是一个 String。

❷ read_line 相关的代码是保持不变的，只是从外面移到了函数里面。

❸ 这一行没有以分号结尾，这是 Rust 语言里面表示返回值的简易写法。任何表达式都可以通过这种写法来返回一个值。这种写法的效果和写 return your_name;是一样的。如果在原本可以省略 return 关键字的地方多写了 return 关键字，那么 Clippy 会发出警告。

❹ 这里不再直接调用 read_line 函数，而是调用你自己的函数并且将函数返回的结果存储在 name 变量中。

至此，你就有了自己的输入函数，可以继续向前推进项目了。

2.4 修剪输入数据

程序的输出在屏幕上的显示效果看起来还不错，但是这里有一个微小的缺陷。字符串变量包含一些多余的字符，这些字符代表回车键。为了检测这个问题，你可以把程序中最后一个 println!调用替换为下面的代码：

FirstStepsWithRust/treehouse_guestlist_problem/src/main.rs

```
println!("{:?}", name);
```

把{}形式的占位符替换为{:?}形式的占位符，后者称为调试占位符。任何支持调试打印的类型都可以输出关于自身内容的详细描述信息，而不是仅仅输出一个值。如果现在运行程序，就能看到问题所在了：

❰ Hello, what's your name?
⇒ **Herbert**
❰ "Herbert\r\n" (如果在类 UNIX 系统上，则是 "Herbert\n")

\r 是一个表示回车的特殊字符。在老式打字机上，这个字符会使得打印头回到纸的最左侧。\n 表示新的一行。当按下回车键时，Windows 会生成这两个特殊字符，在类 UNIX 系统上，则只会产生\n 一个字符。

Rust 的字符串包含了一个用来删除多余字符的 trim()函数。如果不删除这些字符，就会产生一些匪夷所思的错误，例如用户输入的"Bert"和代码中写的 Bert 字符串字面量做比较时会返回不相等，因为字符串变量中实际存储的用户输入是 Bert\r\n。

将用户输入的内容全部转换为小写字母也是一个好主意。这可使 "Bert" "bert" 甚至是 "bErt" 都能用于字符串比较。Rust 的字符串类型用 to_lowercase() 函数来实现这个功能。

你可以修改之前的函数，使它同时使用 trim 和 to_lowercase 函数：

FirstStepsWithRust/treehouse_guestlist_trim/src/main.rs

```
fn what_is_your_name() -> String {
    let mut your_name = String::new();
    stdin()
        .read_line(&mut your_name)
        .expect("Failed to read line");

    your_name
        .trim()
        .to_lowercase()
}
```

这样就好多了。访客输入的内容现在都变成了小写字母的形式，并且不包含任何不可见字符。只有一个人的树屋是没办法举行派对的，接下来你需要使其具备支持多个访客的功能。

2.5 在数组中存储字符串

树屋是一个私人俱乐部，只有出现在好友列表上经过批准的人才可以进入，可以通过 if 语句来实现这个功能。如果只想接纳一位名叫 "Bert" 的好友，那么可以使用下列代码：

```
if your_name == "bert" {
 println!("Welcome.");
} else {
 println!("Sorry, you are not on the list.")
}
```

这里的 if/else 控制流机制与其他编程语言十分相似：如果判断**条件**（condition）是真的，那么执行后续第一个代码块中的语句，否则将执行 else 代码块中的语句。

当进行比较时，要确保把字符串变量和小写的 "bert" 进行比较。因为在输入函数中已经把用户的输入转换为小写了，所以需要用小写的字符串进行比较，才能正确匹配。

如果还有另一位叫作 "Steve" 的朋友，那么也可以通过 "或" 表达式来授权两个人都可进入。"或" 条件在 Rust 中用 || 来表示：

```
if your_name == "bert" || your_name == "steve" {
```

布尔值

把多个比较条件组合在一起的运算称为**布尔逻辑**（Boolean logic）。"||"代表"或"逻辑；"&&"代表"与"逻辑；"!"代表"非"逻辑。在全书中都会一直使用这些内容，但是不要担心，在需要使用到它们时会给出相应的解释。

现在，Steve 和 Bert 都被允许进入树屋了。可是，一旦开始邀请更多人加入，不断重复添加 or 语句的方法就显得很笨拙了。相比使用一长串 or 语句，不如使用一种专门为存储一系列数据而设计的**数据结构**。

2.5.1　声明一个数组

Rust 里面最简单的一种列表类型是**数组**（array）。数组可以容纳一系列的数据，但是必须满足两个条件：第一，数组中的所有数据必须都是相同类型的；第二，数组的长度不能发生改变。一旦确定了哪些人可以进入树屋，除非重新编译程序，否则这份名单就不能再做任何修改了。

为了声明一个由字符串字面量（其类型是&str）组成的数组，我们可以用下面的代码：

FirstStepsWithRust/treehouse_guestlist/src/main.rs

```
let visitor_list = ["bert", "steve", "fred"];
```

Rust 再一次推断了这个数组的类型。因为数组中的元素都是字符串字面量，所以 Rust 会假定开发者想要一个与其中元素相匹配的数组类型。数组在创建的时候有 3 个初始元素，所以 Rust 推断开发者希望创建一个长度为 3 的数组。如果想显式写出这个数组的类型，那么完整的语法是 let visitor_list : [&str;3] = ...。

开发者可以通过索引编号的形式来访问数组的内容。visitor_list[0]包含"bert"，visitor_list[2]包含"fred"。如果你不熟悉 C 语言或者类似 C 的语言，则可能会在索引编号上犯错误。Rust 数组元素的编号是从 0 开始的，而不是 1。这样的编号使得开发者可以通过 if index < my_array.len()的写法来判断一个索引编号是否落在数组的范围内。

两类字符串

Rust 有两种类型的字符串，这常常会让 Rust 初学者疑惑不解。第一种类型是 str，这种字符串通常用作字符串**字面量**（literal），也就是在源代码中书写的字符串，在运行时通常是不变的；第二种类型是 String，这种字符串是动态的，因为它里面存储了字符串的地址、长度和容量三个信息，在运行时可以在其中追加或修改内容。

2.5.2 在数组中查找元素

为了确定一个新来的访客是否在树屋合伙人名单中，程序需要在列表中搜索该访客的名字。Rust 提供了如下一些方法来做这件事。

你可以通过 for 循环来重复执行一个操作。Rust 的 for 循环是基于**区间**（range）的，而不是基于一组数字和步长的。Rust 中的数值区间不包含区间的最后一个数字。0..10 包含从 0 到 9 的数字，如果想把最后一个数字包含进来，可以用 0..=10 的写法来替换 0..10 的写法。例如，运行下面的代码打印出的是 0 到 9 这几个数字：

```
for i in 0..10 {
  println!("{}", i)
}
```

你可以通过索引编号的形式来访问数组的每一个元素，可以通过迭代一个名为**枚举器**（enumerator）的变量来枚举出 0 和数组长度之间的所有数字。数组类型提供了一个可用于获得数组长度的函数 len() 函数，这也体现了 Rust 选择去掉区间最后一个数字的原因：len() 返回数组中元素的个数。数组是从 0 开始编号的，所以有效的索引编号范围是从 0 到数组长度减去 1。下列代码通过迭代索引编号的方式来访问数组：

```
for i in 0..visitor_list.len() {
  if visitor_list[i] == your_name { ... }
}
```

虽然这样写能让代码正常运行，但是会让 Clippy（Rust 的语法检查器）"吹毛求疵"。1.7 节提到，这样的写法是一个反面教材。Rust 可以在不使用索引编号的情况下直接访问数组或其他容器类型的内容。这种方式写起来代码量更少，也更安全。开发者再也不会因为搞乱索引编号后访问了不存在的数组元素而导致程序崩溃。

下列代码把整个 visitor_list 作为一个区间：

```
for visitor in &visitor_list {
  if visitor == your_name { ... }
}
```

为了在 for 循环中遍历数组，并且在发现列表包含来访者姓名时做一个标记，你需要完成下列这些事情。

（1）创建一个新的名为 allow_them_in 的可变变量。这个变量将存储是否在名单中找到了来访者的名字。请将该变量初始化为 false。

（2）使用 for visitor in &visitor_list 的写法来把 your_name 变量和名单中的

每一个名字做比较。这里的&符号表示"借用被迭代列表中的元素"。这样，循环过程会直接使用数组中的原始数据，而不是复制后再使用。

（3）如果名字能够匹配，则把 allow_them_in 设置为 true。

（4）在循环遍历完整个名单以后，如果 allow_them_in 的值是 true，则向来访者问好，否则就拒绝他们的来访请求。

至此，你已经应该了解了实现上述逻辑所需的各种基础知识。相关的 Rust 代码如下所示：

FirstStepsWithRust/treehouse_guestlist/src/main.rs

```rust
let mut allow_them_in = false;
for visitor in &visitor_list {
    if visitor == &name {
        allow_them_in = true;
    }
}


if allow_them_in {
    println!("Welcome to the treehouse, {}", name);
} else {
    println!("Sorry, you aren't on the list.");
}
```

运行上述代码并尝试输入不同的姓名，你可以看到类似下面的输出：

```
⇒ cargo run
❰ Hello, what's your name?
⇒ Bert
❰ Welcome to the treehouse, bert
⇒ cargo run
❰ Hello, what's your name?
⇒ bob
❰ Sorry, you aren't on the list.
```

通常除了记录姓名，你还需要记录有关访客的更多其他信息。Rust 可以轻松把关于访客的更多信息归拢到一个变量里，然后把这样的变量放到数组中存储。

2.6 用结构体来组织数据

树屋的门卫希望知道每一位访客的姓名，以便为他们准备"私人订制版"的问候语。开发者或许可以创建一个新的数组用来存储问候语，然后小心翼翼地按照同样的顺序，把姓名和问候语放到各自的数组中。但这样的做法很快就会让数组变得难以维护。更好的做法是使用**结构体**（struct）来存储一个访客的全部信息。

结构体是一种可以把数据聚拢起来的类型。结构体包含**成员字段**（member field）——它们可以（几乎）是任意类型的变量。把数据聚拢在一起能够使访问复杂的数据变得更容易——只要找到了对应的结构体，其中的每一个独立数据字段就可以通过它们的字段名来访问。

结构体在 Rust 中无处不在：`String` 和 `Stdin` 都是结构体类型。Rust 的 `struct` 类型可以把相关的数据组合在一起，并且可以为这个结构体类型实现一些功能。它和其他语言中的"类"这个概念有些相似。

开发者可以定义自己的结构体。结构体是一种**类型**，就像 `i32`、`String` 和枚举体一样。类型和变量是不同的概念——类型用来描述该类型的变量可以包含哪些内容。开发者可以定义一个 `Visitor` 类型，然后就可以使用它来定义多个类型为 `Visitor` 的变量［通常称为类型的**实例**（instance）］。这是另一种形式的抽象。在 `main.rs` 里第一个函数上面的位置，添加以下内容：

FirstStepsWithRust/treehouse_guestlist_struct/src/main.rs

```
struct Visitor {
    name: String,
    greeting: String,
}
```

这样就定义了一个名为 Visitor 的结构体类型。这个结构体包含了一个 name 字段和一个 greeting 字段，这两个字段的类型都是 `String`。

结构体也可以有关联函数和方法。`String::new` 和 `Stdin::read_line` 都是关联在各自结构体上的方法。

创建一个访客实例应该是一个简单的操作，这时开发者需要用到**构造函数**（constructor）。构造函数是一个与类型相关联的函数，可以提供一种快速构造该类型实例的手段。门卫需要通过一种方式来与访客打招呼，开发者也需要一个函数来实现这个功能。有时，与结构体相关联，并且可以对结构体的实例进行操作的函数称为**方法**（method）。在 Rust 中，如果一个函数有 `&self` 作为参数，则表示该函数是一个可以访问实例内容的方法。示例如下：

FirstStepsWithRust/treehouse_guestlist_struct/src/main.rs

```
❶ impl Visitor {
❷     fn new(name: &str, greeting: &str) -> Self {
❸         Self {
            name: name.to_lowercase(),
            greeting: greeting.to_string(),
        }
```

```
    }

❹   fn greet_visitor(&self) {
        println!("{}", self.greeting);
    }
  }
```

❶ 使用 impl 关键字和结构体的名字可以为结构体**实现**（implement）函数。

❷ 这是一个**关联函数**（associated function）。这个关联函数的参数列表中没有 self，因此开发者不能通过 name.new() 这样的写法来访问 new 函数。但是，这个关联函数在结构体的命名空间中是可用的，开发者可以通过 Visitor::new() 的方式来调用它。

构造函数返回了 Self 类型，这是 Rust 提供的一种便捷写法。如果没有使用便捷写法，而是写出了类型的全名，Clippy 会给出相应的提示。可以等价地在这个地方写 "Visitor"，但是如果结构体的名字改变了，就需要记得返回去修改每一个实现。使用 Self 则可以避免这种问题。

❸ 缺失的分号表明这是一个 "隐式返回" 的语法。它创建了结构体的一个新实例，此处同样使用 Self 代替了 Visitor。结构体中的每一个字段都必须以 field_name:value 的形式给出。

这个函数接收的参数类型是 &str，但是存储的数据却是 String 类型。to_lowercase 和 to_string 这两个函数实现了其中的转换。通过接收 &str 类型的参数，这个构造函数可以在不进行转换的情况下，直接将字符串字面量作为自己的参数。这样，在调用构造函数时，开发者就不用自己书写类似 String::from("bert") 这样的代码了。

首字母大写的 Self 指代结构体类型本身，小写的 self 指代结构体的实例。

❹ 这个函数是一个**成员函数**（member function），或者称为方法。它接收 self 作为参数，当通过一个结构体的实例来调用这个函数时（例如 my_visitor.greet_visitor()），当前这个结构体实例就会自动被作为 self 参数传递到这个函数中。

现在，Visitor 类型已经定义好了，我们可以构建一个全新升级的访客列表了。用下列代码替换掉原有的构造 visitor_list 的代码：

FirstStepsWithRust/treehouse_guestlist_struct/src/main.rs

```
let visitor_list = [
    Visitor::new("bert", "Hello Bert, enjoy your treehouse."),
    Visitor::new("steve","Hi Steve. Your milk is in the fridge."),
    Visitor::new("fred", "Wow, who invited Fred?"),
];
```

这仍然是一个数组，但是它现在包含的元素是通过刚才编写的构造函数创建出的 Visitor

结构体，而不是字符串。现在你仍然可以通过索引序号来访问独立的元素。此时，`visitor_list[0].name` 包含 "bert"。英文句号（.）表示 "成员访问"，`visitor_list[0]` 代表一个 Visitor 实例。英文句号授予了开发者访问字段和函数的权限。

> **结尾处的逗号**
>
> 在构建一个很长的列表时，开发者很容易忘记写一个逗号，或者多写一个逗号。特别是在使用复制粘贴的方式重新整理列表的时候，这个问题更容易出现。Rust 通过忽略位于列表最后的逗号来解决这个问题。如果总是在列表的每个元素后面都写一个逗号，那么当重新调整列表时，就不会忘记哪里需要逗号了。

当访客变得越来越多时，你需要使用更高效的方式来维护访客列表。

通过迭代器进行搜索

虽然已经改为使用结构体来存储访客信息了，但是在列表中进行搜索的功能还需要保留。你可以使用和之前一样的代码，把 `your_name` 和 `visitor.name` 进行比较，然后直接调用打印问候语的方法。当访客信息变得越来越复杂并且人数越来越多时，这样的方法就显得笨拙了。

Rust 提供了一个非常强大的特性用于操作数据，这个特性称作**迭代器**（iterator）。迭代器有点像一个无所不能的东西——它可以做很多事情。当需要处理以列表形式存在的数据，并且想找一些开箱即用的功能时，首先应该想到的就是迭代器。迭代器是围绕着函数链式调用的思想而设计的——每个迭代步骤都是一个独立的处理模块，每个模块都把前一个模块的输出结果向着用户所期望的方向演进一步。

迭代器有一个 `find()` 函数，可用来在一个数据集中定位到一个数据——无论它是一个数组、向量，还是什么其他的数据类型。使用下列代码替换之前的 `for` 循环：

FirstStepsWithRust/treehouse_guestlist_struct/src/main.rs

```
❶ let known_visitor = visitor_list
❷     .iter()
❸     .find(|visitor| visitor.name == name);
```

❶ 把迭代器函数调用链的最终结果赋值给 `known_visitor` 变量。

❷ 使用 `iter()` 创建一个包含 `visitor_list` 中所有数据的迭代器。

❸ `find()` 会运行一个**闭包**（closure）。如果闭包的返回值是 `true`，那么 `find()` 会返回匹配的结果。最后的分号用来表示语句的结束。

闭包

闭包在 Rust 中被大量使用。现在还没有必要去关心闭包的更多细节——随着应用的深入，本书会在需要的时候为你介绍相关内容。现在，你只需要把闭包理解为一个在当下临时定义的函数即可。内联形式的闭包，例如|visitor| visitor.name == name 这样的写法，和定义如下的一个函数是一样的：

FirstStepsWithRust/inline_closure_include.rs

```
fn check_visitor_name(visitor: &Visitor, name: &String) -> bool {
    return visitor.name == name;
}
```

闭包还可以从它被调用的作用域中捕获数据。这里并没有把 name 变量传递给闭包，但是不管怎样，你现在能够在闭包中使用它。

　　前述函数链式调用创建了一个迭代器，并且将 find 函数的返回结果存储到了known_visitor 变量中。由于开发者并不确定要查找的名字一定会出现在名单上，因此Find()函数的返回值类型是 Rust 中一个名叫 Option 的类型。Option 类型要么包含一个值，要么不包含任何值。有些语言使用 null 或者 nullptr 来表示一个值不存在，但是处理 null的规则不够健全，由 null 导致的软件缺陷不计其数。

　　Rust 中的 Option 类型本质上是一个枚举类型（见 2.8 节）。Option 有两个可能的取值：Some(x) 和 None。你可以采用多种不同的方式来与 Option 类型进行交互并提取出其中包含的数据。在这里，我们首先介绍 match 语句。将下列代码添加到紧挨着为 known_visitor变量赋值的语句的下方：

FirstStepsWithRust/treehouse_guestlist_struct/src/main.rs

```
❶ match known_visitor {
❷     Some(visitor) => visitor.greet_visitor(),
❸     None => println!("You are not on the visitor list. Please leave.")
   }
```

❶ 在此处列出希望匹配的变量。

❷ Some(visitor) 可以检查 Option 类型中是否有数据，如果有，则将其中包含的内容放到一个叫作 visitor 的局部变量中，使其对当前匹配分支中的代码可见。胖箭头（"=>"）表示了匹配成功以后需要执行的代码——在这个例子中是给访客打招呼。不同的匹配分支之间通过逗号分隔。

❸ None 表示 Option 类型中没有数据的情况——find 函数没有在名单中找到访客的名

字，因此门卫需要礼貌地请访客离开。

> **迭代器：Rust 中的"无名英雄"**
>
> 迭代器是令人着迷的。它的确需要你花一些时间去适应，但是如果你熟悉.NET 世界中的 LINQ，或者 C++20 里面的 ranges，那么迭代器与它们是类似的。迭代器非常强大，它们被大规模地应用在绝大多数的 Rust 代码中。除此之外，迭代器的运行速度也非常快，通常情况下，它的执行速度会比自己手写一个等价的循环要快。当使用迭代器时，编译器可以确信用户不会进行诸如越界访问数组元素之类的危险操作，因此编译器可以大胆地应用很多优化手段。

使用 `cargo run` 来运行程序，可以得到如下结果：

```
⇒ cargo run
《 Hello, what's your name?
⇒ Bert
《 Hello Bert, enjoy your treehouse.

⇒ cargo run
《 Hello, what's your name?
⇒ Steve
《 Hi Steve. Your milk is in the fridge.

⇒ cargo run
《 Hello, what's your name?
⇒ bob
《 You are not on the visitor list. Please leave.
```

事实上，我们没有办法来预测到底有多少访客会到访——他们可能会取消行程，也可能会带来其他的朋友。数组的长度是固定的，它们不能增长并超出自己的初始大小。Rust 的向量（vector）集合可以让开发者添加任意多的访客。

2.7 用向量来存储数量可变的数据

不同于之前请陌生访客离开的做法，现在我们决定改成让他们先进来，而且将他们加入名单中，并期望他们再次光临。

数组不能改变大小。向量（Vec）是一类被设计为可以动态调整大小的结构。它们可以像数组那样被使用，还可以通过一个名为 `push()` 的方法向其中添加数据。向量的长度可以一直增长——唯一的限制是这台计算机的内存大小。

2.7.1 派生调试信息

当仅用字符串来存储名字时，打印它们是非常容易的，用 `println!` 就可以。但是，开发者希望能够打印 Visitor 结构体的内容。调试占位符（{:?}用于直接打印，{:#?}用于美化格式后打印）可以打印任何实现了 Debug 特质（trait）的类型。为 Visitor 添加打印调试信息的支持也很简单，只需要通过 Rust 提供的另一个便利特性：**派生宏**（derive macro）。

FirstStepsWithRust/treehouse_guestlist_vector/src/main.rs

```
#[derive(Debug)]
struct Visitor {
    name: String,
    greeting: String
}
```

派生宏是一种非常强大的机制，可以把开发者从重复编写无聊代码的苦海中解救出来。用户可以派生很多东西，这本书也会经常用到派生宏。当为结构体派生一个特性时，派生宏要求结构体内部的每个字段都要支持这个特性。幸运的是，Rust 的大多数内置类型，例如 String，都原生支持多种派生特性。因此，一旦在结构体上派生了 Debug，你就可以在 println!中使用{:?}占位符来打印整个结构体。

2.7.2 用向量代替数组

现在你可以打印 Visitor 类型的数据了，接下来把存储访客的数组替换为向量。开发者希望能够把新访客加入访客列表中，这样当他们前来参加下一次派对时，门卫就可以有礼貌地和他们打招呼了。数组不允许这样做，因为它所存储的数据条数不能超过它的初始长度。Rust 提供了 Vec（向量的简写）来实现这个功能。

Rust 的向量在使用方法上和数组很类似，这样就可以很容易地使用其中一个替换另一个。Rust 提供了一个非常有用的 vec!宏来帮助你完成这个替换工作。vec!使得开发者可以采用和初始化数组类似的语法来初始化向量：

FirstStepsWithRust/treehouse_guestlist_vector/src/main.rs

```
let mut visitor_list = vec![
    Visitor::new("Bert", "Hello Bert, enjoy your treehouse."),
    Visitor::new("Steve", "Hi Steve. Your milk is in the fridge."),
    Visitor::new("Fred", "Wow, who invited Fred?"),
];
```

vec!把向量的创建转换为类似于声明数组的语法。事实上，我们也可以这样书写代码：

```
let mut visitor_list = Vec::new();
visitor_list.push(
  Visitor::new("Bert", "Hello Bert, enjoy your treehouse.")
);
// 继续书写更多的 push 语句把元素添加到列表中
```

以上这种写法写起来会长很多，显得很笨拙。使用 vec! 宏来初始化向量是一个更好的选择。

泛型

向量是一种**泛型**（generic）类型。开发者几乎可以在向量中存放任何东西。当把一个 String 添加到一个向量时，Rust 会推断出开发者想要创建一个由字符串组成的向量。这个类型可以写作 Vec<String>，尖括号中间的内容指定了要在泛型类型中使用的类型。向量类型本身被声明为 Vec<T>，T 将被替换为用户指定的类型或者 Rust 推断出的类型。

2.7.3 用 break 跳出循环

开发者希望在访客们接踵而至时，可以连续添加访客到列表中，而不是每接待完一位访客就结束程序。Rust 提供了一种名为 loop 的机制，它可以让代码不断重复执行，直到告诉它停下来为止。loop 语句会一遍又一遍地重复执行其对应代码块内的代码，直至遇到 break; 语句为止。当遇到 break 语句时，它会直接跳到循环的结尾。在 main 函数中，将与输入相关的代码包裹到一个 loop 语句块中，就像下面这样：

```
loop {
 println!("Hello, what's your name? (Leave empty and press ENTER to quit)");
 ...
 break; // 程序将跳转到位于循环体之后的地方开始继续执行
}
// 遇到 break 后，代码跳到这里执行
```

2.7.4 为向量添加新元素

当一名访客填写完注册信息以后，程序需要能实现以下功能。

（1）检查用户输入的姓名是否为空，如果是空的，就用 break 跳出循环。

（2）如果他是一个新访客，使用 push 方法把他加入访客名单中。

把之前输出拒绝信息的代码替换成下面的代码：

FirstStepsWithRust/treehouse_guestlist_vector/src/main.rs

```
match known_visitor {
    Some(visitor) => visitor.greet_visitor(),
    None => {
❶        if name.is_empty() {
❷            break;
        } else {
```

```
                println!("{} is not on the visitor list.", name);
➤               visitor_list.push(Visitor::new(&name, "New friend"));
            }
        }
    }
```

❶ is_empty 是 Stirng 类型提供的一个方法。如果字符串为空，则该方法返回 true；否则，返回 false。虽然 name.len()==0 也可以达到同样的目的，但是 is_empty 的执行效率更高。Clippy 会提醒开发者在代码中使用这个优化。

❷ break 语句使程序直接跳到 loop 语句块的结尾。

最后，在程序临退出之前，要发挥一下附加在 Visitor 结构体上的 Debug 注解的作用，用它打印出完整的访客名单：

```
println!("The final list of visitors:");
println!("{:#?}", visitor_list);
```

不变的迭代器

你是否注意到，在从数组切换到向量的过程中，与迭代器相关的代码没有一丝一毫的修改？迭代器并不关心底层的数据集合是什么类型的，只要实现了迭代器的访问接口就行。开发者甚至可以使用迭代器来把一种类型的数据集合转换为另一种。在本书中，你还将学到更多关于迭代器的使用方法。

现在运行程序，你会看到类似下列的会话过程：

⇒ **cargo run**
❮ Hello, what's your name? (Leave empty and press ENTER to quit)
⇒ **bert**
❮ Hello Bert. Enjoy your treehouse.
  Hello, what's your name? (Leave empty and press ENTER to quit)
⇒ **steve**
❮ Hi Steve. Your milk is in the fridge.
  Hello, what's your name? (Leave empty and press ENTER to quit)
⇒ **Joey**
❮ joey is not on the visitor list.
  Hello, what's your name? (Leave empty and press ENTER to quit)
⇒
❮ The final list of visitors:
  [
      Visitor {
          name: "bert",
          greeting: "Hello Bert. Enjoy your treehouse.",
      },
      Visitor {
          name: "steve",
          greeting: "Hi Steve. Your milk is in the fridge.",
```
```

```
        },
        Visitor {
            name: "fred",
            greeting: "Wow, who invited Fred?",
        },
        Visitor {
            name: "joey",
            greeting: "New friend",
        },
    ]
```

2.8　用枚举体来实现分类

树屋的门卫希望自己可以拥有更多的能力，他们想知道如何招待不同的访客，以及访客是否可以饮用含有酒精的饮料。对访客名单的最后一次改进包括以下两点内容。

（1）存储一个与访客本人相关联的行为，包括允许进入、允许进入并说出定制的欢迎语、禁止入内，以及将其标记为树屋俱乐部的体验会员。

（2）存储访客的年龄，并且当访客年龄小于 21 岁时，禁止他们在树屋内饮酒。

2.8.1　枚举体

Rust 允许定义这样一种类型，它们的取值只能在一个预设好的集合中。这样的类型称为**枚举体**（enumeration），并且可以通过 enum 关键字来声明。接下来我们将定义一个枚举体，其中列出了与访客相关联的 4 种行为。Rust 的枚举体非常强大，而且可以在每一个枚举项中携带数据——甚至携带函数。

在靠近源码文件上方并位于所有函数之外的地方，插入下列代码，以创建一个新的枚举体类型：

FirstStepsWithRust/treehouse_guestlist_enum/src/main.rs

```
❶ #[derive(Debug)]
❷ enum VisitorAction {
❸     Accept,
❹     AcceptWithNote { note: String },
       Refuse,
       Probation,
❺ }
```

❶ 枚举体和结构体一样，都可以通过派生宏来获得某些能力。此处在派生宏中指定 Debug 能力，这将使得 Rust 的字符串格式化功能可以把枚举体的值以名称的形式显示出来。

❷ 通过 enum 关键字来声明一个新的枚举体，声明的语法和其他类型的声明一模一样。

❸ Accept 是一个简单枚举项，它没有与之关联的数据。可以用 let visitor_action = VisitorAction::Accept;这样的语法为 VisitorAction 类型的变量赋值。

❹ AcceptWithNote 枚举项包含附加数据：一个名为 note 的字符串变量。对于该枚举项，你可以用 let visitor_action = VisitorAction::AcceptWithNote{ note: "my note".to_string() };这样的语法为其赋值。

❺ 和结构体的声明一样，枚举体声明不需要分号来标记结束。

2.8.2　使用枚举类型和整数类型的数据成员

枚举体已经定义好了，接下来要做的是把它放入 Visitor 结构体里面。此外，这是一个仅对成年人开放的树屋，提供各种酒精饮品，所以你还需要增加一个用来存储访客年龄的字段。

FirstStepsWithRust/treehouse_guestlist_enum/src/main.rs

```
    #[derive(Debug)]
    struct Visitor {
      name: String,
❶    action: VisitorAction,
❷    age: i8
    }
```

❶ 定义了一个名为 action 的字段，它的类型是刚刚声明的 VisitorAction 枚举类型。结构体中的字段可以是任意类型的，包括枚举体和其他结构体。

❷ 定义了一个名为 age 的字段，它的类型是 i8。这是一个 8-bit 的有符号整数，意味着它可以表示–128 和 127 之间的数字。Rust 还提供了 i32 和 i64 类型，可用于表示更大范围的整数，但是似乎鲜有年龄超过 127 岁的人会来树屋。

你还需要扩展一下构造函数，使之能够初始化这些多出来的字段。结构体中没有被初始化的字段会导致编译错误：

FirstStepsWithRust/treehouse_guestlist_enum/src/main.rs

```
❶  fn new(name: &str, action: VisitorAction, age: i8) -> Self {
      Self {
❷      name: name.to_lowercase(),
❸      action,
        age
      }
    }
```

❶ 这个函数遵循构造函数的模式，可接收用于描述结构体内容的参数，并且返回 Self 类型。

❷ 先列出字段的名称，然后是一个冒号，位于最后面的是字段的值。`to_lowercase()` 把静态字符串（`&str`）转换为 `String`，同时将其全部转为小写。

❸　当开发者不需要对数据进行额外调整，且函数中存在和结构体字段同名的变量时，字段名和冒号可以省略——Rust 会使用和结构体字段同名的变量的值来初始化对应的结构体字段。

至此，你已经知道了门卫能够执行的行为，下一步需要告诉他们每一个新的行为具体要怎么做。

2.8.3　将枚举类型赋值给变量

你可以通过::操作符来访问枚举体的成员，其格式为 `Enumeration::Member`，例如 `VisitorAction::Accept`。如果想要把一个变量或者结构体成员的值设置为枚举类型的某个可选项，则需要遵循 `my_field = Enumeration::Member` 的写法。使用含有数据的枚举体会稍微复杂一些，其赋值语法和把一个结构体赋值给变量的语法是一样的，即 `my_field = Enumeration:: Member{value : my_value}`。可以通过下面的代码把一个带有问候语的行为赋值给变量：

```
let my_action = VisitorAction::AcceptWithNote{ note: "Give them a taco"};
```

现在把访客列表初始化的代码替换为如下内容：

FirstStepsWithRust/treehouse_guestlist_enum/src/main.rs

```
fn main() {
  let mut visitor_list = vec![
    Visitor::new("Bert", VisitorAction::Accept, 45),
    Visitor::new("Steve", VisitorAction::AcceptWithNote{
        note: String::from("Lactose-free milk is in the fridge")
    }, 15),
    Visitor::new("Fred", VisitorAction::Refuse, 30),
  ];
```

2.8.4　枚举体的匹配

一旦枚举变量存储了特定的选项，下一步就需要根据不同的选项做出不同的反应。枚举类型可以变得非常复杂——使用 `if` 语句进行比较可能就不合适了，特别是在还要同时处理枚举体所包含的额外数据的时候。对此，开发者需要使用**模式匹配**（pattern matching）功能。模式匹配有两个基础作用：首先，它可以判断一个条件是否成立，如果成立，则运行相关的代码；其次，它可以从复杂的类型中**提取**出字段（例如上述结构体中的 `note` 字符串）。你已经在 2.6.1

节中使用 match 语句来匹配 Option 类型了。

match 语句的语法如下所示:

用"胖箭头"指向不同的行为　　　　　　　　用逗号隔开不同的分支

```
match visitor_action {
    VisitorAction::Accept => println!("Welcome to the tree house."),
    VisitorAction::Probation => {          ← 较长的代码可以用{}包围起来
        do_something_more_involved();
    }
                                           捕获枚举体内包含的变量
    VisitorAction::AcceptWithNote { note } => {
        println!("{}", note);
    }                          使用被捕获的变量
    _ => println!("Go away!"),
               用下画线匹配所有其他情况
}
```

Rust 的模式匹配可以变得非常复杂,并且有非常多的高级用法。不过,现在不用担心能否掌握这些高级用法——只要了解 match 语句的基本思想"它可以在面对多个选项时决定做什么"即可。

> **match 不仅仅用于处理枚举体**
>
> 开发者几乎可以在任何类型的数据上使用 match 语句。如果对一个数值类型使用 match 语句,请确保代码中一定有一个下画线(_)对应的分支,以处理所有其他的可选项,若没有,则需要列出所有可能的数字作为可选项。如果要在代码中为 32bit 的无符号整数编写 4294967295 个可能的选项,估计是要花费一些时间才能完成的。

greet_visitor 函数是对这个新的访客行为枚举体进行匹配的好地方:

FirstStepsWithRust/treehouse_guestlist_enum/src/main.rs

```
  fn greet_visitor(&self) {
    match &self.action {
      VisitorAction::Accept => println!("Welcome to the tree
❶         house, {}", self.name),
❷     VisitorAction::AcceptWithNote { note } => {
          println!("Welcome to the treehouse, {}", self.name);
❸         println!("{}", note);
❹         if self.age < 21 {
              println!("Do not serve alcohol to {}", self.name);
          }
      }
```

```
        VisitorAction::Probation => println!("{} is now a
            probationary member", self.name),
        VisitorAction::Refuse => println!("Do not allow {} in!", self.name),
        }
    }
```

❶ 如果 action 的值等于 VisitorAction::Accept，那么门卫会向用户打招呼。

❷ 如果正在匹配的可选项包含额外数据，就把字段名写在花括号中。这样的语法称为**解构**（destructuring）。这样，在当前匹配分支的作用域中就可以通过字段名来访问数据了。注意，这里并没有采用单一表达式的写法，而是用了一个具有作用域的代码块。在 match 语句中，开发者可以使用这两种写法中的任何一种。

❸ note 变量是从上一行的模式匹配里抽取出来的，在这里当作一个局部变量来使用。

❹ 整数类型的数学运算和其他编程语言类似：如果年龄小于 21 岁，则打印一条不提供酒精的警告。

在本书的后续内容中，我们会一直使用模式匹配。如果你现在感觉它们很复杂，那也不要担心——当在更加复杂的例子中使用它们时，你就会对它们有更深刻的理解。

最后，需要调整一下 visitor_list.push 这一行，创建新访客时要将其状态设置为体验会员：

```
visitor_list.push(Visitor::new(&name, VisitorAction::Probation, 0));
```

程序中的其他部分保持不变。如果现在使用 cargo run 来运行程序，可以看到类似下面的输出：

```
⇒ cargo run
⟨ Hello, what's your name? (Leave empty and press ENTER to quit)
⇒ bert
⟨ Welcome to the treehouse, bert
  Hello, what's your name? (Leave empty and press ENTER to quit)
⇒ steve
⟨ Welcome to the treehouse, steve
  Lactose-free milk is in the fridge
  No alcohol for you!
  Hello, what's your name? (Leave empty and press ENTER to quit)
⇒ fred
⟨ Do not allow this person in!
  Hello, what's your name? (Leave empty and press ENTER to quit)
⇒ joebob
⟨ joebob is not on the visitor list.
  Hello, what's your name? (Leave empty and press ENTER to quit)
⇒ <keystroke>ENTER</keystroke>
⟨ The final list of visitors:
```

```
[
    Visitor {
        name: "bert",
        action: Accept,
        age: 45,
    },
    Visitor {
        name: "steve",
        action: AcceptWithNote {
            note: "Lactose-free milk is in the fridge",
        },
        age: 15,
    },
    Visitor {
        name: "fred",
        action: Refuse,
        age: 30,
    },
    Visitor {
        name: "joebob",
        action: Probation,
        age: 0,
    },
]
```

2.9 小结

在这一章中，你已经取得了很多成就，并且实际运用了很多 Rust 中的基础概念。你应该能编写实用且有趣的程序了。具体来说，你学到了以下知识。

- 打印并且格式化文本。
- 使用字符串类型。
- 使用 for 和 loop 来控制程序的执行流程。
- 使用 if 语句来实现条件分支执行。
- 数组。
- 结构体。
- 向量。
- 枚举体。
- match 语句。

在第 3 章中，你要学着把这些知识投入实际应用，并开发自己的第一个 Rust 游戏。

第 3 章　构建第一个 Rust 游戏

在前面的章节中，你已经了解了如何安装和使用 Rust 语言。接下来，你要学着把这些知识投入实际应用，并开发自己的第一个游戏 *Flappy Dragon* ——它是 Flappy Bird 的一个克隆版本。

首先，给项目添加一个游戏引擎，以借此实现游戏循环；其次，使用一个简单的 "Hello" 程序来测试游戏循环；再次，使用状态机来实现程序的基本流程控制、加入玩家角色、模拟重力作用，以及让玩家的飞龙扇动翅膀；最后，设置障碍物并引入计分机制。在本章结束时，你将获得一个完整的游戏，而且完全是用 Rust 语言实现的。

在着手编写 *Flappy Dragon* 游戏之前，你应先要理解游戏循环是什么。

3.1　理解游戏循环

第 2 章中所编写的基于命令行的程序，其操作和执行流程是：main() 函数从上到下运行，当需要用户输入数据时，就停下来等待。但就绝大多数游戏来说，无论用户想在什么时候按下键盘上的按键，程序都不会为了等待用户输入而暂停或终止执行。在 *Flappy Dragon* 游戏中，即使玩家没有敲击键盘，玩家的飞龙也会不断下落。为了能够让游戏流畅运行，游戏开发者会使用一个叫作**游戏循环**（game loop）的机制。

游戏循环首先会执行一次初始化操作，包括初始化显示窗口、图形设备以及其他的资源。此后，每当屏幕刷新一次显示时，它就会运行一次——通常以每秒 30 次、60 次或者更高的频率运行。每一次循环，都会调用游戏程序中的 tick() 函数。游戏循环的细节以及每个步骤执行的操作如图 3-1 所示。

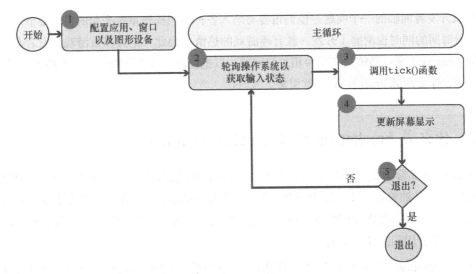

图 3-1

（1）配置应用程序、窗口以及图形设备。让应用程序可以在操作系统中运行起来并非易事，更何况还有不同的操作系统平台需要适配。此外，显示图形也需要付出巨大的努力——无论是使用 Vulkan 还是 OpenGL，为了绘制出一个简单的三角形，你可能需要准备上百行代码。

（2）轮询操作系统，以获取输入状态。获取输入的状态也与具体的系统平台有关系。绝大多数操作系统会提供一系列事件（event）来表示用户在鼠标、键盘或者界面元素上的操作。游戏引擎可以把这些事件转换成标准的格式，这样开发者就不用考虑每台计算机所使用的系统平台了。

（3）调用 tick 函数。tick() 函数提供了游戏的实现逻辑。bracket-lib 是你在本章中将要使用的游戏引擎，它会在主循环的每一轮循环中都调用一次 tick() 函数（下文中"帧"和"tick"都表示对该函数的一次调用）。大多数游戏引擎都会提供某种形式的 tick 机制。Unreal Engine 和 Unity 可以把 tick 机制附加到对象上——这会导致程序中有成百上千个 tick() 函数。还有一些游戏引擎只提供了一个 tick() 函数，这样就把分派调用不同功能的任务交给了开发者。3.1.4 节将介绍如何实现自己的 tick() 函数。

（4）更新屏幕显示。一旦游戏程序的内部状态发生了更新，游戏引擎就需要更新屏幕显示。同样，具体细节会因为系统平台不同而有所差异。

（5）退出（是/否）。最后，在循环中需要检查程序是否需要退出。如果需要，则终止执行程序并退出游戏——同样，相关机制由具体的操作系统决定。如果游戏需要继续运行，则循环会先把程序的执行权让出给操作系统，这样才能保证操作系统中的其他程序可以流畅地运行。随后[1]游戏循环会返回到步骤 2，开始处理下一帧的显示。

———————————

[1] 即当游戏进程被操作系统再一次调度后。——译者注

游戏开发者面临的一个问题是他们很容易陷入各种不同操作系统平台的实现细节中，在浪费了大量时间的同时也消磨了开发一款有趣游戏的热情。因此，绝大多数游戏开发者会使用一款**引擎**（engine）来帮助解决与平台相关的问题，以把注意力集中到编写一个有趣的游戏上来。在本章中，你会用到 bracket-lib 这款引擎。

3.1.1　什么是 bracket-lib 以及 bracket-terminal

bracket-lib 实际上是一个用 Rust 语言编写的游戏开发软件库。它被设计为一个"简化版的教学工具"，通过抽象屏蔽掉了游戏开发过程中各种复杂的事情，但保留了开发更复杂游戏所需要的概念。它由一系列软件库组成，包括随机数生成、图形学、路径搜寻、色彩管理，以及游戏开发中经常会用到的算法实现。

bracket-terminal 是 bracket-lib 的显示组件。它提供了一个模拟的显示终端，并且可以在多种渲染平台上运行——从字符控制台到 Web Assembly，包括 OpenGL、Vulkan 以及 Metal。除了显示终端，它还支持 sprites[①]和原生的 OpenGL 开发。你可以使用 `bracket-lib` 来制作图形游戏，以及控制台字符游戏，如图 3-2 所示：

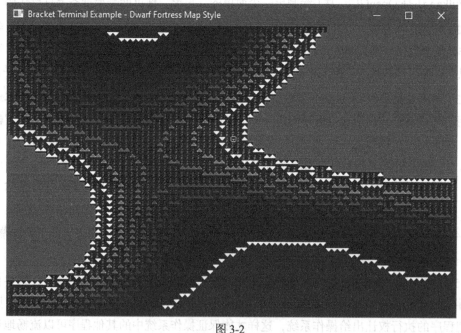

图 3-2

---

① sprite 原意为精灵，在游戏开发领域没有标准的中文译法，较为贴切的翻译是"精灵系统"。该单词在游戏开发领域的应用可以追溯到 20 世纪 70 年代末，用来表示当时的图形处理芯片所采用的一项新技术，即可以把小图形叠加到背景图案上的技术。由于图形是像精灵一样"悬浮"在背景之上而不是嵌入背景之中，因此被称作 sprite。——译者注

作者自述：Bracket-lib 是开源的

我本人是 `bracket-lib` 系列软件库的主要作者，但是和很多开源项目一样，这个库是站在巨人的肩膀上成长起来的——是许多用户的无私贡献让它获得了成功。

3.1.2　创建一个使用 bracket-lib 的新项目

当开发者想创建一个使用了游戏循环机制的游戏时，第一步要做的就是搭建出程序的基础框架，这意味着需要执行以下操作。

（1）创建一个项目。

（2）将游戏引擎引入项目。

（3）显示出 "Hello, World" 文本。

搭建基础框架可以保证开发者拥有一个坚实、可靠的游戏循环，这是后续搭建上层建筑的基础。

现在你可以着手搭建基础框架了，首先要新建一个 Rust 项目。打开终端窗口并进入源代码目录。输入 `cargo new flappy`，即可创建一个基础的 "Hello, World" 程序。

接下来，你需要给项目加入 `bracket-lib` 作为其依赖项（相关内容参见 1.8 节），然后打开 `Cargo.toml`，并加入下列与 `bracket-lib` 有关的依赖项：

FirstGameFlappyAscii/hello_bterm/Cargo.toml

```
[package]
name = "hello_bterm"
version = "0.1.0"
authors = ["Herbert Wolverson <herberticus@gmail.com>"]
edition = "2018"

[dependencies]
bracket-lib = "~0.8.1"
```

版本号中的波浪号（~）表示"首选 0.8.1 版本，但同时也可以接受基于 0.8 版本的修订版本"。如果在 0.8.1 版本中有缺陷，Cargo 将会下载缺陷修复后的版本。关于如何配置 crate 版本的内容参见 1.8 节。

将 `bracket-lib` 库加入 `Cargo.toml` 的操作只是将其作为一个可选项引入项目中，接下来开发者还需要在代码中使用①它才行。

3.1.3　Hello，bracket Terminal

向 main.rs 的顶部加入下面这行代码：

FirstGameFlappyAscii/hello_bterm/src/main.rs

```
use bracket_lib::prelude::*;
```

这里的星号（*）是一个通配符，表示"来自 bracket-lib 的一切东西"。bracket-lib 将开发者需要使用的一切功能都通过自身的 prelude 模块进行了导出。这是 Rust 的 crate 生态里常用的一种约定，但并不是强制的。使用 prelude 模块可以让开发者在使用这个库时，不必每次都输入 bracket-lib::prelude::。你将在 5.2 节中了解到更多有关 prelude 的知识，进而创建自己的 prelude 模块。

现在我们已经正式在代码中使用 bracket-lib，接下来需要扩展一下程序，让它能够存储自己当前正在做的事情。用来描述地图、游戏进度、统计信息的各种数据，以及需要在帧与帧之间保留传递的各种其他数据，都可以称为游戏的**状态**（state）。

3.1.4　存储状态

游戏循环运行的主要原理就是在每一帧中调用开发者编写的 tick() 函数。tick() 函数本身对游戏一无所知，所以需要一种方式来存储游戏的当前状态（**游戏状态**，game state）。任何需要在帧与帧之间保留的数据都存储在游戏的状态中。游戏状态代表了当前游戏进程的一个快照。

创建一个新的名为 State 的空结构体：

FirstGameFlappyAscii/hello_bterm/src/main.rs

```
struct State {}
```

显示 "Hello, World" 并不需要存储任何状态，所以不需要向游戏状态中加入变量——至少现在不用。

1．实现 trait

trait 是一种用来为不同对象定义共享功能的手段。trait 和其他语言中的**接口**（interface）概念有些相似，开发者可以用它来定义契约。如果说某个 trait 被实现了，这就是说一个类型实现了这个 trait 所要求的方法，换言之，就是类型满足了 trait 的要求。更多有关 trait 的知识参见 11.1 节。

---

① 此处原文为 use，use 也是 Rust 中引用模块的关键字。作者在这里采用了一语双关的写法。——译者注

bracket-lib 给用来存储游戏状态的类型定义了一个名为 GameState 的 trait，GameState 要求一个类型实现 tick() 函数。实现 trait 与为结构体实现方法是类似的，向程序中添加如下代码：

FirstGameFlappyAscii/hello_bterm/src/main.rs

```
❶ impl GameState for State {
❷     fn tick(&mut self, ctx: &mut BTerm) {
❸         ctx.cls();
❹         ctx.print(1, 1, "Hello, Bracket Terminal!");
       }
   }
```

❶ 此处的语法和为结构体添加方法函数是类似的，但这里要额外写上 trait 的名字。

❷ GameState 这个 trait 要求开发者实现一个名为 tick() 的函数，且该函数的签名要和这里给出的一样。&mut self 的写法将允许 tick 函数访问并修改 State 类型的实例。ctx 参数提供了一个窗口，用于和当前正在运行的 bracket-terminal 交互——可以通过它来获取鼠标的位置以及键盘输入，也可以给窗口发送绘图命令。你可以把 tick() 函数看作连接游戏引擎和游戏程序本身的"桥梁"。

❸ ctx（"context"的简写）提供了一些函数用来和游戏显示窗口进行交互。cls() 的作用是清空显示窗口。在大多数帧的绘制流程中都要先清空屏幕，这样可以避免上一帧的遗留数据被渲染出来。

❹ print() 提供了在游戏窗口中打印文本的接口。它和前几章中用过的 println! 类似，但是只能接收字符串，不能接收格式模板。不过，你还是可以通过这种方法来格式化字符串：ctx.print(format!("{}", my_string))。

在上述代码中，你给 print() 函数传递了 1,1 作为前两个参数。它们是**屏幕坐标系**（screen space）中的**坐标值**（coordinate），代表了开发者希望字符串出现的位置。bracket-lib 将 0,0 定义为窗口的左上角。在一个 80×50 大小的窗口中，79×49 是右下角的坐标。坐标系如图 3-3 所示。

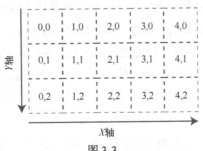

图 3-3

你现在已经知道如何把文字放到屏幕上，但是在摆放文字之前，需要先把屏幕准备好。这个过程不总是一帆风顺的，所以你需要实现一些错误处理逻辑。

2. 在 main 函数中处理错误

main() 函数需要初始化 bracket-lib，描述期望创建的窗口类型以及游戏循环。初始化过程可能会失败，所以会返回 Result 类型。

Result 是 Rust 用来处理错误的标准方法。Result 是一个枚举体——就像 Option 或者之前自己定义的枚举体一样。处理 Result 的方式主要有 3 种。

```
match my_result {
  Ok(a) => do_something_useful(a),
  Err(a) => handle_error(a),
}
```

Result 是一个枚举体——因此可以使用 match 语句来选择一个处理方式。

```
fn my_function() -> BError {
    ...
    my_result()?;
}
```

通过?操作符来把错误传递给父函数。

```
my_result.unwrap()
```

使用与 option 类型类似的 unwrap 方法——如果有错误出现，则会导致程序崩溃。

使用 unwrap 是最简单的方法，不过一旦有任何错误出现，程序就会崩溃。此外，如果代码中的很多函数都有潜在返回错误的可能性，那么充斥在代码中的 unwrap() 也会使得代码变得难以阅读。为每个可能失败的函数都使用 match 语句的做法同样会导致代码冗长且难以阅读。使用?操作符可以大幅度简化代码并使其易于阅读，唯一要求是你编写的这个函数必须也返回 Result 类型。

bracket-lib 提供了一个名为 BError 的 Result 类型。把 main 函数的返回值改成 BError 类型就可以享受?操作符带来的便利：

FirstGameFlappyAscii/hello_bterm/src/main.rs

```rust
fn main() -> BError {
```

现在，你可以初始化 `bracket-lib` 了。这个库使用了**建造者模式**（builder pattern）——这是 Rust 中构建复杂对象时的一种惯用方法。建造者模式发挥了函数链式调用的优点，可以把很多个参数选项分散到独立的函数调用中，相比在单一函数中写很长的参数列表，建造者模式可以提供更具可读性的代码。

3. 使用建造者模式

建造者模式的起点是一个返回建造者对象的起点构造函数。软件库通常会提供几个常用的起点构造函数。例如，`bracket-terminal` 提供了一个名为 `simple80x50()` 的起点构造函数，这是用得最频繁的一种显示模式。

后续对建造者对象的调用会将新的信息不断添加到建造请求中。例如，`with_title()` 可用于为窗口的标题栏添加文字，`with_font()` 可用于设置显示字体。

在完成描述所希望创建的对象以后，调用 `build()` 函数，这将会返回一个开发者希望得到的完整对象，或者返回一个错误。

下一步，将下面的代码添加到 `main()` 函数中，替换掉原来的 `println!` 语句：

FirstGameFlappyAscii/hello_bterm/src/main.rs

```rust
❶ let context = BTermBuilder::simple80x50()
❷     .with_title("Flappy Dragon")
❸     .build()?;
```

❶ 以请求构造一个 80×50 大小的终端窗口作为起点。

❷ 请求将窗口的标题设置为 "Flappy Dragon"。

❸ 调用 `build()` 函数来完成初始化，并且将返回的上下文对象存储到 `context` 变量中。之所以能够使用 `?` 操作符是因为 `main()` 函数的返回值已经被改成了 `BError` 类型。

创建好终端窗口的实例后，你需要告诉 `bracket-lib` 开始执行游戏循环，并且将引擎和所定义的 `State` 类型变量关联起来，这样 `bracket-lib` 才能知道 `tick()` 函数位于哪里：

FirstGameFlappyAscii/hello_bterm/src/main.rs

```rust
main_loop(context, State{})
```

在 `main_loop()` 函数调用的末尾不用加分号，因为它的返回值是一个 `BError` 类型的值。因为 `main` 函数的返回值和 `main_loop()` 函数的返回值类型相同，所以可以让 Rust 自动把子函数的结果作为当前函数的返回值。所有出现的错误都会被传递到 `main` 函数之外——这会导致程序崩溃并显示给定的错误信息。`main_loop` 函数启动游戏循环，并且开始在每一帧中调用 `tick()` 函数。

使用 `cargo run` 命令运行这个项目，你会看到一个黑底白字的窗口显示着 "Hello, Bracket Terminal!"，如图 3-4 所示。

Hello, Bracket Terminal!

图 3-4

在使用标准输入、输出的程序中，使用 `println!` 命令可以打印出绝大多数的字符。但是 `Bracket-lib` 会把字符转换为 sprite 图形来进行渲染显示，因此只能使用有限的字符集。显示在屏幕上的一个个字符其实是一张张图片——`Bracket-lib` 库会根据发送给它的字符找到对应的图片，这些字符由 Codepage 437 字符集定义。

3.1.5　Codepage 437：由 IBM 扩展的 ASCII 字符集

默认情况下，`bracket-lib` 使用一种名为 Codepage 437 的字符集。它是 DOS 时代 PC 上的默认字体，并且常用于显示终端的输出。除了字母和数字，它还提供了一些可以用来表示简单游戏元素的符号。完整的字符集参见附录 A。

`print()` 函数会自动把开发者指定的文本转换成合适的 sprite，其中包括 Unicode 编码中的一些特殊字符。

接下来要做的是实现游戏的功能。

3.2　创建不同的游戏模态

游戏通常运行在一种**模态**（mode）中。模态指定了在当前 tick 中游戏程序应该做什么事情，例如，显示主菜单或者游戏结束界面。在计算机科学中，这个概念有一个正式的名字叫作**状态机**（state machine）。在开发游戏之前先把游戏的基础模态框架定义出来是一个很好的做法，因为它可以作为后续要开发的游戏程序的"轮廓"。

Flappy Dragon 游戏会用到如下 3 种模态。

（1）Menu：游戏玩家正在主菜单等待。

（2）Playing：游戏正在进行中。

（3）End：游戏结束。

这几个模态之间的相互转换是比较简单的，如图 3-5 所示。

图 3-5

游戏模态最好用枚举体来表示，因为枚举体可以把变量的值限定在一个由所有可能状态组成的集合之中。在导入 prelude 模块的代码下面，添加一个名为 GameMode 的枚举体用来表示可用的游戏模态。

FirstGameFlappyAscii/flappy_states/src/main.rs

```
❶ enum GameMode {
❷     Menu,
       Playing,
       End,
   }
```

❶ GameMode 是一个枚举体，就像之前在树屋例子中用过的一样。

❷ 每一个可能的游戏模态都用枚举体中的一个条目来表示。《Flappy Dragon》游戏要么是显示菜单，要么是在进行游戏，抑或是在显示"游戏结束"画面。

你需要把当前的模态存储在 State 中。扩充现在还是空白的 State 结构体，使之包含一个 GameMode 类型的变量，并且编写一个构造函数来初始化它，就像在 2.8 节中做的那样。

FirstGameFlappyAscii/flappy_states/src/main.rs

```
struct State {
    mode: GameMode,
}

impl State {
    fn new() -> Self {
        State {
            mode: GameMode::Menu,
        }
    }
}
```

把 main 函数中 state 的初始化代码修改为调用构造函数的写法：

FirstGameFlappyAscii/flappy_states/src/main.rs

```
main_loop(context, State::new())
```

对于处在某个模态的程序而言，知道自己当前处于哪个模态还不够，更重要的是需要根据当前不同的模态做出不同的反应。

3.2.1 根据当前模态做出反应

游戏的 tick() 函数应该根据当前的模态指导程序的流程，而 match 语句非常适合做这件事。tick 函数不再需要清空屏幕显示了，因为每个模态都将会自己清空屏幕显示。把 tick() 函数替换成下列代码：

FirstGameFlappyAscii/flappy_states/src/main.rs

```rust
impl GameState for State {
    fn tick(&mut self, ctx: &mut BTerm) {
        match self.mode {
            GameMode::Menu => self.main_menu(ctx),
            GameMode::End => self.dead(ctx),
            GameMode::Playing => self.play(ctx),
        }
    }
}
```

接下来，你需要先编写一些 tick() 函数中会调用到的函数，但这些函数先以桩（stub）的形式存在。把一些函数作为桩函数对于开发大型程序而言是很有帮助的，这有助于让开发者把注意力集中到程序的主要流程上来，而不是过于深入具体实现的各种复杂细节。在创建了桩函数以后，请记得把它欠缺的逻辑填充上。添加一个 // TODO 注释有助于帮助记忆。

3.2.2 play()函数的桩形式

play()函数的桩形式会通过将游戏模态设置为 End 来直接终止游戏。在 State 中实现一个新的方法：

```rust
impl State {
    ...
    fn play(&mut self, ctx: &mut BTerm) {
        // TODO: 稍后填写
        self.mode = GameMode::End;
    }
}
```

3.2.3 主菜单

主菜单稍微复杂些，既要显示菜单，又要响应用户的输入，还要能把模态切换为 Playing 并且重置游戏的状态，从而使得游戏可以从头开始重玩一遍。

你需要在 State 里面实现另一个方法用来重新启动游戏。现在，只需要把游戏的模态设置为 Playing 即可：

```rust
impl State {
    ...
    fn restart(&mut self) {
        self.mode = GameMode::Playing;
    }
}
```

为 State 新添加一个名为 main_menu 的实现函数（也就是添加到 impl State 代码块中）。主菜单函数会先清空屏幕，然后打印出菜单的选项：

FirstGameFlappyAscii/flappy_states/src/main.rs

```
fn main_menu(&mut self, ctx: &mut BTerm) {
    ctx.cls();
    ctx.print_centered(5, "Welcome to Flappy Dragon");
    ctx.print_centered(8, "(P) Play Game");
    ctx.print_centered(9, "(Q) Quit Game");
```

print_centered() 是 print() 的一个扩展版本，可使文本在一行内居中显示，因此在参数中只需要给出 y 坐标即可。

现在，你已经向玩家展示了一些菜单选项，接下来需要让程序检测能够触发这些选项的用户输入。BTerm 对象包含一个 Key 变量，其中记录了键盘的输入状态。玩家可能正在按下一个按键，也可能没有按下。这可以用 Rust 中的 Option 类型来表示。

针对只需要匹配一种情况的 match 语句，Rust 提供了一种叫作 if let 的简化写法。Option 只能包含 None 或者 Some(data) 两种形式，所以简化写法可以节省一些代码。if let 和 match 的用法是一样的，如图 3-6 所示。

```
match my_option {                                    if let Some(my_value) = my_option {
    Some( my_value ) => do_something_with(my_value),      do_something_with(my_value);
    _ => {}←——Do nothing                           }
}
```

图 3-6

你可以在 if let 语句的结尾使用 else 语句，就像 if 语句一样。

如果 Key 包含有效值，则可以使用 if let 语句把这个值提取出来，然后使用 match 表达来判断是哪一个按键被按下，并做出相应的动作。_=>{}用于告诉 Rust 忽略掉没有列出的其他情况。Rust 把 _ 理解为 "任何东西" ——可以用它来忽略掉一些不感兴趣的变量取值，或者在 match 表达式中提供一个默认选项。用下列代码来完成 main_menu 函数：

FirstGameFlappyAscii/flappy_states/src/main.rs

```
❶   if let Some(key) = ctx.key {
        match key {
❷          VirtualKeyCode::P => self.restart(),
❸          VirtualKeyCode::Q => ctx.quitting = true,
            _ => {}
        }
    }
} // main_menu 函数的结尾
```

❶ 使用 if let 语句来实现只有当用户按下按键时才执行代码块中的代码，并且把按键对应的值抽取到 key 变量中。

❷ 如果用户按下了 P 键，则通过调用 restart() 函数来重新开始游戏。

❸ 如果用户按下了 Q 键，则把 ctx.quitting 设置为 true。这将告诉 bracket-lib 当前程序准备退出了。

3.2.4　游戏结束菜单

游戏结束菜单和主菜单类似，它会打印出提示游戏已经结束的文字，并且给玩家两个选择：重玩一遍；退出游戏。将这个函数添加到 State 的实现中：

FirstGameFlappyAscii/flappy_states/src/main.rs

```
fn dead(&mut self, ctx: &mut BTerm) {
    ctx.cls();
    ctx.print_centered(5, "You are dead!");
    ctx.print_centered(8, "(P) Play Again");
    ctx.print_centered(9, "(Q) Quit Game");

    if let Some(key) = ctx.key {
        match key {
            VirtualKeyCode::P => self.restart(),
            VirtualKeyCode::Q => ctx.quitting = true,
            _ => {}
        }
    }
}
```

3.2.5　完整的游戏控制流

使用 cargo run 命令来运行程序。这个简单的、使用了模态来进行流程控制的游戏程序已经可以运行了：

```
❰ Welcome to Flappy Dragon
  (P) Play Game
  (Q) Quit Game
⇒ P
❰ You are dead!
  (P) Play Again
  (Q) Quit Game
⇒ q
```

现在你已经完成了游戏程序的模态系统的原型，接下来需要添加玩家角色以及一些游戏逻辑。

3.3 添加游戏角色

在 *Flappy Dragon* 游戏中，玩家要对抗重力作用、避开障碍物，才能生存下来。为了保持飞行状态，玩家需要按空格键来让飞龙扇动翅膀并获得向上的动力。为了实现这个逻辑，你需要存储飞龙当前的一些游戏属性。在 `main.rs` 文件中位于枚举体声明下方的位置，添加一个新的结构体：

FirstGameFlappyAscii/flappy_player/src/main.rs

```
    struct Player {
❶       x: i32,
❷       y: i32,
❸       velocity: f32,
    }
```

❶ 玩家角色的 x 坐标。这是一个**世界坐标系**（world space）下的坐标——它的度量单位是终端窗口中的字符数。玩家永远显示在屏幕的左侧。x 坐标的数值实际上也代表了当前关卡的游戏进度[①]。

❷ 玩家角色在世界坐标系下竖直方向的位置。

❸ 玩家角色在竖直方向上的速度。这是一个 f32 类型的数据，也就是浮点数。不同于整数类型，浮点数可以把分数部分用小数的形式来表示。浮点数可以表示 1.5 这个值，而如果用整数来表示，最接近的近似值是 1 或者 2。全部使用整数来表示速度也是可以的，但这会导致玩家角色在飞行中突然（而且不合常理地）跌落。使用浮点数则允许使用小数形式的速度值——这可以带来流畅度大幅提升的游戏体验。

你同样需要编写一个构造函数来初始化玩家角色的实例，可以将其初始坐标设定为指定的数值，并且将其速度设置为 0：

FirstGameFlappyAscii/flappy_player/src/main.rs

```
    impl Player {
        fn new(x: i32, y: i32) -> Self {
            Player {
                x,
                y,
❶               velocity: 0.0,
            }
        }
    }
```

❶ 浮点数类型（f32）必须是一个小数，所以需要添加一个 .0 到整个数字的后面。

现在你已经知道了玩家角色在屏幕上的位置，接下来将其绘制在屏幕上。

---

① 由于这是一个横向卷轴游戏，这里的 x 坐标表示了玩家在整个横向地图中前进的位置，也就表示了游戏的进度。——译者注

3.3.1 渲染游戏角色

你将把玩家角色在屏幕上渲染为一个靠近屏幕左侧的黄色的@符号。向 Player 结构体的实现中添加一个 render()方法:

FirstGameFlappyAscii/flappy_player/src/main.rs

```
fn render(&mut self, ctx: &mut BTerm) {
❶    ctx.set(
❷        0,
❸        self.y,
❹        YELLOW,
          BLACK,
❺        to_cp437('@')
      );
}
```

❶ set()是 bracket-lib 提供的一个函数,用来在屏幕上显示一个单独的字符。

❷ 在屏幕上渲染字符的 x 坐标。

❸ 在屏幕上渲染字符的 y 坐标。

❹ bracket-lib 内置了一系列预先命名好的颜色供开发者使用——它们来自 HTML 的命名颜色列表。除此之外,开发者可以使用 RGB::from_u8()来指定位于0~255范围内的红、绿、蓝三原色的值,也可以使用 RGB::from_hex()来指定 HTML 风格的颜色值。

❺ 要渲染的字符。to_cp437()这个函数将用户代码中的 Unicode 符号转换为对应的 Codepage 437 字符编号。

现在你可以绘制玩家角色了,接下来需要为游戏添加重力模拟功能。

3.3.2 坠向不可避免的死亡

重力是不可避免的。除非通过扇动翅膀来获得向上的动力,否则飞龙就会不断下坠。Player 结构体中的 velocity 变量代表了竖直方向上的动量。在每一帧中,只要速度还没有到达最大值,你就要将一个代表重力的数值累加到 velocity 变量中。随后,开发者会根据当前的速度值来修改玩家角色的 y 坐标。

为 Player 类型实现另一个函数:

FirstGameFlappyAscii/flappy_player/src/main.rs

```
fn gravity_and_move(&mut self) {
❶    if self.velocity < 2.0 {
```

❷　　　　　self.velocity += 0.2;
　　　}
❸　　　self.y += self.velocity as i32;
❹　　　self.x += 1;
　　　if self.y < 0 {
　　　　　self.y = 0;
　　　}
　}

❶ 检测最大速度：只有当下落的速度小于 2 时才应用重力。

❷ += 运算符的含义是将其右侧的表达式或值累加到其左侧的变量中。修改当前的速度值可以使玩家角色向上或向下移动。

❸ 将速度值累加到当前玩家角色的 y 坐标值上。Rust 不允许开发者把浮点数和整数相加，所以需要先使用 as i32 把速度转换为一个整型数。转换过程永远是向下取整的。

❹ 虽然玩家角色在屏幕上的水平坐标不变，但你仍需知道当前关卡中（在世界坐标系下）玩家已经前进了多远。开发者可以通过累加 x 坐标的值来追踪游戏当前的进度。

3.3.3　扇动翅膀

下面你将模拟扇动飞龙的翅膀。把另一个方法添加到 Player 结构体的实现中：

FirstGameFlappyAscii/flappy_player/src/main.rs

```
fn flap(&mut self) {
    self.velocity = -2.0;
}
```

flap() 函数把玩家角色的速度值设置为-2.0。这是一个负数，意味着玩家角色会向上移动——回忆一下，0 代表屏幕的最上方。

3.3.4　实例化玩家

你已经定义好了玩家角色对应的类型，现在需要把它的一个实例加入游戏状态变量中，并且在构造函数中将其初始化。此外，你需要增加一个名为 frame_time 的变量（它的类型是 f32），这个变量用于累积若干帧之间经过的时间，通过它可以控制游戏的速度。

FirstGameFlappyAscii/flappy_player/src/main.rs

```
struct State {
    player: Player,
    frame_time: f32,
```

```
        mode: GameMode,
    }

impl State {
    fn new() -> Self {
        State {
            player: Player::new(5, 25),
            frame_time: 0.0,
            mode: GameMode::Menu,
        }
    }
```

每次新开始一局游戏时，restart() 函数都要被调用一次，这样可以重置游戏状态变量，并且将游戏模式切换为游戏中。修改 restart() 函数，使之能够在游戏重启时重置玩家角色：

FirstGameFlappyAscii/flappy_player/src/main.rs

```
fn restart(&mut self) {
    self.player = Player::new(5, 25);
    self.frame_time = 0.0;
    self.mode = GameMode::Playing;
}
```

3.3.5 常量

魔法数字（magic number）通常被视作一种**代码异味**（code smell）——预示着代码可能存在问题。对于想阅读这段代码的其他开发者而言，这些数字可能会让他们感到困惑（如果经过一段时间以后再回过头来看代码，感到困惑的可能也包括开发者本人）。后续代码会多次用到控制台窗口的尺寸（80×50），但是在代码中直接书写这些数字会导致两个问题：如果后续想改变控制台窗口的尺寸，就需要修改代码中每一处涉及尺寸数值的地方。此外，在阅读代码时，这些数字表达的意图不够明确。

代码犹如内衣

💡 如果代码出现了"异味"，就要考虑更换掉它——就像换掉有异味的内衣一样。Clippy 对代码中的异味非常敏感，在代码应该有所调整时，Clippy 通常可以给出提示。

Rust 提供了**常量**（constant）来帮助解决这个问题。除非重新编译程序，否则常量永远不会发生改变。在阅读代码时，SCREEN_WIDTH 要比 80 更容易阅读，而且更明确地表示了数值所代表的意义。此外，相比修改代码中所有书写了 80 的位置，更改 SCREEN_WIDTH 的值只需要修改一个地方，这就容易了很多。不同于 let 语句声明变量时可以让编译器自动推导类型，常量在定义时必须明确给出它的类型。在代码中枚举体声明的下方，增加两个常量用于表示屏幕

的尺寸，以及第三个常量用于表示以毫秒为单位的帧与帧[①]之间的间隔时间：

FirstGameFlappyAscii/flappy_player/src/main.rs

```
const SCREEN_WIDTH : i32 = 80;
const SCREEN_HEIGHT : i32 = 50;
const FRAME_DURATION : f32 = 75.0;
```

现在常量已经就位，是时候让它们发挥作用了。

3.3.6 完善游戏程序的 play()函数

修改 play()函数来调用新的功能：

FirstGameFlappyAscii/flappy_player/src/main.rs

```
    fn play(&mut self, ctx: &mut BTerm) {
❶       ctx.cls_bg(NAVY);
❷       self.frame_time += ctx.frame_time_ms;
        if self.frame_time > FRAME_DURATION {
        self.frame_time = 0.0;
        self.player.gravity_and_move();
    }
❸   if let Some(VirtualKeyCode::Space) = ctx.key {
        self.player.flap();
    }
    self.player.render(ctx);
    ctx.print(0, 0, "Press SPACE to flap.");
❹   if self.player.y > SCREEN_HEIGHT {
        self.mode = GameMode::End;
    }
}
```

❶ cls_bg()和 cls()的作用是一样的，区别在于前者允许指定清屏后的背景色。NAVY 是 bracket-lib 提供的一个预命名颜色，代表海蓝色。

❷ tick()函数会以尽可能高的频率运行，通常每秒可以运行 60 次或者更多。但是玩家没有超人那样迅速的反应力，所以需要为游戏减速。ctx 中有一个名为 frame_time_ms 的变量，它表示上一次 tick()函数调用与本次 tick()函数调用所隔的时间。将该变量累加到游戏状态的 frame_time 变量中，如果累加值超过了 FRAME_DURATION 常量，就运行物理引擎

[①] 此处帧的概念和前文中对帧的定义有所不同。前文中把 tick()函数每次被调用叫作一帧，而此处将游戏状态的每次改变称为一帧。虽然在每次 tick()函数调用中都会重绘游戏画面，但是如果游戏状态数据不发生变化，则渲染出的画面是一样的，玩家并不能感知出来画面的变化。因此，可以认为本书中的"帧"有两种理解方式，一种是从程序执行频次角度理解，另一种是从玩家感官角度理解。具体指的是哪种角度需要读者根据上下文进行理解。——译者注

并且将 `frame_time` 变量清零。

❸ 如果玩家此刻正在按下空格键，则调用为 `Player` 类型实现的 `flap()` 函数。这一段逻辑不受 `frame_time` 变量的制约——如果那样做的话，在帧与帧之间"等待"的过程中按键会失灵。

❹ 检查玩家角色是否已经坠落到了屏幕的下边沿。如果是的话，就把 `GameMode` 切换到 `END`。

3.3.7　扇动翅膀

现在使用 `cargo run` 命令运行游戏。按 P 键开始游戏，然后玩家会在屏幕上看到一个代表玩家角色的黄色 @ 符号。它会向着屏幕底部下落，并且在玩家按下空格键的时候向上飞起。当它跌出屏幕时，游戏会跳转到游戏结束菜单。

现在，*Flappy Dragon* 游戏已经完成了一半，飞龙已经可以扇动翅膀了。接下来，你需要添加一些障碍物让它来躲避。

3.4　创建障碍物并实现计分逻辑

Flappy Dragon 游戏的另一个要素是躲避障碍物。现在你可以为游戏增加墙体障碍物，并在墙体中挖出可以让飞龙穿过的缺口。为程序添加另一个结构体：

FirstGameFlappyAscii/flappy_dragon/src/main.rs

```rust
struct Obstacle {
  x: i32,
  gap_y: i32,
  size: i32
}
```

障碍物具有一个 x 值，定义了它们在世界坐标系中的位置（这样可以和玩家角色在世界坐标系中的 x 值作比较）。`gap_y` 变量定义了飞龙可以穿过的缺口的中心位置，`size` 定义了障碍物中缺口的长度。

你现在需要定义一个 `Obstacle` 结构体的构造函数：

FirstGameFlappyAscii/flappy_dragon/src/main.rs

```rust
impl Obstacle {
  fn new(x: i32, score: i32) -> Self {
    let mut random = RandomNumberGenerator::new();
    Obstacle {
```

```
        x,
➤       gap_y: random.range(10, 40),
        size: i32::max(2, 20 - score)
    }
}
```

计算机并不擅长生成真正的随机数。但是，有很多算法可以生成"伪随机数"。bracket-lib 包含了一种名为 xorshift 的算法，并将其封装成了一个易于使用的函数。

上述构造函数创建了一个新的 RandomNumberGenerator 类型的实例，并且用它来把障碍物放在随机位置上。range() 可以在一个左闭右开的区间中生成随机数——障碍物的 y 值可以为 10~39 的数字。在 20 减去玩家角色当前得分和 20 减去常量 2 中选择较大的那个数作为缺口的大小（通过 i32::max 可以获取两个数中较大的一个数），这样可以确保随着游戏的推进，墙壁中的缺口将会变得越来越小，但是缺口的大小最小也不会小于 2。

现在你已经获得障碍物的位置数据了，下一步就可以把它们渲染到屏幕上了。

3.4.1 渲染障碍物

在渲染障碍物时，你可以用|符号来表示墙壁。

为了得到障碍物在屏幕上的 x 坐标，你需要进行从世界坐标系到屏幕坐标系的转换。玩家角色在屏幕坐标系下的 x 坐标永远是 0，但是在 player.x 中存放的是它在世界坐标系中的 x 坐标。由于障碍物的 x 坐标也是定义在世界坐标系下的，因此可以通过把障碍物的 x 坐标和玩家的 x 坐标相减的方式来获得障碍物在屏幕坐标系下的 x 坐标。

障碍物覆盖了从屏幕顶端到缺口上端，以及从缺口下端到屏幕底端的区域。这可以通过沿 y 轴方向的两个循环来表示：一个从 0 到缺口的上端，一个从缺口的下端到屏幕的高度值。缺口的上端是缺口的 y 坐标减去它长度的一半。同样，缺口的下端是缺口的 y 坐标加上缺口长度的一半。缺口的位置关系如图 3-7 所示。

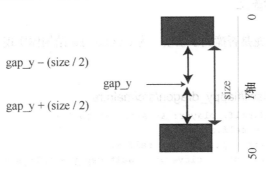

图 3-7

两个 `for` 循环就足以完成上述任务了，下面是渲染障碍物的函数：

```
FirstGameFlappyAscii/flappy_dragon/src/main.rs
fn render(&mut self, ctx: &mut BTerm, player_x : i32) {
  let screen_x = self.x - player_x;
  let half_size = self.size / 2;

  // 绘制障碍物的上半部分
  for y in 0..self.gap_y - half_size {
    ctx.set(
      screen_x,
      y,
      RED,
      BLACK,
      to_cp437('|'),
    );
  }

  // 绘制障碍物的下半部分
  for y in self.gap_y + half_size..SCREEN_HEIGHT {
    ctx.set(
      screen_x,
      y,
      RED,
      BLACK,
      to_cp437('|'),
    );
  }
}
```

这段代码没有涉及什么新的知识，此处用 `for` 循环来迭代两段墙壁的长度，然后调用 `ctx.set` 来渲染出表代表墙壁的字符。现在墙壁已经显示在屏幕上了，下一步要使得玩家角色可以和墙壁发生碰撞。

3.4.2　一头撞到墙上

开发者需要判断飞龙是否撞到了墙壁。为 `Obstacle` 结构体实现一个 `hit_obstacle()` 函数：

```
FirstGameFlappyAscii/flappy_dragon/src/main.rs
  fn hit_obstacle(&self, player: &Player) -> bool {
    let half_size = self.size / 2;
❶  let does_x_match = player.x == self.x;
❷  let player_above_gap = player.y < self.gap_y - half_size;
    let player_below_gap = player.y > self.gap_y + half_size;
❸  does_x_match && (player_above_gap || player_below_gap)
  }
```

❶ 如果玩家角色的 x 坐标和障碍物的 x 坐标相等，就有发生碰撞的可能。

❷ 将玩家角色的 y 坐标和缺口的上边沿进行比较。

❸ 可以用括号把多个逻辑判断放到一个分组中。这个比较表达式可以解释为"如果玩家角色的 x 坐标和障碍物的 x 坐标相等，并且玩家角色的 y 坐标高于或者低于缺口所在的位置，就会发生碰撞"。

这个函数的入参接收一个指向 Player 类型的引用——需要用它来获取玩家角色当前的位置。随后它会检查玩家角色的 x 坐标是否与障碍物的 x 坐标相等，如果不相等，就不会发生碰撞。比较条件使用&&来表示"与"逻辑，同时将判断条件的第二部分放在了括号中。在括号中的判断条件会同时执行。这个函数的作用是检查 x 坐标的条件和 y 坐标的条件是否同时满足。

如果玩家角色（在 x 方向上）正好位于障碍物的位置，并且在 y 方向上的坐标小于缺口的坐标减去其大小的一半或者大于缺口坐标加上其大小的一半，那么玩家角色就与墙壁发生了碰撞，这个函数就会返回 true（玩家撞到墙了）；否则，函数返回 false。

3.4.3 记录得分和障碍物的状态

《Flappy Dragon》游戏会记录玩家躲过了多少个障碍物，并且将这个数值作为玩家的得分。因此，State 对象需要包含玩家当前的得分，以及当前的障碍物。你可以通过扩展 State 结构体及其构造函数来实现这些功能：

FirstGameFlappyAscii/flappy_dragon/src/main.rs
```rust
struct State {
    player: Player,
    frame_time: f32,
    obstacle: Obstacle,
    mode: GameMode,
    score: i32,
}

impl State {
    fn new() -> Self {
        State {
            player: Player::new(5, 25),
            frame_time: 0.0,
            obstacle: Obstacle::new(SCREEN_WIDTH, 0),
            mode: GameMode::Menu,
            score: 0,
        }
    }
}
```

3.4.4 在 play()函数中加入障碍物和计分逻辑

关于障碍物本身的逻辑已经编写完成了，下面我们将其加入 play() 函数中，将 play() 函数扩展成如下所示的样子：

FirstGameFlappyAscii/flappy_dragon/src/main.rs

```
    ctx.print(0, 0, "Press SPACE to flap.");
❶   ctx.print(0, 1, &format!("Score: {}", self.score));

❷   self.obstacle.render(ctx, self.player.x);
❸   if self.player.x > self.obstacle.x {
      self.score += 1;
      self.obstacle = Obstacle::new(
          self.player.x + SCREEN_WIDTH, self.score
      );
    }
    if self.player.y > SCREEN_HEIGHT ||
        self.obstacle.hit_obstacle(&self.player)
    {
      self.mode = GameMode::End;
    }
```

❶ 在游戏说明提示的下方显示玩家当前的得分。这里使用了 format!()宏。format!() 所接收的字符串模板和其中的占位符与 println!()所使用的是一模一样的，但不同于将字符串格式化结果输出到标准输出，这个宏会将结果作为一个字符串返回。

❷ 调用障碍物的 render()函数，使障碍物显示在屏幕上。

❸ 如果玩家越过了当前的障碍物，那么其得分加 1，并且用一个新的障碍物替换掉旧的障碍物。新障碍物的 x 坐标是玩家当前的坐标加上屏幕的宽度——把新障碍物放在屏幕的最右边。

3.4.5 将得分显示在游戏结束画面上

作为锦上添花之笔，我们可以修改游戏结束画面，使之能显示玩家的最终得分。这与在游戏过程中显示得分是一样的：

FirstGameFlappyAscii/flappy_dragon/src/main.rs

```
fn dead(&mut self, ctx: &mut BTerm) {
  ctx.cls();
  ctx.print_centered(5, "You are dead!");
  ctx.print_centered(6, &format!("You earned {} points", self.score))
```

3.4.6 在重玩游戏时重置得分和障碍物

找到 restart()方法，并且添加如下的代码，使得玩家在重玩游戏时，得分和障碍物的状态会得到重置：

FirstGameFlappyAscii/flappy_dragon/src/main.rs

```rust
  fn restart(&mut self) {
    self.player = Player::new(5, 25);
    self.frame_time = 0.0;
➤   self.obstacle = Obstacle::new(SCREEN_WIDTH, 0);
    self.mode = GameMode::Playing;
➤   self.score = 0;
  }
```

3.4.7 *Flappy Dragon* 游戏效果

如图 3-8 所示，运行程序并试着玩一下这个由自己完成的游戏吧！

图 3-8

3.5 小结

恭喜你用 Rust 语言写完了自己的第一个游戏。原版 *Flappy Bird* 游戏中的基础元素都包括在内了，你甚至可以用它来刷分。

Flappy Dragon 游戏还有很多可以改进的地方，一些可以尝试的方向如下。

- 随意调整重力等级、速度的计算方式，以及游戏刷新速度。注意这些参数的变化可以从哪些方面以颠覆性的方式改变游戏体验。

- 看一看能否以图形的方式来显示墙壁和飞龙。

- 把游戏中的图形放大，并且把游戏区域缩小，从而让它变得更像 Flappy Bird。

- 探索 bracket-lib 提供的"弹性控制台（flexible console）"功能，并且将玩家的坐标值改为浮点数，以获得更流畅的运动效果。

- 为游戏菜单添加颜色和视觉效果。

- 为飞龙实现动画效果。

本书附带的源代码包含了另一个版本的《Flappy Dragon》，它实现了上面提到的绝大多数改进点。你可以在 flappy_bonus 目录中找到这个版本的代码。感谢 Bevouliin 提供了这件飞龙艺术品——Flappy Dragon Enhanced，如图 3-9 所示。

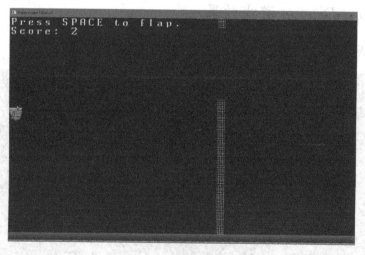

图 3-9

在第 4 章中，你将了解如何设计一个更复杂的游戏：一个 Rogue 风格的地下城探险类游戏。

第二部分 开发地下城探险类游戏

现在，你已经掌握了 Rust 的初级知识，并且用 Rust 语言开发了自己的第一个游戏，接下来可以开启一个更复杂的项目了：一个地下城探险类游戏。在编写这个游戏的过程中，你将学习成为 Rust 中级选手所需要掌握的核心概念。

第4章　设计地下城探险类游戏

一头扎进编写一个大型游戏的工作中，听起来很有趣，但通常不是一个好主意。只需要预先做一点点规划，就可以大幅度降低开发者的焦虑感。

你并不需要编写一个正式的游戏**设计文档**（Design Document），但是在开始编写代码之前做一些规划总是一个不错的主意。精心的规划可以让开发者随时看到自己的进展，从而帮助开发者保持继续做下去的激情。早期的规划还可以帮助开发者尽早发现是否制定了不可企及的目标，也可以帮助确定游戏的基础架构。

在本章中，你将遵循附录 B 给出的简短设计文档模板来勾勒出所要制作的游戏的轮廓。

4.1　设计文档必备的几个段落标题

地下城探险类游戏是一个相当小的项目，并且本书会假设你将独自或者与朋友一起完成这个项目。这就意味着设计文档可以短小精悍——这与附录 B 中给出的简短设计文档模板非常契合。在本节中，你将看到 Rusty Roguelike 游戏完整设计规划中的每一个部分。

接下来，让我们看看设计文档中每个部分对应的段落标题是什么。

4.1.1　为游戏命名

起名字不是一件容易的事情，而且开发者所选择的第一个名字通常都不会变成游戏最终的名字。本书中地下城探险类游戏的暂定名称是"Rusty Roguelike"。

项目名称：

Rusty Roguelike

4.1.2　游戏的简要介绍

作为一个以地下城探险为主题的游戏，玩家将看到一位探险者进入一座随机生成的地下城。玩家需要指引探险者在地下城中行走，打败怪兽并且收集威力升级道具，如此进行下去，直至玩家找到亚拉的护身符（"又一个失落的护身符"）[①]才能结束游戏。

下面是关于 Rusty Roguelike 的简要介绍。

简要介绍：

一个地下城探险类的游戏，包括由程序生成的关卡、越来越难以打败的怪兽，以及基于回合制的角色移动机制。

4.1.3 游戏剧情

Rusty Roguelike 的故事剧情非常简单。你可以大胆地为自己的游戏编写一个更精彩的剧情。在本书所编写的简易设计文档中，有关剧情部分的内容如下。

游戏剧情：

主人公的家乡遭到怪兽侵略。怪兽从地下深处涌出，来势汹汹。传说中亚拉的护身符——这是"又一个失落的护身符"——可以用来阻止洪水般涌来的怪兽。在酒馆中度过漫长的一夜后，主人公决定拯救世界，于是向着地下城走去。

4.1.4 基本的游戏流程

本书所介绍的地下城探险类游戏，其基本游戏流程和附录中简短设计文档给出的例子非常相似。

基本游戏流程：

（1）进入地下城游戏的一个关卡；

（2）探索并揭示地下城的地图；

（3）遇到敌人，敌人可以被玩家杀死，也可以杀死玩家；

（4）寻找威力提升道具，以提升玩家角色的战斗力；

（5）找到当前关卡的出口，返回流程步骤 1。

4.1.5 最简可行产品

最简可行产品（Minimum Viable Product，MVP）可能是简要设计文档中最重要的部分。它描述了开发者为了完成游戏开发而必须实现的功能——除此以外的功能都是锦上添花。本书第

---

① 亚拉的英文是 Yala，这是 Yet Another Lost Amulet 的首字母缩写，意为"又一个失落的护身符"。这里有打趣的意思，讽刺各种游戏故事里都会提到一个护身符。——译者注

二部分的前几个章节将带你构建 Rusty Roguelike 的 MVP 版本。

这个 MVP 内容如下。

最简可行产品：

（1）创建一个基础的地下城地图；

（2）将玩家角色置于地下城之中，并让它可以在地下城中走动；

（3）生成怪兽，将它们绘制在屏幕上，并且让玩家与怪兽相遇，进而杀死怪兽；

（4）为玩家添加生命值，并且添加基于生命值的战斗系统；

（5）添加可以恢复生命值的药品；

（6）当玩家角色死亡时，游戏结束画面将显示在界面上；

（7）在关卡中添加"亚拉的护身符"，并且让玩家角色在碰到它的时候取得游戏的胜利。

4.1.6　延展目标

延展目标是提升游戏设计的各种细节。一旦 Rusty Roguelike 的 MVP 已经全部完成，你可以为游戏增加以下特性。

延展目标：

（1）添加视野机制；

（2）添加更有趣的地下城设计；

（3）添加更多的地下城主题风格；

（4）使地下城变成多层的结构，并且把护身符放在最深的一层；

（5）为游戏添加各式各样的武器；

（6）改为使用数据驱动的设计模式来生成敌人；

（7）考虑引入一些视觉效果，以使战斗效果更加酷炫；

（8）考虑实现计分机制。

4.2　小结

MVP 目标和延展目标与本书各个章节之间有紧密的对应关系。这是经过精心设计和安排的：

书中的每个章节可以看作一个独立的 Sprint①。每一个 Sprint 的目标都被设计为可以在一小段时间内完成，并且可以让你看到阶段性的成果。这样的安排对于设计一个游戏是很重要的，它可以避免开发者在自以为游戏会很好玩的情况下，一口气写完很多单调乏味的代码。

一个典型的游戏开发者的经历是这样的：你阅读了本章内容以及附录中的内容，点点头，然后全心投入工作。这很好——你已经做到了。随着经验的积累，你可以在几乎不做前期规划的情况下快速实现一个游戏的原型。随着经验的继续积累以及野心的逐渐膨胀，你将意识到做规划的重要性。注意，不要过度规划，一个简洁、明了的规划要比没有规划好，但是如果要花费大量时间来进行规划，这对于一个出于兴趣编写的游戏来说就有些过了。一份始终保持简洁的设计文档可以帮助你实现自己的目标。

现在你已经有了地下城探险类游戏的设计草图，接下来进入第一个 Sprint——绘制出地下城的地图并让游戏角色可以在其中奔跑。

---

① Sprint 是敏捷开发中的一个术语，其原意是"短跑冲刺"，在本书中，你可以将其理解为"向着阶段性目标冲刺"。敏捷开发中，一个 Sprint 通常指完成一定数量工作所需的短暂、固定的周期。——译者注

第 5 章　编写地下城探险类游戏

在第 4 章中，我们完成了地下城探险类游戏的规划。在本章中，我们开始依据前期的设计来综合应用基础技能，以期得到一个随机生成的地下城和一个可以在其中四处走动的探险者。从本章开始，我们会把代码划分为不同的模块，以便在程序变庞大时可以控制它的复杂度，此外还有助于隔离程序中的缺陷。随后你将了解到如何以图块的形式来存储地图，以及这样的存储结构如何有利于实现一个高效且简单的地图渲染系统。下一步，加入玩家角色并让它可以在地图中走动——包括限制它们不能穿墙而过。最终，你将实现一个随机地图生成系统——它能够生成与原版 Rogue 或 Nethack 这两款游戏类似的地下城。掌握这些基础技能将能够让你具备开发基于图块的游戏的实际经验——你将能够绘制图块地图，并在其中操控角色行走。

到目前为止，所有代码都存放在一个名为 main.rs 的文件中，随着游戏的不断开发，你会发现把相关代码放到**模块**（module）中会让事情变得更简单。

5.1　将代码划分为模块

虽然把一个巨大的程序写在一个文件中是可行的，但是把代码划分为更小的片段——也就是 Rust 中的**模块**——可以带来以下 3 点明显的好处。

（1）相比在一个越来越长的 main.rs 中记住大约位于 500 行的一个位置，在一个名为 map.rs 的文件中寻找和地图有关的功能显然更容易。

（2）Cargo 能够并行编译不同的模块，可以大幅优化编译时间。

（3）减少代码耦合，在独立代码中寻找软件缺陷会容易很多。

模块既可以是一个单独的 .rs 文件，也可以是一个文件夹。本章将使用单文件形式的模块。在 6.5.1 节中，我们介绍如何创建基于文件夹的模块。

5.1.1　crate 与模块

Rust 程序被划分为 crate 和模块两类。crate 是拥有自已独立的 Cargo.toml 文件的一组代

码。你制作的游戏是一个 crate，bracket-lib 也是一个 crate——你在 Cargo 中指定的所有依
赖项都是 crate。大体上来说，crate 之间是相互独立的，但是每一个 crate 又可能会依赖于其他
的 crate，从而使用它们的代码功能。模块是 crate 中的一部分代码，其特征是存在于独立的文
件或文件夹中。把相关的代码汇总在一起可以使得游戏代码更容易浏览——例如可以将所有与
地图相关的代码放到一个 map 模块中。

　　crate 和模块扮演了**命名空间**（namespace）的角色，bracket-lib::prelude 代表的是
bracket-lib 这个 crate 内部的 prelude 模块。代码本身所处的 crate 可以用 crate:: 来表
示。例如，在创建 map 模块以后，你就可以在程序的任何位置通过 crate::map 来引用它。
所有模块形成了一个以 crate 作为顶层的层级结构。一个模块可以包含其他模块，命名空间也会
随之变长，就像 map::region 或者 map::region::chunk 这样，当然也可以继续嵌套更多
的层级。crate 和模块之间的关系如图 5-1 所示。

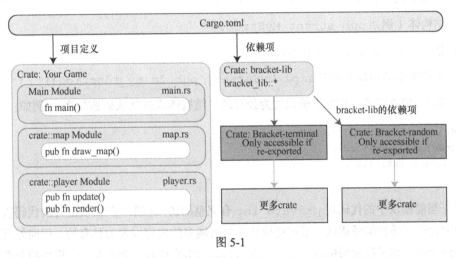

图 5-1

5.1.2　新建一个空的地图模块

　　你可以通过 cargo new dungeoncrawl 命令来创建一个新的项目，然后使用和 3.1.3 节中
同样的步骤，在 bracket-lib 终端窗口中显示出 "Hello, Bracket World"。请确保在 Cargo.toml
文件的 [dependencies] 小节下加入了 bracket-lib="~0.8.1" 这一行配置。

　　接下来要做的是向 src 目录里添加一个名为 map.rs 的新文件。现在先把这个文件留空，
后续这个文件将包含 map 模块。

　　Rust 需要知道开发者希望把一个新模块加入程序的编译环节中。mod 关键字可以把一个模
块引入项目。在 main.rs 的最上面添加如下一行代码：

```
mod map;
```

　　上述代码把 map 模块添加到了全局作用域，并且创建了 map:: 这个前缀。在 main.rs 中，

你可以通过 map::my_function() 的写法来访问在 map 模块中声明的内容，还可以添加 use map::my_function 这样一行代码，这样就可以通过简单地写 my_function() 来使用这个函数了。

5.1.3 模块的作用域

模块是自包含的，并且拥有自己的作用域。模块中的所有成员默认都是私有的。如果你访问一个位于模块内部的成员，就会得到一个没有访问权限的编译错误提示。解决这个问题的办法是通过 pub 关键字把模块中需要共享的成员标记为**公有**的。

绝大多数元素都可以被设置为公有的，示例如下。

- 函数（例如 pub fn my_function()）
- 结构体（例如 pub struct MyStruct）
- 枚举体（例如 pub enum MyEnum）
- 实现块中的函数（例如 impl MyStruct{ pub fn my_function() }）

结构体中独立的成员也可以被设置为公有的（结构体成员默认是私有的），例如：

```
pub struct MyPublicStructure {
  pub public_int: i32,
  Private_int: i32
}
```

位于当前模块中的代码对 private_int 有完整的访问权限。从模块之外的代码直接访问模块内的代码将导致编译错误。最好把模块内尽可能多的内容设置为私有的，仅向外部暴露经过精心设计的一套函数和结构体。这一点在与其他同事合作时尤为重要——模块的公有元素成了该模块的输入和输出接口，团队中的其他成员不必知道模块内部的具体工作原理。

迪米特法则

迪米特法则（The Law of Demeter）指出了这样一个设计原则：每一个模块都应该尽量少知道其他模块的信息，并且应该只与联系紧密的模块交互。这样的设计有助于实现松耦合（loose coupling），进而让调试程序变得更加容易。如果一个功能可以被限定在一个狭小的空间内，查找程序中的错误就会容易很多。

5.2 用 prelude 模块来管理导入项

把每一个与地图相关的操作都写为 map:: 或者 crate::map 的形式会显得很笨拙，并且会随着新模块的不断增多而变得越来越冗长。当使用一个 Rust 库时，库的作者通常都会把用户所需

的一切内容放在一个便于使用的名为 prelude 的模块中。在 3.1.3 节中，你就用到了 bracket-lib
库的 prelude 模块。在这里，你可以创建自己的 prelude 模块，将常用功能导出给程序的其他
部分使用，这样可以简化模块的使用。把下面的代码添加到 main.rs 文件中：

BasicDungeonCrawler/dungeon_crawl_map/src/main.rs

```
❶ mod map;

❷ mod prelude {
❸     pub use bracket_lib::prelude::*;
❹     pub const SCREEN_WIDTH: i32 = 80;
       pub const SCREEN_HEIGHT: i32 = 50;
❺     pub use crate::map::*;
   }
❻ use prelude::*;
```

❶ 通过 mod 关键字把模块添加到项目中。

❷ mod 关键字也可以用来在源码中定义一个新的模块。由于模块现在位于 crate 的顶层位
置，因此没有必要将其设置为公有的——处于 crate 顶层位置的模块在整个程序中都是可见的。

❸ 以公有的方式使用 bracket_lib 的 prelude 模块，并把它**重导出**到自己的 prelude
模块中。这样，使用了这个 prelude 模块的用户就能够同时使用 bracket_lib 的 prelude
中导出的内容了。

❹ 为常量增加 pub 关键字可以使其变为公有的。在 prelude 模块中予以声明可以让它
们对于任何使用了这个 prelude 模块的代码而言都是可见的。

❺ 前面你已经把 map 模块引入主作用域中。模块可以通过 crate:: 来指代主作用域。在
此重新导出 map 模块，使其从外界看起来像是由 prelude 模块导出的。

❻ 在 main.rs 中通过 use 关键字使用刚才定义的 prelude，这样可以让其中的内容对
主作用域可见。

使用该 prelude 模块的其他模块都将能够直接使用 bracket-lib 和 map 这两个模块中
的全部内容。

使用其他模块

模块之间是采用树形结构来组织的。在使用 use 关键字来导入并使用其他模块时，有几种写法可
以引用到模块树中不同的位置。

（1）super:: 在树形结构中使用位于自己相邻上级的模块。

（2）crate:: 访问位于树根的模块，也就是 main.rs。

搭建地图模块

打开 map.rs，添加下列代码来导入 prelude，然后创建一个用来定义地图中图块数量的常量：

BasicDungeonCrawler/dungeon_crawl_map/src/map.rs

```
use crate::prelude::*;
const NUM_TILES: usize = (SCREEN_WIDTH * SCREEN_HEIGHT) as usize;
```

NUM_TILES 是一个由其他常量计算出来的新常量。一个常量只能包含其他常量（包括常数函数）。这是一种保持代码整洁的好办法：当 SCREEN_WIDTH 改变时，地图的大小将在重新编译的时候自动改变。

什么是 usize

Rust 中的大部分类型都是有固定大小的。i32 代表 32 位的整数，i64 代表 64 位的整数。usize 是一个特例。它使用最适合于当前 CPU 的大小。如果是在 64 位计算机上，usize 就会是 64 位。Rust 通常用 usize 作为集合和数组的索引。

5.3 存储地下城地图

大部分游戏都包含地图，它通常是一个由**图块**（tile）构成的数组。对于一个地下城类型的游戏而言，地图结构表示了地下城的布局。平台类游戏使用地图来表示壁架、平台以及梯子的位置。一个扫雷游戏会在地图上展示已经探索过的区域和地雷的位置。大多数二维游戏用网格状排布的一系列图块来表示地图。每个图块都有一个**类型**属性，用来描述如何渲染它以及当玩家角色进入图块时会发生什么。

每个地图图案都是一个图块，排列在网格之中。

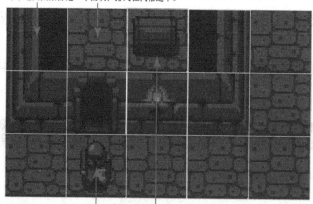

实体——骑士和箱子——渲染在网格之上。

图 5-2

地图将以向量的形式表示。向量中的每一个元素代表一个图块，因此一个 80×50 的地图将包含 4000 个图块。图块表示地图的一部分，同一类型的图块会拥有同样的图案。**实体**（entity）——例如骑士和怪兽——将被叠放在图块上面。图 5-2 为一个地图示例。

5.3.1 图块在程序中的表示方法

所有图块的类型会被限定在一个预先定义好的集合中，因此非常适合用枚举体来表示。在 map.rs 中，定义一个名为 TileType 的公有枚举体，其中包含墙壁和地板对应的条目：

BasicDungeonCrawler/dungeon_crawl_map/src/map.rs

```
#[derive(Copy, Clone, PartialEq)]
pub enum TileType {
    Wall,
    Floor,
}
```

你可以注意到，上述代码中有一个 derive 列表，这些派生宏分别如下所示。

- Clone 为类型添加一个 clone() 函数。调用 mytile.clone() 会在不影响原始变量的情况下创建一个变量的深拷贝。在克隆一个结构体时，结构体内的所有成员也会被克隆一份。当需要安全地操作一份数据的副本而不影响到原始数据时，或者希望绕开借用检查器时，这个功能会很有用。
- Copy 将改变 TileType 类型的变量在进行赋值操作时的行为——它将不再转移变量的所有权，而是做一个拷贝。就小尺寸类型而言，拷贝通常比其他方式更快。可以在开发者尝试借用一个变量，但实际上拷贝会比借用更快的情况下，Clippy 会给出一条警告信息。
- PartialEq 会"暗中"添加一些代码[①]，从而让开发者可以使用==操作符来比较两个 TileType 类型的变量。

由于 TileType 被标记为公有，因此前文 prelude 模块里面的通配符表示所有使用了这个 prelude 模块的程序都可以使用 TileType 枚举体。

现在你用#来表示墙壁，用@符号来表示玩家——就像在 *Flappy Dragon* 游戏里面做的那样。你已经定义好了图块中可以包含的内容，是时候开始构建地图了。

5.3.2 创建一个空地图

接下来要做的是新创建一个包含图块向量的名为 Map 的结构体。特别需要注意的是，结构体本身及其图块成员都是公有的，因此可以被外部模块访问：

---

① 宏的本质就是让编译器自动生成代码，PartialEq 让编译器为开发者自动生成了常规比较逻辑的代码。假设开发者想用其他非常规的逻辑来判断两个类型是否相等，则可以手工编写相关代码。——译者注

BasicDungeonCrawler/dungeon_crawl_map/src/map.rs

```
pub struct Map {
    pub tiles: Vec<TileType>,
}
```

你还需要为 Map 类型添加一个构造函数：

BasicDungeonCrawler/dungeon_crawl_map/src/map.rs

```
impl Map {
pub fn new() -> Self {
        Self {
            tiles: vec![TileType::Floor; NUM_TILES],
        }
    }
```

构造函数使用 vec!宏的一种扩展形式，创建出一个长度是 NUM_TILES 的向量，并且其中的每个元素都被设置成了 TileType::Floor，也就是创建了一个完全由地板组成的地图。

5.3.3 为地图建立索引

向量的索引是一维的，因此需要一种把地图上 (x,y) 坐标变换为向量索引编号的方法。这种变换被称为 striding。

本书将使用行优先的编码方式。地图的每一行都会按照 x 坐标的顺序相邻存放，随后的一组元素包含第二行的数据。一个 5×3 的地图将使用如图 5-3 所示的方法建立索引编号。

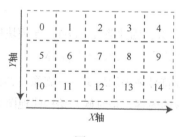

图 5-3

你可以通过如下的方式用 x 和 y 坐标计算出图块的索引编号：

```
let index = (y * WIDTH) + x;
```

也可以进行它的逆运算——x 和 y 坐标可以用索引编号来表示：

```
let x = index % WIDTH;
let y = index / WIDTH;
```

这里的%是**取模运算**（modulus）——计算除法的余数。注意，整数除法的结果总是向下取整的。

行优先，列优先，以及 Morton 编码

开发者可以通过不同的方式来为存储地图的向量建立索引，与图 5-3 所示的类似，列优先会按照 y 坐标的顺序，把每一列的数据相邻存放。还有更加神秘的编码方式，例如 Morton 编码，这种编码方式把相邻的图块在内存中连续存放。

除非当前的编码方式遇到了性能瓶颈，否则通常不使用 Morton 编码。当然，知道有这样一种编码方式存在也是一件好事。

使用上述逻辑，你就可以实现地图的索引了。在 map.rs 文件中添加一个用来计算图块索引编号的公有方法。要确保这个函数位于 Map 类型的实现代码块之外：

```
pub fn map_idx(x: i32, y: i32) -> usize {
  ((y * SCREEN_WIDTH) + x) as usize
}
...
impl Map {
```

注意这里的 as usize 写法，x 和 y 都是 32 位的整数（i32），但是向量要通过一个 usize 类型的变量来索引。在一个使用变量的地方添加 as usize，这样就可以把结果转换为 usize。

5.3.4 渲染地图

地图模块需要有把自身渲染到屏幕的能力。在 Map 类型的实现中加入另一个方法并将其命名为 render：

BasicDungeonCrawler/dungeon_crawl_map/src/map.rs

```
pub fn render(&self, ctx: &mut BTerm) {
    for y in 0..SCREEN_HEIGHT {
        for x in 0..SCREEN_WIDTH {
            let idx = map_idx(x, y);
            match self.tiles[idx] {
                TileType::Floor => {
                    ctx.set(x, y, YELLOW, BLACK,
                        to_cp437('.')
                    );
                }
                TileType::Wall => {
                    ctx.set(x, y, GREEN, BLACK,
                        to_cp437('#')
                    );
                }
```

```
                }
            }
        }
    }
```

这个函数使用 for 循环来遍历地图中 x 和 y 的组合（当使用行优先存储时，由于内存缓存的原因，首先遍历 y 会更快），使用 match 来判断图块的类型，随后调用 set 函数来渲染每一个图块。地板以黄色 . 的形式展现，墙壁以绿色 # 的形式展现。

5.3.5　使用地图模块的 API

随着 Map 模块的大功告成，接下来要做的就是在代码中使用它了。打开 main.rs，这里需要向 State 对象添加一个 Map 类型的成员，并且在 State 类型的构造函数中初始化它。tick() 函数应该调用 Map 的 render() 方法。

```
BasicDungeonCrawler/dungeon_crawl_map/src/main.rs
struct State {
    map: Map,
}
impl State {
    fn new() -> Self {
        Self { map: Map::new() }
    }
}
impl GameState for State {
    fn tick(&mut self, ctx: &mut BTerm) {
        ctx.cls();
        self.map.render(ctx);
    }
}
fn main() -> BError {
    let context = BTermBuilder::simple80x50()
        .with_title("Dungeon Crawler")
❶       .with_fps_cap(30.0)
        .build()?;
    main_loop(context, State::new())
}
```

❶ with_fps_cap() 用来自动调控游戏的运行速度，它会告知操作系统游戏程序可以在两帧之间暂停运行。这样可以防止玩家移动的速度过快，也可以让 CPU 休息一下。

现在运行程序，你就可以看到一张空的地图了，如图 5-4 所示。

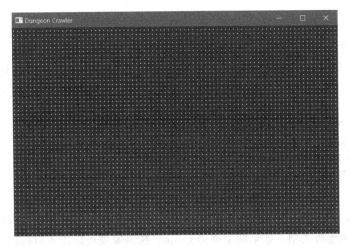

图 5-4

到此为止，你已经拥有了一张地图，并且验证了它可以被渲染出来，现在是时候加入一个探险家了。

5.4 加入探险家

在地下城游戏中，探险家是玩家的化身。玩家在地下城中闯荡，希望能够收集到各种战利品，当然也可能死在凶残怪物的手下。游戏程序需要知道哪些图块是探险家可以进入的，这样探险家才不会穿墙而过。程序也需要存储玩家所在的位置，从键盘获取移动的指令，并且执行移动操作。在本节中，我们将介绍这些功能。

5.4.1 扩展地图的 API 接口

你可以向 map 模块添加更多的函数，以支持与玩家角色相关的功能。这里需要判断一个 x/y 坐标对是否在地图的范围内。如果不做边界检查，玩家就可以越过地图的边界，这可能会导致玩家瞬间绕回到地图另一端的异常情况，甚至导致程序崩溃。向 map 模块添加如下方法：

BasicDungeonCrawler/dungeon_crawl_player/src/map.rs

```
pub fn in_bounds(&self, point : Point) -> bool {
    point.x >= 0 && point.x < SCREEN_WIDTH
        && point.y >= 0 && point.y < SCREEN_HEIGHT
}
```

这个函数检查 point 参数指定的位置在 x 轴和 y 轴上是否都大于等于 0，并且小于屏幕的高度和宽度。这里将多个判断条件通过 && （也就是 AND 的简写）连接起来，当所有条件都满足时返回 true。

你还需要一个函数来判断玩家是否可以进入一个图块。玩家可以在地板上行走，但是不能穿过墙壁。这个函数也应该调用刚刚写好的 in_bounds 函数，这样就能在移动时保证既不会越过地图的边界，也不会进入不能进入的图块。向 map 模块的实现中添加如下方法：

BasicDungeonCrawler/dungeon_crawl_player/src/map.rs

```
pub fn can_enter_tile(&self, point : Point) -> bool {
    self.in_bounds(point)
        && self.tiles[map_idx(point.x, point.y)]==TileType::Floor
}
```

can_enter_tile() 函数使用 in_bounds() 函数来检查目标图块是否有效，同时也会检查目标图块是否为地板类型。如果两个都是 true，探险家就可以进入目标图块。

这里还需要用到另一个函数。最好可以让开发者获取一个图块坐标的索引值，并且当坐标落在地图之外时返回一个错误提示。向 Map 的实现中再添加一个方法：

```
impl Map {
    ...
    pub fn try_idx(&self, point : Point) -> Option<usize> {
        if !self.in_bounds(point) {
            None
        } else {
            Some(map_idx(point.x, point.y))
        }
    }
}
```

这个函数调用了之前定义的 in_bounds() 函数来测试一个坐标点是否位于地图范围内。如果在地图内，就返回 Some(index)；如果不在，就返回 None。

现在地图模块已经具备了支持实体在地图上移动所需的基础代码，是时候创建玩家角色了。

5.4.2 创建玩家角色的数据结构

玩家是一个逻辑上独立的实体，所以应该属于独立的模块。在 src 目录下创建一个新的文件，并将其命名为 player.rs。这个文件会成为新的 player 模块。

打开 main.rs，将新的模块添加到 prelude 里面：

BasicDungeonCrawler/dungeon_crawl_player/src/main.rs

```
mod map;
mod player;

mod prelude {
    pub use bracket_lib::prelude::*;
```

```
    pub const SCREEN_WIDTH: i32 = 80;
    pub const SCREEN_HEIGHT: i32 = 50;
    pub use crate::map::*;
    pub use crate::player::*;
}
```

回到 player.rs, 为了存储玩家角色的信息, 你可以添加一个新的结构体以及对应的构造函数:

```
use crate::prelude::*;

pub struct Player {
    pub position: Point
}
impl Player {
    pub fn new(position: Point) -> Self {
        Self {
            position
        }
    }
}
```

你可以使用 bracket-lib 提供的 Point 类型来存储坐标, 而不是单独存储 x 和 y 的值。Point 类型实质上也是存储 x 和 y 的值, 但是它额外提供了向量和几何学计算相关的功能。

5.4.3 渲染玩家角色

正如 map 模块一样, player 模块也应该具有一个 render() 函数:

```
pub fn render(&self, ctx: &mut BTerm) {
    ctx.set(
        self.position.x,
        self.position.y,
        WHITE,
        BLACK,
        to_cp437('@'),
    );
}
```

这个过程和渲染地图图块的过程非常类似: 先计算出玩家在屏幕上的位置, 然后使用 set() 方法在屏幕的对应位置上绘制出代表探险家的@符号。

5.4.4 移动玩家角色

玩家角色应该能够响应玩家的键盘输入, 使之能够在地图中行走。

为 Player 结构体增加一个新的函数实现：

BasicDungeonCrawler/dungeon_crawl_player/src/player.rs

```
pub fn update(&mut self, ctx: &mut BTerm, map : &Map) {
    if let Some(key) = ctx.key {
        let delta = match key {
            VirtualKeyCode::Left => Point::new(-1, 0),
            VirtualKeyCode::Right => Point::new(1, 0),
            VirtualKeyCode::Up => Point::new(0, -1),
            VirtualKeyCode::Down => Point::new(0, 1),
            _ => Point::zero()
        }
```

这个函数和 3.2.3 节提到的玩家输入管理功能很类似。你可以使用 if let 语句来判断是否有按键被按下，然后使用 match 语句来处理对应的按键编码。这个函数产生了一个名为 delta 的变量，用来存储角色坐标下一步的变化量。

函数的下半段计算角色的新坐标：把当前的坐标和 delta 变量相加。然后调用 map 模块提供的 can_enter_tile() 函数。如果这个移动是可行的，就更新坐标值。

BasicDungeonCrawler/dungeon_crawl_player/src/player.rs

```
        let new_position = self.position + delta;
        if map.can_enter_tile(new_position) {
            self.position = new_position;
        }
    }
}
```

5.4.5 使用玩家模块的 API

定义好 Player 类型后，接下来你需要把它添加到 State 对象以及它的构造函数中，最后在 tick() 函数中调用 update() 和 render() 函数。注意，要先渲染地图，后渲染角色——玩家应该位于地图图块之上：

BasicDungeonCrawler/dungeon_crawl_player/src/main.rs

```
struct State {
    map: Map,
    player: Player,
}
impl State {
    fn new() -> Self {
        Self {
            map : Map::new(),
            player: Player::new(
```

```
➤                 Point::new(SCREEN_WIDTH / 2, SCREEN_HEIGHT / 2)
➤             ),
          }
      }
  }
  impl GameState for State {
      fn tick(&mut self, ctx: &mut BTerm) {
          ctx.cls();
          self.player.update(ctx, &self.map);
          self.map.render(ctx);
➤         self.player.render(ctx);
      }
  }
```

运行程序，你就可以看到地图上有一个@符号（见图 5-5）——可以通过方向键在地图上移动角色。

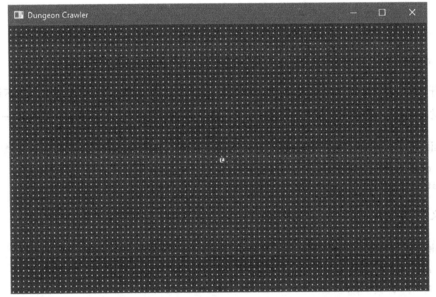

图 5-5

5.5　创建地下城

你已经创建了一张空白的地图和一个可以在地图中行走的玩家角色。现有的程序框架足以支持接下来要实现的与墙壁相关的功能，接下来你需要创建一个简单的地下城。在这一节中，我们将介绍如何随机生成房间并将它们与走廊相连接，并最终构建出一个可以让探险家探索的地下城。

5.5.1 编写地图生成器模块

再创建一个名为 `map_builder.rs` 的新文件，这个文件将包含地图生成器模块。把它添加到 `main.rs` 的 prelude 中：

BasicDungeonCrawler/dungeon_crawl_rooms/src/main.rs

```
    mod map;
➤   mod map_builder;
    mod player;

    mod prelude {
        pub use bracket_lib::prelude::*;
        pub const SCREEN_WIDTH: i32 = 80;
        pub const SCREEN_HEIGHT: i32 = 50;
        pub use crate::map::*;
        pub use crate::player::*;
➤       pub use crate::map_builder::*;
    }
```

打开 `map_builder.rs`，首先导入 prelude 模块，然后定义一个用来表示地下城中最大房间数量的常量。20 个房间就可以生成一个看起来不错的地下城，先用这个数量试一试：

BasicDungeonCrawler/dungeon_crawl_rooms/src/map_builder.rs

```
use crate::prelude::*;
const NUM_ROOMS: usize = 20;
```

定义一个新的结构体 `MapBuilder`，用它来承载地图生成器的功能：

BasicDungeonCrawler/dungeon_crawl_rooms/src/map_builder.rs

```
pub struct MapBuilder {
    pub map : Map,
    pub rooms : Vec<Rect>,
    pub player_start : Point,
}
```

这个结构体自身包含一个 Map 类型字段——这是因为该结构体会使用自身所包含的 Map 实例来构建地图，然后把构建好的地图作为输出结果给到游戏引擎使用。rooms 向量包含了一系列将要被添加到地图中的房间，每一个房间都是由 `bracket-lib` 所提供的 Rect 结构体来表示的。Rect 可以帮助处理与矩形相关的各种运算。最后，`player_start` 存储玩家进入地图的初始位置。

下面要做的是向地图中加入具体的元素。

5.5.2 用石墙把地图填满

在上一个例子中，初始形态是填满地板的地下城。房屋开凿算法则以填满石墙的地下城作为初始形态，然后在石墙中凿出房间和走廊。将下面的代码添加到 MapBuilder 的实现中：

BasicDungeonCrawler/dungeon_crawl_rooms/src/map_builder.rs

```
fn fill(&mut self, tile : TileType) {
    self.map.tiles.iter_mut().for_each(|t| *t = tile);
}
```

这个函数通过 iter_mut() 获得了一个可变的迭代器，然后使用 for_each() 来把每一个图块的类型设置为石墙。t 前面的星号（*）是**解引用**（de-reference）的意思。迭代器传递的变量 t（表示图块类型）是一个可变引用，也就是&TileType 类型。解引用表示开发者想修改被引用的变量，而不是修改引用自身。

5.5.3 开凿房间

以布满石墙的地图作为起点，现在我们希望把房间放入其中。房间之间不应该有重叠，并且我们希望刚好放置 NUM_ROOMS 常量所指定个数的房间。每个房间的位置应该是随机的。

为 MapBuilder 添加一个新的实现函数：

BasicDungeonCrawler/dungeon_crawl_rooms/src/map_builder.rs

```
❶  fn build_random_rooms(&mut self, rng : &mut RandomNumberGenerator) {
❷      while self.rooms.len() < NUM_ROOMS {
❸          let room = Rect::with_size(
                rng.range(1, SCREEN_WIDTH - 10),
                rng.range(1, SCREEN_HEIGHT - 10),
                rng.range(2, 10),
                rng.range(2, 10),
            );
❹          let mut overlap = false;
            for r in self.rooms.iter() {
                if r.intersect(&room) {
                    overlap = true;
                }
            }
            if !overlap {
❺              room.for_each(|p| {
❻                  if p.x > 0 && p.x < SCREEN_WIDTH && p.y > 0
```

```
            && p.y < SCREEN_HEIGHT
        {
            let idx = map_idx(p.x, p.y);
            self.map.tiles[idx] = TileType::Floor;
        }
    });
    self.rooms.push(room)
    }
  }
}
```

❶ build_random_rooms() 接收一个 RandomNumberGenerator 作为参数。在整个地图中使用同一个伪随机数生成器是一个很好的做法，因为如果使用相同的随机数种子，就可以得到相同的结果。

❷ 不停生成房间，直至地图上的房间数量达到 NUM_ROOMS 为止。

❸ 通过随机生成的尺寸来生成随机放置的房间。range() 可以生成位于给定最小值和最大值之间的随机数。

❹ 将新生成的房间和已经放置好的各个房间作比较，如果二者有交集，就将其标记为重叠。

❺ Rect 类型提供了一个叫作 for_each() 的函数，能够把它所代表的矩形区域中的每个 x、y 坐标枚举出来，并依次作为参数去调用传给它的闭包。这和通常所说的迭代器并不是一回事，但是为处理与矩形相关的问题提供了便利手段。

❻ 如果房间之间不重叠，就检查其中的每一个点是否都在地图范围之内[①]。如果是，就把对应的位置改成地板。

5.5.4 开凿走廊

你已经有了一系列不重叠的房间，下一步是用走廊把它们连接起来。在这个基础版本的地图生成器中，你将使用"狗腿形"的走廊——也就是由一段水平部分和一段垂直部分在转角处相连接所组成的走廊。在 MapBuilder 中添加一个新的方法，以创建连接地图中两点的垂直方向的通道[②]：

---

① 这个判断条件中的 p.x < SCREEN_WIDTH 实际上应该是 p.x < SCREEN_WIDTH - 1，这样可以避免地图最右侧的墙壁被删除。原作者将在下一版中修正这段代码。——译者注

② 本段中的 as usize 可以省略掉，因为 idx 的类型已经是 usize 了（这可以通过 try_idx 函数的返回值类型推断得到）。原作者将在下一版中修正这段代码。——译者注

BasicDungeonCrawler/dungeon_crawl_rooms/src/map_builder.rs

```rust
fn apply_vertical_tunnel(&mut self, y1:i32, y2:i32, x:i32) {
    use std::cmp::{min, max};
    for y in min(y1,y2) ..= max(y1,y2) {
        if let Some(idx) = self.map.try_idx(Point::new(x, y)) {
            self.map.tiles[idx as usize] = TileType::Floor;
        }
    }
}
```

范围迭代器要求迭代的起点值要小于迭代的终点值。上述代码使用 min() 和 max() 函数来在一对数据中找到最小值和最大值——在这个例子中，这两个数据是走廊两个端点的坐标。然后迭代器会把 y 坐标从走廊的起点迭代到终点，这样就开凿出了垂直方向的走廊。

添加第二个函数，用同样的方式来创建水平方向的隧道，只不过这次是沿着 x 方向穿梭，而不是沿着 y 方向：

BasicDungeonCrawler/dungeon_crawl_rooms/src/map_builder.rs

```rust
fn apply_horizontal_tunnel(&mut self, x1:i32, x2:i32, y:i32) {
    use std::cmp::{min, max};
    for x in min(x1,x2) ..= max(x1,x2) {
        if let Some(idx) = self.map.try_idx(Point::new(x, y)) {
            self.map.tiles[idx as usize] = TileType::Floor;
        }
    }
}
```

添加第三个函数 build_corridors，它会使用上面定义的这些函数来生成房间之间的完整走廊：

BasicDungeonCrawler/dungeon_crawl_rooms/src/map_builder.rs

```rust
fn build_corridors(&mut self, rng: &mut RandomNumberGenerator) {
    let mut rooms = self.rooms.clone();
❶    rooms.sort_by(|a,b| a.center().x.cmp(&b.center().x));

❷    for (i, room) in rooms.iter().enumerate().skip(1) {
❸        let prev = rooms[i-1].center();
        let new = room.center();

❹        if rng.range(0,2) == 1 {
            self.apply_horizontal_tunnel(prev.x, new.x, prev.y);
            self.apply_vertical_tunnel(prev.y, new.y, new.x);
```

```
    } else {
        Self.apply_vertical_tunnel(prev.y, new.y, prev.x);
        self.apply_horizontal_tunnel(prev.x, new.x, new.y);
    }
  }
}
```

❶ 向量类型提供了一个名为 sort_by() 的函数，用来为其所包含的内容排序。它需要传入一个闭包（也就是一个内联函数），该闭包需要在内部调用 cmp() 函数来比较向量中的两个元素。cmp() 返回一个指示符，以表明两个元素是否相等。在分配走廊的位置之前，首先按照各个房间中心点的位置对房间进行排序，这样可以使得走廊连接相邻两个房间的概率增大，从而避免在地图上出现连接两个较远房间的蛇形走廊。

sort_by() 会把所有房间的两两组合作为参数，每种组合调用一次闭包。闭包会把接收到的两个房间分别记作 a 和 b。a.center().x 获取到房间 A 的中心点的 x 坐标，这个坐标会通过 cmp() 函数和房间 B 的中心点的 x 坐标进行比较。

这一做法会使得所有房间按照中心点的 x 坐标值进行重新排序，从而让连接房间的走廊变短。如果不对房间进行排序，则可能会生成一些很长的走廊，而这些长走廊几乎都会与其他的房间发生重叠。

❷ 迭代器自身具备一系列实用的功能。enumerate() 会记录已经迭代的次数，并且把计数值作为一个**元组**（tuple）的第一项。(i, room) 的写法可以把这个计数值抽取到变量 i 中。skip() 可以忽略掉迭代器中的一些元素——在这个例子中，它忽略了第一个元素。

❸ 获得当前房间以及前一个房间的中心点坐标（以 Point 类型存储）。这就是前面需要跳过第一个元素的原因：第一个元素的前一个元素是不存在的。

❹ 在两种开凿走廊的方式中随机选择一种：一种是先水平开凿再竖直开凿，另一种则相反。

元组（Tuple）

元组是在不创建结构体的情况下传递数据的一种便捷方式，可以用来实现让函数一次性返回多个值，也可以用作一种组织数据的方法。不同于结构体，元组的字段是没有名字的——所以这里是通过牺牲一点代码的可读性换来了一些便利性。

可以通过在数据两边增加括号的方式把数据放入元组中，例如 let tuple = (a, b, c);，然后就可以通过 tuple.0、tuple.1、tuple.2 的方式来访问其中的每一个元素。还可以使用解构语法将元组中的值抽取到命名的变量中，例如 let (a, b, c) = tuple;。

5.5.5　建造地图并放置玩家角色

至此，你已经有了建造地图所需的一切"零件"，接下来需要为 MapBuilder 类型添加一个名为 build 的构造函数。构造函数将会调用之前准备好的各种功能元素：

BasicDungeonCrawler/dungeon_crawl_rooms/src/map_builder.rs

```
pub fn new(rng: &mut RandomNumberGenerator) -> Self {

    let mut mb = MapBuilder{
        map : Map::new(),
        rooms : Vec::new(),
        player_start : Point::zero(),
    };
    mb.fill(TileType::Wall);
    mb.build_random_rooms(rng);
    mb.build_corridors(rng);
❶   mb.player_start = mb.rooms[0].center();
    mb
}
```

❶ 把 player_start 设置为房间列表中第一个房间的中心点，这样可以保证玩家以一个有效的、可以行走的位置作为起点。

5.5.6　使用 MapBuilder 组件的 API

现在，你终于可以使用 MapBuilder 了。打开 main.rs，然后修改 State::new() 函数，使其通过 MapBuilder 来生成一个新的地下城：

BasicDungeonCrawler/dungeon_crawl_rooms/src/main.rs

```
fn new() -> Self {
    let mut rng = RandomNumberGenerator::new();
    let map_builder = MapBuilder::new(&mut rng);
    Self {
        map : map_builder.map,
        player: Player::new(map_builder.player_start),
    }
}
```

现在运行游戏，你将看到地下城的房间和走廊，同时还可以让玩家角色在地图中行走，如图 5-6 所示。

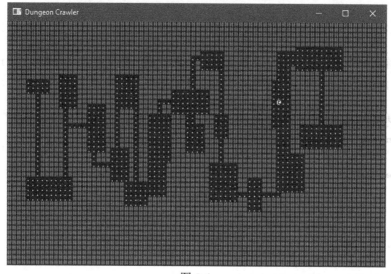

图 5-6

5.6 Graphics，Camera，Action①

ASCII 在制作原型时是非常好的一个工具——有些游戏甚至是完全基于它来开发的，例如 *Rogue* 和 *Nethack*。大多数游戏都会通过图形来彰显其特色，但你现在还处于游戏开发的早期阶段，还不是聘请画师来创作精美内容的时候——因为开发者很有可能会做出修改游戏的决定，假如过早聘请画师，就会浪费掉画师数小时的辛苦付出。在开发的早期阶段，更好的做法是使用 Programmer Art——它是为了增强游戏体验感而设计的粗略图形，但是可以让开发者决定做出游戏调整时，不必花费大量的时间去修改图形。

在本节中，你将实现**图层**（graphical layer）——这样玩家角色的图形就能够站立在地板之上，而不是替换掉地板的图形。图形的尺寸要比普通的 ASCII 字形大很多，所以需要在不牺牲地图大小和质量的前提下，缩小地图在显示窗口中的可见区域——创建**摄像机**（camera）可以解决这个问题。

5.6.1 地下城所使用的 Programmer Art

bracket-lib 渲染终端窗口的本质是把字体文件中的字形复制并绘制到终端窗口中。在构建原型时，我们可以利用这一特性来实现图形化的游戏：为每一个图块分配一个对应的字符，然后将字体文件中对应字符的字形替换为开发者选好的 Programmer Art 图形。任意一款位图编

---

① 该标题源自导演在开拍前常喊的 "Lights, Camera, Action!"。这里可以理解为 "准备好图形，准备好摄像机，开拍！"。——译者注

辑软件都可以完成这项工作——笔者选择了 Gimp。

接下来要做的是在项目的根目录中创建一个名为 resources 的目录。这个文件夹将包含游戏所需的一切图形资源。把 dungeonfont.png 文件复制到这个目录中（示例代码已经提供了这个文件）。为了避免在本书的后续章节中不断更新这个文件，该文件包含了书中游戏后续会用到的全部图形。

表 5-1 所示为被重新定义的字形。

表 5-1

字形	图形	代表的含义	字形	图形	代表的含义	字形	图形	代表的含义
#		地下城的墙壁	@		玩家角色	|		亚拉的护身符
.		地下城的地板	E		双头怪	!		补血药
"		森林的墙壁	O		食人魔	{		地下城的地图
;		森林的地面	o		兽人	s		生锈的宝剑
>		向下的楼梯	g		妖精	S		锋利的宝剑
						/		巨型宝剑

包含所有图形定义的字体文件如图 5-7 所示。

图 5-7

地下城的地板、墙壁以及探险家的图形都是由 Buch 免费提供的。补血药和地图的图形来自 Melissa Krautheim 的 Fantasy Magic Set。武器来自 Melle 的 Fantasy Sword Set。怪物的图形来自名为 "Dungeon Crawl Stone Soup" 的游戏（CC0 授权），并由 Chris Hamons 打包。

> **向艺术家们致谢**
>
> 即便你使用的内容是免费的，也请向创作这些作品的艺术家们致谢。就像编写程序一样，从事艺术创作也是一件不容易的事情。请一定要感谢那些无私奉献的人。

5.6.2　图层

目前实现的游戏会把所有内容绘制在一个图层上，即先绘制地图，然后在地图上绘制玩家。这样的图形处理方式是有效的，但是玩家图形的周边会出现瑕疵。开发者可以通过使用图层来达到更好的显示效果：将地图渲染到基础图层上，然后将玩家角色渲染到更上面的一个图层中，在这一层中玩家角色图形的背景色是透明的，这样就仍然可以看见玩家角色下面的地板。在后续章节中，你还会通过创建第三个图层来显示游戏信息。

接下来要做的是对代码进行微调。用尺寸较大的图块代替原来的 ASCII 字符会让显示窗口变得巨大——它会超出很多显示器可以显示的大小。因此，你可以将游戏窗口看作地图中较小一部分区域的视窗，该视窗以玩家角色为中心。在 main.rs 的 prelude 中添加一些用来表示观察游戏世界的较小视窗尺寸的常量：

BasicDungeonCrawler/dungeon_crawl_graphics/src/main.rs

```
pub const DISPLAY_WIDTH: i32 = SCREEN_WIDTH / 2;
pub const DISPLAY_HEIGHT: i32 = SCREEN_HEIGHT / 2;
```

可以通过修改初始化代码的方式把图层的概念引入 bracket-lib：

BasicDungeonCrawler/dungeon_crawl_graphics/src/main.rs

```
❶ let context = BTermBuilder::new()
      .with_title("Dungeon Crawler")
      .with_fps_cap(30.0)
❷     .with_dimensions(DISPLAY_WIDTH, DISPLAY_HEIGHT)
❸     .with_tile_dimensions(32, 32)
❹     .with_resource_path("resources/")
❺     .with_font("dungeonfont.png", 32, 32)
❻     .with_simple_console(DISPLAY_WIDTH, DISPLAY_HEIGHT, "dungeonfont.png")
❼     .with_simple_console_no_bg(DISPLAY_WIDTH, DISPLAY_HEIGHT,
          "dungeonfont.png")
      .build()?;
```

❶ 使用 new() 来创建一个普通的终端窗口，随后你会直接为它设置各种属性。

❷ with_dimensions() 指定了后续将要添加的控制台的尺寸。

❸ 图块的尺寸是字体文件中每一个字符的尺寸，在这个例子中是 32×32。

❹ 指定存放资源文件的目录①。

❺ 要加载的字体文件的名称和字符的尺寸。这里的尺寸通常与图块的尺寸保持一致，但是在一些高级的渲染用法中，这二者的尺寸可以不一样。

❻ 使用指定好的尺寸和命名好的图形文件来添加一个新的控制台图层。

❼ 添加第二个控制台图层，这个控制台没有背景色，所以透明部分可以穿过它。

这段代码创建了一个终端窗口，它包含两个控制台图层，一个用来绘制地图，另一个用来绘制玩家角色。后续的实现中并不会一次性渲染整个地图——为了限制视窗的大小，你需要使用摄像机。

5.6.3 制作摄像机

摄像机好比游戏世界中的一个窗口，定义了地图中当前可见的区域。接下来要做的是，创建一个新文件 camera.rs，然后导入 prelude，最后创建一个结构体，结构体包含足够多的信息用来描述摄像机的视场边界：

BasicDungeonCrawler/dungeon_crawl_graphics/src/camera.rs

```
use crate::prelude::*;

pub struct Camera {
    pub left_x : i32,
    pub right_x : i32,
    pub top_y : i32,
    pub bottom_y : i32
}
```

开发者需要创建一个摄像机，并且能够在玩家角色移动时更新摄像机的参数。因为摄像机的视窗是以玩家角色为中心的，因此需要玩家的位置信息来实现上述两个功能：

BasicDungeonCrawler/dungeon_crawl_graphics/src/camera.rs

```
impl Camera {
    pub fn new(player_position: Point) -> Self {
        Self{
            left_x : player_position.x - DISPLAY_WIDTH/2,
```

---

① 如果你使用的是 Windows 10 之前的版本，此处可能需要删掉这行代码里面路径最后面的斜杠。——译者注

```
            right_x : player_position.x + DISPLAY_WIDTH/2,
            top_y : player_position.y - DISPLAY_HEIGHT/2,
            bottom_y : player_position.y + DISPLAY_HEIGHT/2
        }
    }
    pub fn on_player_move(&mut self, player_position: Point) {
        self.left_x = player_position.x - DISPLAY_WIDTH/2;
        self.right_x = player_position.x + DISPLAY_WIDTH/2;
        self.top_y = player_position.y - DISPLAY_HEIGHT/2;
        self.bottom_y = player_position.y + DISPLAY_HEIGHT/2;
    }
}
```

这里的 new() 和 on_player_move() 函数基本上是一样的，它们定义了以玩家角色为中心的可视窗口。从窗口中能够看到的最左侧的图块坐标，是玩家的 x 坐标减去窗口宽度的一半；能看到的最右侧的图块的 x 坐标，则是玩家的 x 坐标加上窗口宽度的一半。y 轴上的计算和 x 轴是一样的，只不过要使用窗口的高度来计算。

在 main.rs 中，导入 camera 模块，并将 camera 结构体加入 prelude 里面：

```
mod camera;
mod prelude {
  ...
  pub use crate::camera::*;
}
```

接下来把摄像机添加到游戏状态中：

BasicDungeonCrawler/dungeon_crawl_graphics/src/main.rs

```
  struct State {
      map: Map,
      player: Player,
➤     camera: Camera
  }
```

下一步，更新游戏状态结构体的 new 函数，使得它能够初始化摄像机：

BasicDungeonCrawler/dungeon_crawl_graphics/src/main.rs

```
  fn new() -> Self {
      let mut rng = RandomNumberGenerator::new();
      let map_builder = MapBuilder::new(&mut rng);
      Self {
          map : map_builder.map,
          player: Player::new(map_builder.player_start),
➤         camera: Camera::new(map_builder.player_start)
      }
  }
```

5.6.4 用摄像机来渲染地图

此处你需要更新 map.rs 里面的 render() 函数，让这个函数可以配合摄像机的位置来工作：

```rust
pub fn render(&self, ctx: &mut BTerm, camera: &Camera) {
    ctx.set_active_console(0);
    for y in camera.top_y .. camera.bottom_y {
        for x in camera.left_x .. camera.right_x {
            if self.in_bounds(Point::new(x, y)) {
                let idx = map_idx(x, y);
                match self.tiles[idx] {
                    TileType::Floor => {
                        ctx.set(
                            x - camera.left_x,
                            y - camera.top_y,
                            WHITE,
                            BLACK,
                            to_cp437('.')
                        );
                    }
                    TileType::Wall => {
                        ctx.set(
                            x - camera.left_x,
                            y - camera.top_y,
                            WHITE,
                            BLACK,
                            to_cp437('#')
                        );
                    }
                }
            }
        }
    }
}
```

这个函数接收一个借用而来的 Camera 类型变量，并且使用摄像机中给定的边界来实现仅渲染地图上可见的部分。你会注意到，现在函数是通过调用 in_bounds 函数来确保每一个图块都在地图的范围内。传递给 set() 函数的屏幕坐标系下的坐标是原来图块在世界坐标系下的 x、y 坐标分别减去摄像机的 left_x 和 top_y——这可以把它们转化为相对于摄像机的坐标。你还会注意到，函数调用了 set_active_console(0)——这将告诉游戏引擎库将其绘制在第一个控制台图层上，也就是基础地图。

接下来要做的是，把显示出的地图的中心对准到玩家角色身上。

5.6.5 将玩家角色关联到摄像机

渲染出的地图的中心应该由玩家角色所处的位置决定，所以你需要扩展 player.rs 里面的 update() 函数，使之能够使用玩家角色的位置信息。将函数的签名更改如下：

BasicDungeonCrawler/dungeon_crawl_graphics/src/player.rs

```
pub fn update(&mut self, ctx: &mut BTerm, map : &Map, camera: &mut Camera)
{
```

函数接收了一个可变的 Camera 类型引用——如果玩家移动了，此函数将使用这个引用来传递更新信息：

BasicDungeonCrawler/dungeon_crawl_graphics/src/player.rs

```
if map.can_enter_tile(new_position) {
  self.position = new_position;
  camera.on_player_move(new_position);
}
```

最后，需要更新玩家角色的 render() 函数，使其中的坐标计算逻辑能够把摄像机的放置位置考虑进来：

BasicDungeonCrawler/dungeon_crawl_graphics/src/player.rs

```
pub fn render(&self, ctx: &mut BTerm, camera: &Camera) {
  ctx.set_active_console(1);
  ctx.set(
    self.position.x - camera.left_x,
    self.position.y - camera.top_y,
    WHITE,
    BLACK,
    to_cp437('@'),
  );
}
```

就像渲染地图时用到的计算方法一样，在渲染玩家时，从玩家的坐标中分别减去 left_x 和 top_y。注意一下 set_active_console 的调用，这里表示希望使用第二个图层来渲染玩家角色。

5.6.6 清理图层，并关联函数和摄像机

最后，你需要更新 main.rs 里面的 tick() 函数，使之把摄像机对象传递给每一个修改后的函数。此外，你需要在每个 tick 中清空所有图层。

BasicDungeonCrawler/dungeon_crawl_graphics/src/main.rs

```
fn tick(&mut self, ctx: &mut BTerm) {
    ctx.set_active_console(0);
    ctx.cls();
    ctx.set_active_console(1);
    ctx.cls();
    self.player.update(ctx, &self.map, &mut self.camera);
    self.map.render(ctx, &self.camera);
    self.player.render(ctx, &self.camera);
}
```

现在运行游戏，你将看到一个图形化显示的地下城，如图5-8所示。

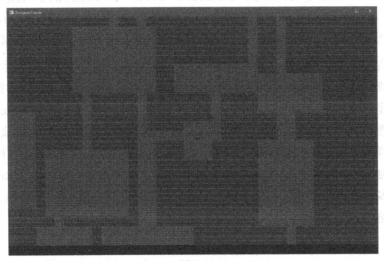

图 5-8

5.7　小结

在本章中，你构造了一张地图，并且添加了玩家角色来探索地图。你能够随机生成一座地下城，并且验证了控制玩家角色移动的代码是正确的。为了提升最终产品的体验感，你还为游戏添加了 programmer art 图形。在第 6 章中，你将为游戏添加怪兽，并且了解如何通过使用**实体**（entity）、**组件**（component）和**系统**（system）的方式来实现在地下城的不同居民之间复用公共能力。

第6章　创建地下城居民

在前面的章节中，你已经为地下城探险类游戏开了一个头。你为游戏添加了随机生成的地图和一个能在地下城里漫步的探险家，以及碰撞检测机制，使得玩家角色不会穿墙而过。你还首次接触到了 programmer art 和图层的概念。在本章中，你将接触到一种很受游戏开发者欢迎的方法来管理**游戏状态**（game state）——为模拟出游戏世界而所需要的各种数据。

游戏中会有非常多的数据：每一个怪兽、每一个物品、每一个微小的图形特效，等等。这些都需要被存储在计算机内存的某个地方。过去，游戏中会使用各种各样的技术来应对数据的组合爆炸问题。近年来，一种名为**实体组件系统**（Entity Component System，ECS）的游戏数据管理架构日益受到人们的青睐，它可以高效地处理大量的数据，并且成了诸如 Unity 和 Godot 这样的大型游戏引擎的事实标准（Unreal Engine 使用了类似的包含组件的体系，但是不包含独立的系统）。Rust 非常适合开发由 ECS 驱动的游戏，你可以在 Rust 的 crate 生态中找到很多很棒的 ECS 系统。本书将使用 Legion——它是一个 Rust 编写的、免费的、开源的、高性能的 ECS 系统。

6.1　名词解释[①]

ECS 使用一组通用术语来表述其组成部分，如下所示。

（1）**实体**（Entity）可以是任何东西：一位探险家、一个兽人，或者一双鞋子。但游戏地图是个例外——游戏地图通常不是实体，而是一种资源。实体不关联任何逻辑，本质上它只是一个具有唯一辨识性的数字。

（2）**组件**（Component）描述了实体可能具有的属性。一个实体通常会被附加很多个组件。组件起到描述实体的作用，并且可以与系统配合来为实体添加逻辑功能。例如，一个妖精可能拥有一个 `Position` 组件来描述它在地图上的位置，一个 `Render` 组件来描述如何渲染它，一个 `MeleeAI` 组件表示它可以进行近身攻击，以及一个 `Health` 组件来描述它还剩多少生命值。

---

① 在汉语中"组件"和"系统"是两个常用词，为了使语句通顺并消除歧义，本书在必要的地方会交替使用中文和英文表达。——译者注

一把宝剑可能拥有一个 Position 组件来描述它在地图上的位置，一个 Render 组件来描述它看起来的样子。同时，为了与妖精区分开，宝剑会拥有一个 Item 组件来标记宝剑是一个**物品**（Item）。组件本身也不关联任何逻辑。

（3）**系统**（System）可以查询实体和组件，并提供对游戏世界中各个元素运作机制的模拟。例如，一个 Render 系统可能会把同时具有 Render 组件和 Position 组件的一切元素绘制到地图上；一个 Melee 系统可能会处理近身战斗。系统提供了使游戏运转起来的"游戏逻辑"。系统会读取实体和组件中的数据，然后再按照一定的逻辑修改它们的数据——这是游戏能够运行起来的核心动力。

（4）**资源**（Resource）是可以在多个系统之间共享的数据。

图 6-1 展示了这些术语之间的关系。

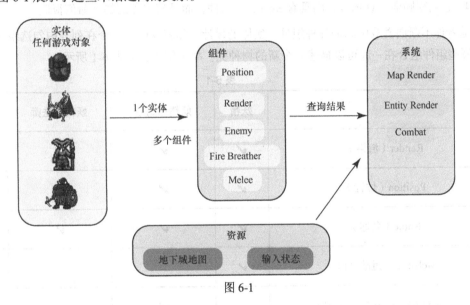

图 6-1

6.2　用组件编排出实体

实体是由用以描述它的多个组件编排而成的。每当开发者添加一个组件类型（以及使用它的系统）时，引入的新功能就可以提供给所有实体使用。开发者可以将这个组件应用到游戏中的一切事物上，也可以限制它只应用于游戏中的少量特殊物体——但是，只要向游戏中添加了新的组件，就为开发者提供了更多创意的可能性。开发者可以把这个新组件的功能添加到自己喜欢的任何事物上。有一些功能的组合可能并没有意义，但是只需要稍加思考，就可以很轻松地为游戏添加真实感和乐趣。

使用组件来编排实体的优点是，让开发者能够很轻松地把一段关于怪兽的文字描述转换为一系列的组件。可能会有这样一段关于妖精的描述："一个小型的、绿色的、易怒并且外貌类似于人类的生物，它们在地下城中漫步，捕食毫无防备的探险家。它们喜欢远距离攻击，胆小并且很脆弱。"读完这样一段介绍以后，你就可以知道妖精需要哪些组件。

- 它是小型的类人生物，所以需要具有和其他类人生物一样的 Render 组件。

- 它在地图上具有 Position。

- 它是易怒的，因此需要一个 AI 组件来使它在看到玩家角色时发起攻击。

- 它喜欢远距离攻击，因此 AI 组件需要在其逻辑上体现出这一点。

- 它们非常胆小，如果开发者想实现一个让它们四散逃跑的效果，那么可能需要引入一个新的组件。

- 它们很脆弱，意味着它们具有 Health 组件，而且其中存储的生命值很低。

随着你不断向游戏中添加各种组件，实体的设计工作就变成了一个在列表中勾选组件的工作：哪些组件组合在一起可以描述一个新的物种呢？举个例子，如表 6-1 所示。

表 6-1

	妖精	妖精弓箭手	妖精魔法师	龙
Render（渲染）	✔	✔	✔	✔
Position（位置）	✔	✔	✔	✔
Name（名称）	✔	✔	✔	✔
Melee AI（近战 AI）	✔			
Ranged AI（远距离攻击 AI）		✔		
Spellcaster（释放魔法）			✔	✔

现在你理解了 ECS 的概念，下面可以来安装一个 ECS 框架了。

6.3　安装并使用 Legion

Legion 已经被包含在 Rust 的 crate 仓库中了，所以安装它的方式和安装 bracket-lib 的方式很类似。在 dungeoncrawl 项目中打开 Cargo.toml 文件，将 Legion 加到依赖项列表中：

```
[dependencies]
bracket-lib = "~0.8.1"
legion = "=0.3.1"
```

注意，这里使用等号（=）为 Legion 指定了精确的版本号。Legion 还在快速的开发迭代过程中，这样做可以保证当前项目使用特定的发布版本。

固定依赖项

 在开发一个项目时，一旦完成了最初的项目规划和搭建，那么最好使用等号（=）来把依赖项固定下来。这样可以保证在依赖库更新并变更其 API 时，自己的项目不会受到影响。

6.3.1　将 Legion 添加到 prelude 中

在此后的程序中，几乎每个地方都会用到 Legion。与其在每个地方写一遍 uselegion::*，不如在自己的 prelude 模块中重新导出 Legion 里面的内容，就像之前为 bracket-lib 所做的处理一样。打开项目中的 main.rs 文件，然后将 Legion 添加到自己的 prelude 模块中：

```
mod prelude {
    pub use bracket_lib::prelude::*;
    pub use legion::*;
    pub use legion::world::SubWorld;
    pub use legion::systems::CommandBuffer;
    ...
}
```

这样，在每一个导入了自己编写的 prelude 模块的地方，就都可以访问到 Legion 提供的功能了。

6.3.2　删除一些老代码

现在你需要把之前版本中的一些代码替换为使用 ECS 的版本。现在不需要再把玩家角色当做特殊情况来处理了，它只是另一个实体而已。从项目中删除 player.rs，然后从 main.rs 的 prelude 中删除 mod player;这一行。在同一个文件中，将玩家角色相关的信息从 State 中删除，并且将 tick 函数重新删减为一个简单的桩函数：

```
impl GameState for State {
    fn tick(&mut self, ctx: &mut BTerm) {
        ctx.set_active_console(0);
        ctx.cls();
        ctx.set_active_console(1);
```

```
        ctx.cls();
        // TODO: Execute Systems
        // TODO: Render Draw Buffer
    }
}
```

此外，你需要从 map.rs 文件中删除 render() 函数。

6.3.3 创造游戏世界

Legion 将所有的实体和组件存储在一个名为 World 的结构体中。你需要创建一个 World 对象来存储游戏中的所有实体。修改 main.rs 中的 State 类型，使之包含一个类型为 World 的字段，以及一个可以持有各种系统的 Schedule 类型的字段。最后，还要从 State 中删除摄像机和地图相关的字段：

```
struct State {
    ecs : World,
    resources : Resources,
    systems: Schedule
}
```

现在，游戏地图不再是游戏状态的一部分了，而是一个资源——也就是一块可以被共享的数据，对于所有需要用到它的系统都是有效的。地图的创建逻辑还是一样的，但是你不再将地图存储在 State 中，而是将其插入 Legion 的资源列表中——资源列表也是需要被初始化的。摄像机也变成了资源。注意，这里存储的并不是 map_builder，而是只存储了它所构建出来的地图。更新 State 的 new() 函数，使之创建出 World 和 Resources 类型的对象。然后将地图和摄像机作为资源插入其中：

```
fn new() -> Self {
    let mut ecs = World::default();
    let mut resources = Resources::default();
    let mut rng = RandomNumberGenerator::new();
    let map_builder = MapBuilder::new(&mut rng);
    resources.insert(map_builder.map);
    resources.insert(Camera::new(map_builder.player_start));
    Self {
        ecs,
        resources,
        systems: build_scheduler()
    }
}
```

注意，这里用到的 build_scheduler() 函数还不存在，相关内容参见 6.5.1 节。

World 和 Resources 两个类型的对象都是通过一个名为 default 的简单构造函数创建出来的。地图生成器的初始化方式和之前是一样的，但是不同于之前将其存储在 State 中，这里使用 insert() 将其注入游戏的资源列表里面。

你已经有了一个 ECS，下面可以使用组件来描述玩家角色了。

6.4 编排出玩家角色

不同于之前把与玩家角色相关的一切东西都放到一个独立 Rust 模块中，ECS 的做法是根据玩家角色所使用到的组件来描述玩家角色。我们可以回顾第 5 章的 Player 模块，由此推断出一些开发者需要用到的组件。

（1）Player 组件。其作用是标记玩家角色是一个 Player。组件可以不包含任何数据字段，一个空的组件有时也可以被称作"**标签（tag）**"——可以用来标记一个属性的存在。

（2）Render 组件。其作用是描述玩家如何展现在屏幕上。

（3）Position 组件。其作用是描述代表玩家角色的实体在地图上的哪个位置。bracket-lib 所提供的 Point 结构体就很适合做这件事情，它包含了 x 和 y 两个成员，还提供了一系列与点坐标运算相关的数学函数，这些函数后续将非常有用。

创建一个新文件 src/components.rs，这样就创建了一个新的名为 components 的模块。后续你将在游戏的各个地方使用这个 components 模块，所以将它添加到 main.rs 的 prelude 里面会带来很多好处。

```
mod components;
mod prelude {
  ...
  pub use crate::components::*;
}
```

Legion 里面的组件通常都是结构体类型的，但也可以是诸如 Option 这样的枚举类型。它们不需要添加任何派生功能，但是有条件的话，最好为其派生 Clone 功能，这样当需要一份这个组件的副本时就可以轻松复制它。通常情况下，为其派生 Debug 功能也是很有用的，这样当程序运行的结果不符合预期时就可以打印出调试信息。打开 components.rs，然后添加 Player 和 Render 两个组件：

EntitiesComponentsAndSystems/playerecs/src/components.rs
```
pub use crate::prelude::*;

#[derive(Clone, Copy, Debug, PartialEq)]
pub struct Render {
```

```
❶      pub color : ColorPair,
❷      pub glyph : FontCharType
    }

    #[derive(Clone, Copy, Debug, PartialEq)]
❸ pub struct Player;
```

❶ ColorPair 是 bracket-lib 提供的一个助手类型，可以在一个结构体中同时存储前景色和背景色。

❷ FontCharType 是定义在 bracket-lib 中用于存储单个字符（或字形）的类型。

❸ Player 是一个不包含任何数据的空结构体。它充当一个"标签"的角色，指示包含这个组件的实体是玩家角色对应的实体。

将玩家角色添加到游戏世界中

创建另一个名为 src/spawner.rs 的新文件——这是一个专门用于生成新实体的模块。然后把这个新模块添加到 main.rs 的 prelude 中：

```
mod spawner;
...
mod prelude {
  ...
  pub use crate::spawner::*;
}
```

现在打开 spawner.rs，然后添加一个可以生成玩家角色的函数：

EntitiesComponentsAndSystems/playerecs/src/spawner.rs

```
    use crate::prelude::*;

❶  pub fn spawn_player(ecs : &mut World, pos : Point) {
❷      ecs.push(
            (
❸              Player,
❹              pos,
❺              Render{
                   color: ColorPair::new(WHITE, BLACK),
                   glyph : to_cp437('@')
               }
            )
        );
    }
```

❶ 为了生成玩家角色，这个函数要求提供一个指向 World 的可变引用和一个位置信息。

❷ 通过调用 push() 来创建组件，就像之前使用的向量类型一样。多个组件聚合在一个元组中。调用 push() 将会创建一个新的实体，该实体由所列出的组件组成。

❸ 添加一个当作标签使用的组件，用来表示这个实体是一个玩家角色。用作标签的组件和其他组件没有任何区别。

❹ 玩家的位置。它来自当前函数的参数，类型为 Point。Legion 可以接收绝大多数的类型作为组件——这里使用了 bracket-lib 所提供的类型。

❺ 一个 Render 组件，包含玩家角色的外观信息。

调用 spawn_player() 会把玩家角色和与之相关的组件添加到 ECS 中。游戏只需要一个玩家角色，所以将它添加到 State 的构造函数中：

```
impl State {
    fn new() -> Self {
        ...
        let map_builder = MapBuilder::new(&mut rng);
        spawn_player(&mut ecs, map_builder.player_start);
        ...
    }
}
```

现在，游戏世界中有了玩家角色实体，该实体拥有 Point 和 Render 这两个组件。接下来，你需要编写一些系统，以使用这些数据。

6.5 使用系统来实现复杂的逻辑

系统是一类特殊的函数，它们可以在 ECS 中查询数据，然后对查询结果做各种操作。一个基于 ECS 开发的游戏可能会包含很多个系统（笔者开发的 Nox Futura 项目有 100 多个系统）。多个系统可以并发运行，由一个调度器（Scheduler）管理[①]。Legion 通过检查开发者提交给它的所有系统来创建一个执行计划（Schedule），并确定它们之间的数据依赖关系。多个系统可以同时读取某个数据，但是只有一个系统可以安全地写入这个数据。你还需要考虑系统提交的顺序，因为 Legion 将按照提交的先后顺序来运行各个系统，除非它们可以被划分为一组来做并发执行。好消息是，通常情况下开发者并不需要过于关注这一点——Legion 会处理好。

随着游戏的持续开发，你会不断地添加新的系统，这时就需要一种能把各个系统组织起来

① 本书对 Schedule（执行计划）和 Scheduler（调度器）的使用是比较随意的。在后文中，这两种表示方法的含义是一样的。——译者注

的方法，这样才能让添加新的系统不那么痛苦。通常，一个系统看不到其他系统内部的实现——这就使得它们非常适合以模块化的形式存在。

6.5.1　多个文件组成的模块

Rust 模块并不一定要写在单一文件中——模块也可以是一个文件夹，只要这个文件夹包含一个名为 mod.rs 的文件。这样的文件夹就可以包含子模块——子模块可以是单独的文件，也可以是子文件夹。这是一种非常强大的组织代码的手段，但可能需要预先做一些规划。

在 src 目录中创建一个新的文件夹，将其命名为 system。在该文件夹中创建一个名为 mod.rs 的文件，现在只要一个空文件就够了。打开 main.rs，将新的模块添加到 prelude 中，就像之前其他的模块一样：

```
mod systems;
...
mod prelude {
  ...
  pub use crate::systems::*;
}
```

接下来，你可以利用 Rust 的嵌套模块把与系统相关的代码和程序中其他部分的代码分开，但仍然保证它们在逻辑上是组合在一起的。在开始实现系统之前，你需要先添加一个执行计划生成器的桩函数，使其返回一个空的 Legion 执行计划。将下列代码添加到 system/mod.rs 中：

```
use crate::prelude::*;

pub fn build_scheduler() -> Schedule {
    Schedule::builder()
        .build()
}
```

这个函数创建了一个 Legion 提供的 Schedule 类型对象——它是游戏中各个系统的执行计划。它遵循建造者模式：Schedule::builder 开始构建过程，然后 build()标记构建结束。就目前而言，这个函数只是创建了一个空的计划——什么也不做。

打开 main.rs，把系统的执行计划添加到 State 结构体以及它的构造函数中：

```
struct State {
    ecs : World,
    systems: Schedule,
}
impl State {
    fn new() -> Self {
        ...
```

```
    Self {
        ecs,
        systems: build_scheduler()
    }
  }
}
```

接下来，你需要让 `tick()` 函数来执行各个系统——可以通过 Schedule 类型所提供的 `execute()` 函数来实现这一点，该函数需要一个对 ECS 世界的可变借用：

```
impl GameState for State {
    fn tick(&mut self, ctx: &mut BTerm) {
        ctx.set_active_console(0);
        ctx.cls();
        ctx.set_active_console(1);
        ctx.cls();
        self.resources.insert(ctx.key);
        self.systems.execute(&mut self.ecs, &mut self.resources);
        // TODO - Render Draw Buffer
    }
}
```

`tick()` 函数将 `ctx.key`（包含了键盘的输入状态）作为一个资源添加到了资源列表中，这使得当前的键盘状态可以被所有关心键盘输入的系统所使用。当把一个资源插入 Legion 的资源管理器时，它会替换掉任何已经存在的同类型的资源——因此不必担心在每个 tick 中都进行插入会导致重复。

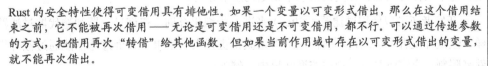

可变借用

Rust 中有两种形式的借用：一种是普通借用（`&var_to_borrow`），允许借用的持有者读取被借用的变量；另一种是可变借用（`&mut var_to_borrow`），允许借用的持有者改变被借用的变量，任何对它的修改都会直接作用到被借用的变量上——程序中任何读取被借用变量的地方都可以观察到变量被修改。

Rust 的安全特性使得可变借用具有排他性。如果一个变量以可变形式借出，那么在这个借用结束之前，它不能被再次借用——无论是可变借用还是不可变借用，都不行。可以通过传递参数的方式，把借用再次"转借"给其他函数，但如果当前作用域中存在以可变形式借出的变量，就不能再次借出。

大多数系统需要借助查询来帮助它们访问存储在 ECS 中的数据。

6.5.2　理解什么是查询

查询（Query）以一系列组件作为其输入。游戏世界中的每一个实体都会与这些列出的组件进行匹配——只有包含了上述列出的组件的全部实体才会被放到查询结果中。查询结果会以迭代器的形式呈现，这样开发者就能像使用迭代器那样，通过迭代器提供的各种功能来处理这些查询结果。查询以<(Component1, Component2)>::query()这样的形式来声明，它们的用法如图 6-2 所示。

图 6-2

查询迭代器的匹配过程如表 6-2 所示。

表 6-2

	Point	**MeleeAI**	是否在查询中
妖精	✔	✔	✔
妖精弓箭手	✔	✘	✘
妖精魔法师	✔	✘	✘
龙	✔	✔	✔

迭代器将返回：

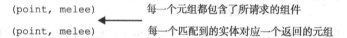

(point, melee)　　　　　　每一个元组都包含了所请求的组件
(point, melee)　　　　　　每一个匹配到的实体对应一个返回的元组

查询就像使用数据库时会用到的 JOIN 操作一样：它会返回以实体为分组的指向组件的引用，每个实体都要包含在查询请求中指定的所有组件。

开发者还可以使用**过滤器**（filter）来进一步细化查询。查询过滤器和迭代器过滤器并不一样，但是开发者可以通过同时使用二者来获得更强大的效果。查询过滤器能通过额外指定的条件来限制一个实体是否出现在查询结果中。例如：

<(Point, MeleeAI)>::**query**().**filter**(component::<Render>())

这个查询仅匹配同时包含 Point、MeleeAI 和 Render 这 3 个组件的实体，但是查询的结果并不会包含 Render 组件。如果只希望判断一个组件是否存在于实体中，而并不关心这个组件具体的值，那么这种方式将非常有用。

现在你已经了解了什么是查询，接下来可以创建系统了。地下城探险类游戏需要 3 个系统：一个用于处理用户输入，一个用于处理地图渲染，还有一个用于处理实体渲染。

6.5.3 将处理玩家输入作为一个系统

创建一个新文件：`src/systems/player_input.rs`。这是你编写的第一个**嵌套模块**（nested moduce）——这个模块位于 systems 模块的内部。不同于以往的做法，这里并不是将其添加到 main.rs 的 prelude 里面。打开 system/mod.rs 文件的第一行并添加 mod player_input;这样一行代码。在 systems 模块中，你现在可以通过 player_input::* 的方式来使用这个新模块了。此外，由于你并没有在 mod.rs 中使用 pub 关键字来使它变为公有的，因此开发者就不能在 systems 模块之外的地方访问 player_input 模块。

过程宏

Legion 里面的系统在内部实现上是非常复杂的。它使用了**过程宏**（Procedural Macros，简写为 proc macros），以避免开发者为不同的系统编写大量重复枯燥的代码。

你之前用过过程宏，#[derive(...)] 就是一个过程宏。Legion 的过程宏使用了类似的格式。开发者需要用 #[system] 来标注一个系统，从而触发过程宏发挥作用。System 过程宏会做很多事情。它会将 _system 后缀添加到开发者给定的函数名后面——player_input() 会变成 player_input_system()，还会把开发者编写的系统代码套用到枯燥的模板中从而使其能够正常工作，以及实现资源和组件的注入等功能。现在，你只要知道"这是 System 运作的大致原理"就好了——过程宏是 Rust 中很高深的一个话题。

打开新建的 player_input.rs 文件。导入 prelude 并且添加一个桩函数，后面你将用这个函数来建立一个系统：

```
use crate::prelude::*;

#[system]
pub fn player_input() {
}
```

#[system] 表示使用一个名为 system 的过程宏来给 player_input 函数做注解。这个过程宏会把函数的名字变换为 palyer_input_system，并使用一些 Legion 构建系统时所需要的额外代码将这个函数包装起来。

player_input 系统需要访问一些之前已经插入 Legion 资源管理器中的资源，以及之前定义的一些组件。可以通过扩展 player_input 函数签名的方式来请求使用这些内容：

```
#[system]
```

```
#[write_component(Point)]
#[read_component(Player)]
pub fn player_input(
    ecs: &mut SubWorld,
    #[resource] map: &Map,
    #[resource] key: &Option<VirtualKeyCode>,
    #[resource] camera: &mut Camera
) {}
```

这个系统的函数上多出来了两个注解，它们定义了这个系统对组件的访问需求。

（1）write_component 为一个组件类型申请**可写入**的访问权限，在这个例子中是为 Point 组件类型申请权限。如果在一个系统中有修改组件内容的需求，那么必须为其申请写权限。

（2）read_component 为组件类型申请只读的访问权限。如果希望读取一个存储在组件中的值，那么可以为这个类型的组件申请读权限，但是在这种情况下就不能修改其中存储的数据了。

Legion 的调度器需要知道开发者想要访问什么类型的组件，以及将如何访问它们。多个系统可以同时访问一个只读的组件，但一个可写组件同时只能有一个系统可以访问它（并且可以在写入执行完毕之前阻止其他只读访问发生——这样可以避免读到不完整数据的情况）。

这个函数还增加了一些参数。

（1）第一个参数是一个 SubWorld 类型，SubWorld 和 World 类似，但是它只能看到当前所请求的组件。

（2）#[resource]请求访问存储在 Legion 资源管理器中的类型。它也是一个过程宏。

（3）通过在 resource 注解后面书写 map: &Map 的方式来访问地图资源。这就像代码中其他地方出现的借用，这里是在请求一个对 Map 类型资源的只读引用。

（4）通过&mut Camera 来访问摄像机，这就像一个可变借用，也就是说，开发者正在申请一个对 Camera 类型的可变引用。你编写的代码可以修改 Camera 结构体中的内容，全局资源中存储的数据会被更新为修改后的新数据。

现在，你有了资源访问的授权，查询也已经就位，是时候构建系统函数的功能了。系统函数和之前在 5.4.4 节中编写的处理玩家输入的函数很类似。完整的代码如下所示，其中修改的地方见标注。

EntitiesComponentsAndSystems/playerecs/src/systems/player_input.rs

```
use crate::prelude::*;

#[system]
#[write_component(Point)]
```

```
#[read_component(Player)]
pub fn player_input(
    ecs: &mut SubWorld,
    #[resource] map: &Map,
    #[resource] key: &Option<VirtualKeyCode>,
    #[resource] camera: &mut Camera
)
{
    if let Some(key) = key {
        let delta = match key {
            VirtualKeyCode::Left => Point::new(-1, 0),
            VirtualKeyCode::Right => Point::new(1, 0),
            VirtualKeyCode::Up => Point::new(0, -1),
            VirtualKeyCode::Down => Point::new(0, 1),
            _ => Point::new(0, 0),
        };
        if delta.x != 0 || delta.y != 0 {
            let mut players = <&mut Point>::query()
                .filter(component::<Player>());
            players.iter_mut(ecs).for_each(|pos| {
                let destination = *pos + delta;
                if map.can_enter_tile(destination) {
                    *pos = destination;
                    camera.on_player_move(destination);
                }
            });
        }
    }
}
```

❶ ❷ ❸

❶ 开发者需要通过查询来访问组件。这就需要在查询中列出一个或多个组件类型作为查询条件，从而得到该类型组件的每一个实例的引用（如果使用了 &mut，则会返回可变引用）。如果查询条件中有多个组件，则只有包含全部这些组件的实体（以及与该实体关联的组件）才会被返回。这些组件会依据它们所关联的实体被分成不同的小组，每个小组作为一条查询结果，因此每一条查询结果包含的组件都对应同一个实体，该实体拥有这些组件。

❷ 不能更新所有的 Point 组件——在此处只能更新玩家角色的 Point 组件。若非如此，怪兽和其他物品在添加到地图中以后会随着玩家角色的移动而一同移动。Legion 的查询功能包含了一个 filter() 函数，可以进一步细化匹配实体时需要的组件列表。这行代码表示只有同时包含 Point 组件和 Player 组件（该组件起到标签的作用）的实体才可以进入查询结果中。

注意，这和在迭代器上使用 filter() 并不一样。查询对象需要开发者调用 iter() 或者 iter_mut() 来将其转换为迭代器——在此之前它都是查询对象。在转换为迭代器之前添加过滤器可以限制查询所包含的类型。查询过滤器能够要求组件存在，但是不能引用这个组件里面的内容。如果需要根据组件的内容来进行过滤，则可以使用迭代器的 filter() 函数。

你在第一次看到这些内容时可能会感到费解，这是正常的。你将在本书的后续章节中不断使用查询功能，因此将会有大量时间来理解它是如何工作的。

❸ 调用 iter_mut() 将会执行开发者定义的查询并将结果放到一个迭代器中。它和之前用过的其他迭代器是一样的，具备 Rust 迭代器的全部功能。

最后，把这个新的系统添加到调度器的执行计划中。修改 systems/mod.rs 中的 build_scheduler() 函数，将其添加到执行计划构造器里面。使用模块的名字（在这里是 player_input）作为命名空间可以更清晰地表示出代码的意图：

```
mod player_input;

pub fn build_scheduler() -> Schedule {
    Schedule::builder()
        .add_system(player_input::player_input_system())
        .build()
}
```

6.5.4　批量渲染

在引入系统之后，游戏就会自动成为一个多线程应用。如果计算机有一个以上的 CPU（如今绝大多数计算机都是这样），那么不同的系统将会同时运行。这会导致在前面章节中使用上下文（context）直接来渲染的方式出现问题。两个系统同时向控制台写入数据将会导致奇怪的结果，有时会同时显示来自不同系统的输出，但是每个系统的输出都不完整。bracket-lib 或许可以在上下文中直接实现一个锁定机制，从而使得它可以作为一个资源直接在不同的系统之间共享。但是这样会为程序引入很多复杂性，开发者需要在每次使用前锁定上下文（还要记得在合适的时间释放锁）。不停地锁定、解锁会导致性能的下降，同时也会让代码变得过于复杂。

对此，bracket-lib 提供了批处理服务。在任何时间（以及在任何线程中），开发者都可以通过调用 DrawBatch::new() 来请求启动一个批量绘制。这样做会创建一个缓冲区，用于存放被延迟执行的渲染指令。绘图指令不会被立即执行，而是会被存储起来，等着被一次性呈现出来。在完成添加批处理指令以后，你可以调用 draw_batch.submit(sort_order) 来结束这个渲染批次。sort_order 指定了这一批指令的执行顺序，0 表示最先执行。

当所有批次准备好渲染后，你就可以在 tick() 函数中通过调用 render_draw_buffer(ctx) 来告诉 bracket-lib 可以开始渲染了。现在要做的是扩展 tick() 函数（在 main.rs 中），使之包含下列内容：

```
...
self.systems.execute(&mut self.ecs, &mut self.resources);
render_draw_buffer(ctx).expect("Render error");
```

数据竞争

Rust 的一个卖点是它可以使开发者远离"数据竞争"。借用检查器不允许开发者在不使用锁的情况下并发访问共享的资源。这可以避免在其他开发语言中很多种类的常见错误。

6.5.5 地图渲染系统

下面你将添加另一个系统来绘制地图。创建一个新文件：src/systems/map_render.rs，将 mod map_render;添加到 src/system/mod.rs 的顶部。在构建渲染地图的系统时，只需要对 Map 资源的读取权限——而且不需要使用查询功能。这个系统的代码和第 5 章中 Map 结构体的 render()函数很类似。下面是这个系统的全部代码，更改的地方呈高亮显示[①]。

EntitiesComponentsAndSystems/playerecs/src/systems/map_render.rs

```
use crate::prelude::*;

#[system]
❶ pub fn map_render(#[resource] map: &Map, #[resource] camera: &Camera) {
    let mut draw_batch = DrawBatch::new();
    draw_batch.target(0);
    for y in camera.top_y ..= camera.bottom_y {
        for x in camera.left_x .. camera.right_x {
            let pt = Point::new(x, y);
            let offset = Point::new(camera.left_x, camera.top_y);
            if map.in_bounds(pt) {
                let idx = map_idx(x, y);
                let glyph = match map.tiles[idx] {
                    TileType::Floor => to_cp437('.'),
                    TileType::Wall => to_cp437('#'),
                };
❷              draw_batch.set(
                    pt - offset,
                    ColorPair::new(
                        WHITE,
                        BLACK
                    ),
                    glyph
                );
            }
        }
    }
❸  draw_batch.submit(0).expect("Batch error");
}
```

❶ 这个系统不使用任何组件，但是需要访问地图和摄像机两种资源。为了表示对这两种

[①] 这段代码中对于 offset 变量的赋值操作最好是放到两层循环的外面。原作者表示将在下一个修订版中对这个写法进行优化。——译者注

资源的使用请求，你需要把它们作为 map_render() 函数的参数，并使用#[resource]注解来标明这两个参数代表的是一种资源。

不同于即时渲染，这个系统需要启动一个批量绘制。注意，DrawBatch::new()开启了一个新的批次。绘图指令按照开发者所期望的执行顺序被添加到这个批次中。

❷ 这里添加的绘图指令和之前即时绘制时使用的指令是一样的，只不过不再调用上下文变量提供的方法，而是调用渲染批次对象所提供的方法。

❸ 提交一个批次，这会将该批次指令添加到一个全局的指令列表中。该函数接收一个整数类型作为参数，这个整数被用于排序。0 表示最先被渲染，这样可以保证地图在一个渲染周期的最开始就被渲染。

最后，把这个系统添加到执行计划中。在 systems/mod.rs 中，更新 build_scheduler() 函数来包含它：

```
mod map_render;
mod player_input;

pub fn build_scheduler() -> Schedule {
    Schedule::builder()
        .add_system(player_input::player_input_system())
        .add_system(map_render::map_render_system())
        .build()
}
```

6.5.6　实体渲染系统

第三个系统用来渲染所有包含 Point 和 Render 这两个组件的实体。代表玩家角色的实体同时包含这两个组件，所以它将会被加入渲染周期中——但不仅如此，如果后续添加了更多同时包含这两种组件的实体，它们也会自动被渲染出来。新建一个名为 src/systems/entity_render.rs 的文件，然后在 systems/mod.rs 中添加 mod entity_render;。

打开 entity_render.rs，并且添加一个构造函数，它暂时还是一个桩函数：

```
use crate::prelude::*;

#[system]
#[read_component(Point)]
#[read_component(Render)]
pub fn entity_render(ecs: &SubWorld, #[resource] camera: &Camera) {
}
```

这个系统请求了对 Point 和 Render 两个组件的只读，以及对 Camera 这个资源的只读。Camera 用来计算实体在屏幕坐标系下坐标的偏移量，就像在第 5 章中做的那样。Point 组件可以告诉程序实体的位置，Render 组件可以描述实体的展现形式。

你可以通过下面的语法来进行包含多个组件类型的查询：

```
<(&Point, &Render)>::query()
```

最外面的<和>符号表示中间被括住的内容是一个类型，再里面一层的圆括号表示这个类型是一个元组，即以整体进行访问的数据集合。最里面一层列出了开发者想要的多个组件类型的引用，这些类型之间以逗号分隔。这个查询会检索同时包含 Point 和 Render 这两个组件的实体——查询结果返回的实体一定同时包含二者。一旦调用 iter()，这个查询就会被转换为一个迭代器，迭代器会依次返回每一个满足条件的实体所包含的组件，同一个实体所包含的组件被组合在一起返回。

你可以使用如下代码和查询条件来检索出所有能够被渲染的实体，并将它们渲染到地图上：

EntitiesComponentsAndSystems/playerecs/src/systems/entity_render.rs

```
use crate::prelude::*;

#[system]
#[read_component(Point)]
#[read_component(Render)]
pub fn entity_render(ecs: &SubWorld, #[resource] camera: &Camera) {
❶    let mut draw_batch = DrawBatch::new();
     draw_batch.target(1);
     let offset = Point::new(camera.left_x, camera.top_y);

❷    <(&Point, &Render)>::query()
❸        .iter(ecs)
❹        .for_each(|(pos, render)| {
❺            draw_batch.set(
                 *pos - offset,
                 render.color,
                 render.glyph
             );
         }
     );
❻    draw_batch.submit(5000).expect("Batch error");
}
```

❶ 要记住，每一个需要往终端窗口中写入数据的系统都需要开启一个新的 DrawBatch。

❷ 查询所有同时包含 Point 和 Render 这两个组件的实体。

❸ 将查询转化为迭代器。这个操作需要指定使用哪一个 SubWorld。

❹ for_each()在查询结果上的工作方式和它在 Vec 类型上的工作方式是一样的。每一次调用，闭包都会收到一个以元组形式呈现的查询结果，元组的每一项都是查询中指定的组件。将元组通过解构语法解构，这样就可以用变量名来访问每一个元素了。

❺ 将屏幕上指定位置处的字符设置为 Render 组件中指定的字形和颜色，该位置由 pos 变量给出。

❻ 提交这个渲染批次。由于地图中可能会包含 4000 个元素，因此这里选用 5000 作为排序的序号。建议在排序序号之间留出一些空档，以防后续数量发生变化，或者有新的用户交互元素添加进来。

你需要再次将这个新的系统添加到 systems/mod.rs 的执行计划中：

```rust
mod map_render;
mod player_input;
mod entity_render;

pub fn build_scheduler() -> Schedule {
    Schedule::builder()
        .add_system(player_input::player_input_system())
        .add_system(map_render::map_render_system())
        .add_system(entity_render::entity_render_system())
        .build()
}
```

现在运行游戏，你会发现探险者可以像之前一样在地图中走动。但是如果仔细观察一下调试器，你就会注意到现在的程序是以多线程形式运行的。这是 Rust 的主要卖点之一**无畏并发**（fearless concurrency）的一个很好的例子。这个游戏现在正在使用多线程技术（线程数取决于你的计算机硬件），如图 6-3 所示。

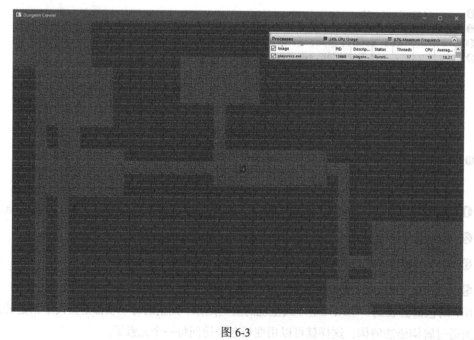

图 6-3

为了展示使用 ECS 所带来的真正好处，下面你可以尝试为游戏添加怪兽——它们使用了和玩家角色大致相同的组件。

6.6　添加怪兽

怪兽和玩家角色有很多共同之处，同样包含位置和渲染信息。但怪兽不受键盘的控制，也不应该具有 Player 这个标签，而应该具有一个 Enemy 组件作为其标签。打开 components.rs 并且添加 Enemy 标签：

EntitiesComponentsAndSystems/dungeonecs/src/components.rs

```
#[derive(Clone, Copy, Debug, PartialEq)]
pub struct Enemy;
```

一个空的结构体就足以作为标签类型。你还需要生成怪物。打开 spawner.rs，添加一个 spawn_monster() 函数。这和生成玩家角色的代码很类似：

EntitiesComponentsAndSystems/dungeonecs/src/spawner.rs

```
pub fn spawn_monster(
    ecs: &mut World,
    rng: &mut RandomNumberGenerator,
    pos : Point
) {
    ecs.push(
        (Enemy,
            pos,
            Render{
                color: ColorPair::new(WHITE, BLACK),
                glyph : match rng.range(0,4) {
                    0 => to_cp437('E'),
                    1 => to_cp437('O'),
                    2 => to_cp437('o'),
                    _ => to_cp437('g'),
                }
            }
        )
    );
}
```

为了使游戏更有趣，怪兽生成代码会从 4 种怪兽中随机选择一个角色。E 代表双头怪（有两个头的巨人），O 代表食人魔，o 代表兽人以及 g 代表妖精。就当下而言，这样做是为了展示在不更改任何代码的情况下，只需修改 Render 组件中存储的数据，就可以改变展现效果。

将怪兽添加到地图中

在 State 结构体的构造函数中，你需要增加一些产生怪兽的逻辑。现在，除了玩家角色所处的第一个房间，你需要在其余的每一个房间中添加一个怪兽。在放置房间时使用的 Rect 类型提供了一个 center() 函数——通过将它和一些迭代器组合起来，这样你就可以高效地在每个房间中放置一个怪兽：

EntitiesComponentsAndSystems/dungeonecs/src/main.rs

```
spawn_player(&mut ecs, map_builder.player_start);
map_builder.rooms
    .iter()
    .skip(1)
    .map(|r| r.center())
    .for_each(|pos| spawn_monster(&mut ecs, &mut rng, pos));
resources.insert(map_builder.map);
resources.insert(Camera::new(map_builder.player_start));
```

这是使用迭代器链简化程序的一个绝佳案例。这段代码包含了几个新的迭代器函数，让我们看一下迭代器链中的每一个步骤都做了什么。

（1）通过调用 iter() 来获取一个迭代器。

（2）使用 skip(1) 来跳过第一个房间。

（3）使用 map() 将每一个房间转换为调用 center() 方法所返回的结果（该结果是 Point 类型）。迭代器的**映射**（map）功能可以把迭代器中的每个元素作为参数传递给一个闭包，这个闭包可以返回一种不同于输入参类型的新类型数据。你可以使用 map() 来把一个类型的迭代器变成另一种类型的迭代器。经过这一步调用，迭代的数据变成了一系列 Point 数据——它们代表了房间的中心点坐标。

（4）调用 for_each 来为每一个中心点运行一次闭包。闭包的入参是中心点的坐标，称为 pos。然后，在闭包中以中心点为参数调用 spawn_monster() 函数。

这一过程所使用的怪兽图形已保存在 dungeonfont.png 文件中。现在运行程序，你将看到，除了玩家所在的房间，每个房间中都有一个怪兽，如图 6-4 所示。

值得注意的是，你并没有对与渲染有关的系统做任何修改，因为这个系统知道如何渲染任何一种同时包含 Point 和 Render 两个组件的实体。你可以继续创作由不同组件组合而成的实体。只要这个实体包含 Point 和 Render 这两个组件，相关的系统就知道如何渲染它们。这是使用 ECS 的一个核心优势——开发者可以在不影响任何系统的情况下添加新的功能。

图 6-4

6.7 碰撞检测

如果尝试让玩家角色在地图中行走，你就会发现，当玩家角色与怪兽相遇时不会发生任何事情，对此你需要通过引入**碰撞检测**（collision detection）来改变这一现象，以便玩家角色撞上一个怪兽时，能让怪兽会从地下城中消失。你将在第 8 章中编写一个对战系统。

碰撞检测将成为一个独立的系统。给项目添加一个新的文件：src/systems/collisions.rs。不要忘记向 src/systems/mod.rs 中添加 mod collisions;。

用与之前相似的模式开始对 collisions.rs 进行开发：

EntitiesComponentsAndSystems/dungeonecs/src/systems/collisions.rs

```
use crate::prelude::*;

#[system]
❶ #[read_component(Point)]
#[read_component(Player)]
#[read_component(Enemy)]
❷ pub fn collisions(ecs: &mut SubWorld, commands: &mut CommandBuffer) {
```

❶ 这个系统请求对 Point、Player 和 Enemy 的访问权限。

❷ Legion 可以为系统提供一个 CommandBuffer，这是一个特殊的容器，可以向其中插入一些指令——Legion 会在系统的逻辑执行完成以后再去执行这些指令。你将使用

CommandBuffer 从游戏世界中移除实体。

　　下一步，创建一个名为 player_pos 的变量，以存储玩家角色的坐标。接下来，你可以使用和之前在 player_input 中一样的查询来检索玩家角色的位置，然后迭代这个查询，将得到的玩家角色坐标存储到 player_pos 变量中。这里，你将玩家角色的坐标提前存储下来，以避免在后续的第二个查询迭代中重复获取玩家角色的位置。

EntitiesComponentsAndSystems/dungeonecs/src/systems/collisions.rs

```
let mut player_pos = Point::zero();
let mut players = <&Point>::query()
    .filter(component::<Player>());
players.iter(ecs).for_each(|pos| player_pos = *pos);
```

下一步，你需要一个只关注敌人的查询。这个查询和关注玩家角色的查询非常类似：

```
let mut enemies = <(Entity, &Point)>::query()
    .filter(component::<Enemy>());
```

这个查询用来找到所有敌人的位置，然后检查玩家角色是否移动到了其中任何一个位置之上。如果玩家角色和任何一个敌人发生碰撞，则将这个敌人移除：

EntitiesComponentsAndSystems/dungeonecs/src/systems/collisions.rs

```
    let mut enemies = <(Entity, &Point)>::query()
        .filter(component::<Enemy>());
    enemies
        .iter(ecs)
❶      .filter(|(_,pos)| **pos == player_pos)
❷      .for_each(|(entity, _)| {
❸          commands.remove(*entity);
        }
    );
```

　　❶ filter 函数将移除迭代器中不符合限制条件的元素。这里仅过滤出坐标与玩家角色坐标相等的元素。下画线（ _ ）表示忽略掉 Entity——过滤器并不需要使用它。当坐标信息穿过迭代器被传递到 pos 变量所在的位置时，类型变成了 &&Point。坐标信息先以引用的形式进入查询，然后迭代器又为它套了一层引用。但是，你希望比较的是它所真实引用的那个值，因此使用"**"来去掉这些层的引用。

　　❷ 元组中的第一个元素是 Entity 类型，而位置信息在这一步中可以忽略——位置信息只在上一步的过滤条件中有用处。

　　❸ ECS 的命令提供了在系统中创建或删除实体的能力。调用 commands.remove()，就可以要求 Legion 在当前帧结束时，从游戏世界中移除指定的实体。

　　最后，把碰撞检测系统添加到执行计划中。打开 systems/mod.rs 并将该 System 加入调度器中：

```
EntitiesComponentsAndSystems/dungeonecs/src/systems/mod.rs
    Schedule::builder()
    .add_system(player_input::player_input_system())
➤   .add_system(collisions::collisions_system())
    .add_system(map_render::map_render_system())
    .add_system(entity_render::entity_render_system())
    .build()
```

如果现在运行游戏，玩家就可以通过操控玩家角色撞向怪兽来把怪兽从地下城中清除。

> **ECS 与代码复用**
>
> Entity Component System 模型的一个好处就是代码复用。只需要创建一个组件，以及管理这个组件的系统，任何实体就都可以挂载这个组件了。你可以使用它来触发警报、绘制爆炸场面，甚至让一把会说话的宝剑向靠近它的人打招呼。
>
> 用这种方式来实现组件和系统是一个伟大的想法。如果你突然意识到在游戏中需要把某些东西点燃，那么可以实现 OnFire 系统——可能还需要 Flammable 组件——这样，整个游戏就有了点燃东西的功能。

6.8 小结

在本章中，你将地下城探险类游戏移植到了先进的 ECS 系统上。你所掌握的概念适用于绝大多数专业级别的游戏引擎，包括 Unity、Unreal 和 Godot。你也亲自体验了 ECS 能够如何帮助开发者——系统为任何具有特定组件的实体实现通用功能，因此你可以在不改变系统代码的情况下为不同的怪兽实现不同的渲染效果。在第 7 章中，你将实现回合制的移动——玩家前进一步，然后怪兽前进一步。

第 7 章 与怪兽交替前行

在前面的章节中，你将游戏修改为使用 ECS 架构。你为游戏添加了怪兽，并实现了简单的碰撞检测系统，使得玩家角色可以在撞到怪兽时让怪兽消失。怪兽是保持静止的，安静地等待着死亡。在本章中，你可以试着先让怪兽随机走动起来，随后就会发现游戏速度过快以至于根本不具备可玩性。因此，接下来你将实现一个回合制的游戏流程——类似于 Nethack 或者 Dungeon Crawl: Stone Soup。你将学会如何根据回合的状态来有选择性地调度不同系统的执行，然后将系统升级为一个基于意图的系统，从而允许实现更复杂的功能，例如被击晕而不能移动。

7.1 让怪兽随机游走

如果总得让怪兽做点什么，那么你不妨先让它在地下城中随机游荡吧。在最终的成品游戏里，怪兽的行为并不是随机走动，但这个简单的随机走动效果在后面仍有用处。例如，添加混乱（confusion）特效可能会迫使实体随机移动，蝙蝠和其他令人心烦意乱的东西可能会在地图上随机飞舞。和许多 ECS 中的其他系统一样，随机运动系统可以在你想要为游戏添加功能时给出一个新的选择。

要标明实体可以随机走动，最好使用一个简单的组件——任何具有这个组件的东西都能在地图中漫无目的地游走。在 components.rs 中，创建一个新的用作标签的组件：

TurnBasedGames/wandering/src/components.rs

```
#[derive(Clone, Copy, Debug, PartialEq)]
pub struct MovingRandomly;
```

你已经有了所需的组件，现在还需要一个使用它的系统。

随机行走系统

创建一个新文件并将其命名为 random_move.rs，将这个新文件放到 src/systems 目录中。与其他系统一样，这个新文件是一个模块。这个系统的结构和你在第 6 章编写的其他系统类似：

```
TurnBasedGames/wandering/src/systems/random_move.rs
    use crate::prelude::*;

    #[system]
    #[write_component(Point)]
    #[read_component(MovingRandomly)]
❶   pub fn random_move(ecs: &mut SubWorld, #[resource] map: &Map) {
❷       let mut movers = <(&mut Point, &MovingRandomly)>::query();
        movers
            .iter_mut(ecs)
            .for_each(|(pos, _)| {
                let mut rng = RandomNumberGenerator::new();
❸               let destination = match rng.range(0, 4) {
                    0 => Point::new(-1, 0),
                    1 => Point::new(1, 0),
                    2 => Point::new(0, -1),
                    _ => Point::new(0, 1),
                } + *pos;
❹               if map.can_enter_tile(destination) {
❺                   *pos = destination;
                }
            }
        );
    }
```

❶ 获取对 Map 资源的只读访问。

❷ 创建一个对 Point 具有可写入权限且对 MovingRandomly 具有只读权限的查询。

❸ 随机选择一个方向，并将移动的增量加到 pos 变量（当前位置）上，从而获得移动后的目标位置。

❹ 检测移动的目标位置是否可以进入。

❺ 如果可以进入这个图块所在的位置，则将当前实体的位置改为最新计算出的目标位置。

这个走动行为的背后没有任何智能算法——完全是随机的。别忘了在 systems/mod.rs 中注册这个新的系统：

```
TurnBasedGames/wandering/src/systems/mod.rs
    use crate::prelude::*;

    mod map_render;
```

```
mod entity_render;
mod player_input;
mod collisions;
mod random_move;

pub fn build_scheduler() -> Schedule {
    Schedule::builder()
        .add_system(player_input::player_input_system())
        .add_system(collisions::collisions_system())
➤       .flush()
        .add_system(map_render::map_render_system())
        .add_system(entity_render::entity_render_system())
        .add_system(random_move::random_move_system())
        .build()
}
```

这里的 flush() 调用是个新面孔。当一个系统想让 Legion 执行一个命令时——例如在 6.7 节中编写的碰撞检测代码——这些命令并不会立即生效。在所有系统执行完毕以后，会自动发生一个内置的不可见的 flush 调用，告诉 Legion（ECS 库）立即去执行已经在排队等待的变更指令。在碰撞检测之后执行 flush 操作可以保证应该删除的实体在运行渲染相关的系统之前就被删除。flush 操作还可以保证先运行 flush 之前的系统后运行 flush 之后的系统。这一方法可以有效驾驭多线程问题，并使得后续系统可以用到最新数据。因此，强烈建议在修改游戏状态之后立即调用 flush，或者至少在其他系统使用这些被修改的数据之前调用 flush，从而刷新整个存储状态。

最后，将这个组件添加到怪兽实体中，这样它们就可以随机走动了。打开 spawner.rs，将新的 MovingRandomly 添加到描述各个怪兽的组件列表中：

TurnBasedGames/wandering/src/spawner.rs

```
    pos,
    Render{
        color: ColorPair::new(WHITE, BLACK),
        glyph : match rng.range(0,4) {
            0 => to_cp437('E'),
            1 => to_cp437('O'),
            2 => to_cp437('o'),
            _ => to_cp437('g'),
        }
    },
    MovingRandomly{}
)
```

现在运行程序，你会马上发现新的问题。怪兽在屏幕上横冲直撞——它们移动得太快了，以至于看起来有些模糊。幸好游戏中还没有加入怪兽可以杀死玩家角色的机制，否则只需要一眨眼的工夫游戏就会结束。你可以编写时间控制逻辑——就像在编写《Flappy Dragon》游戏时所做的那样。除此之外，你还可以实现一个基于回合制的游戏。你在设计文档中提到了要开发一款回合制的游戏，这就指明了解决问题的方向。

7.2　在回合制的游戏中移动 Entity

绝大多数传统的 Rogue 风格的游戏（例如《Nethack》《Rogue》和《Cogmind》）都是回合制的：玩家角色走一步，然后对手再走一步，甚至 Diablo 早先也是一个回合制游戏——实时运动方面的功能是在进行游戏可玩性测试之后才增加的。回合制为游戏加入了很强的谋略属性——玩家通过精心谋划的位置和移动策略来赢得游戏，而不是靠反应能力。这也是你在第 4 章编写的游戏设计文档中所提出的要求。

对于一个"你先动，他再动"的循环，开发者需要 3 个状态：玩家移动、怪兽移动以及等待输入。在程序等待用户输入时，除了轮询键盘和鼠标的状态，玩家并不需要做什么其他事情，所以尽量少做一点无用功，给玩家的笔记本计算机多省一点电量吧。将玩家输入和执行动作分开，这样可以先确定玩家要做的事情，然后才开始动用计算机的算力在虚拟游戏世界中计算和模拟要做的事情。这样还可以一视同仁地对待玩家角色实体与游戏中的其他实体。

每个回合的结构看起来如图 7-1 所示。

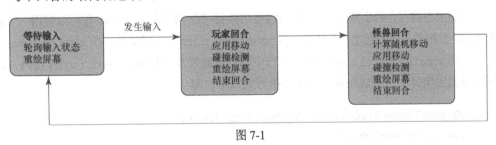

图 7-1

7.2.1　存储回合状态

在游戏中，回合状态只会表示 3 个状态中的一个，因此自然应该使用枚举体。创建一个新的名为 src/turn_state.rs 的文件，并在其中定义这个枚举体：

TurnBasedGames/turnbased/src/turn_state.rs

```
#[derive(Copy, Clone, Debug, PartialEq)]
pub enum TurnState {
    AwaitingInput,
    PlayerTurn,
    MonsterTurn
}
```

打开 main.rs 并注册这个新模块：

```
mod turn_state;
mod prelude {
    ...

    pub use crate::turn_state::*;
}
```

在 State 的初始化过程中，添加回合的初始状态 AwaitingInput 到 ECS 的资源中：

```
...
resources.insert(TurnState::AwaitingInput);
Self {
    ecs,
    resources,
    systems: build_scheduler()
}
```

现在游戏程序可以知道当前位于回合中的哪个阶段了。下面你将使用这些信息来实现一个回合制的游戏。

7.2.2 轮番上阵

一旦确定当前回合的步骤已经结束，就需要切换到回合中的下一个步骤，你可以使用一个新的系统帮助处理相关工作。创建一个名为 systems/end_turn.rs 的文件。在 systems/mod.rs 中位于 use crate::prelude::*;这一行下面的位置增加一行 mod end_turn;代码，以将新模块添加到项目中，然后在新建的文件中写入以下内容：

TurnBasedGames/turnbased/src/systems/end_turn.rs

```
    use crate::prelude::*;

    #[system]
❶   pub fn end_turn(#[resource] turn_state: &mut TurnState) {
        let new_state = match turn_state {
❷           TurnState::AwaitingInput => return,
❸           TurnState::PlayerTurn => TurnState::MonsterTurn,
❹           TurnState::MonsterTurn => TurnState::AwaitingInput
        };
❺       *turn_state = new_state;
    }
```

❶ 获取对 TurnState 的可写入访问权限。

❷ 如果游戏正在等待输入，那么通过 return 直接退出函数即可。

❸ 如果当前是玩家的回合，那么下一步就是怪兽的回合。

❹ 如果怪兽的回合已经结束，那么回到等待输入的状态。

❺ 将记录回合状态的资源更新成最新的值。星号（*）运算符对变量进行了解引用，从而使得开发者可以直接操作被存储的资源。

先不要着急将这个新系统添加到游戏的系统列表中——你的下一个任务是拆分现有的系统列表，从而可以在不同的回合阶段中运行不同的系统。

快借快还

Rust 的借用、借出机制使得共享数据变得非常简便。将借来的数据保存起来留给后面的代码使用，这听起来是一个好主意。但是，一旦如此，Rust 的借用检查器就会开始给开发者找麻烦——它将要求开发者证明这样做不会出现不安全的行为。保持借用时间尽可能短暂能够有效避免这种不愉快事件的发生，并且避免一系列常见错误——Rust 就是旨在避免这些错误发生的一种语言。

7.2.3　拆分调度器

在每一个回合步骤中让所有系统运行是没有意义的。当游戏等待用户输入时，没有什么东西可以移动。当玩家角色正在移动时，怪兽是不能移动的。除了 AwaitingInput 这个步骤，其他的步骤都不能接收玩家的输入。但与此同时，你也需要在不同的步骤之间共享很多功能，使怪兽和玩家角色遵循同样的游戏规则。你可以为每一个回合状态创建一个独立调度器，以限定每个回合阶段能够运行的系统。

打开 systems/mod.rs，把原来的 build_scheduler() 函数拆分为 3 个函数，每一个函数对应于回合的一个状态：

TurnBasedGames/turnbased/src/systems/mod.rs

```
use crate::prelude::*;

mod map_render;
mod entity_render;
mod player_input;
mod collisions;
mod random_move;
mod end_turn;

pub fn build_input_scheduler() -> Schedule {
    Schedule::builder()
        .add_system(player_input::player_input_system())
        .flush()
        .add_system(map_render::map_render_system())
        .add_system(entity_render::entity_render_system())
        .build()
}
```

```
pub fn build_player_scheduler() -> Schedule {
    Schedule::builder()
        .add_system(collisions::collisions_system())
        .flush()
        .add_system(map_render::map_render_system())
        .add_system(entity_render::entity_render_system())
        .add_system(end_turn::end_turn_system())
        .build()
}

pub fn build_monster_scheduler() -> Schedule {
    Schedule::builder()
        .add_system(random_move::random_move_system())
        .flush()
        .add_system(collisions::collisions_system())
        .flush()
        .add_system(map_render::map_render_system())
        .add_system(entity_render::entity_render_system())
        .add_system(end_turn::end_turn_system())
        .build()
}
```

这和之前的 build_scheduler 函数非常类似——但是现在有 3 个调度器。尤其需要注意的是，每个系统对 ECS 中的数据集做出修改以后，都会调用 flush() 函数。每个回合步骤所包含的系统都是根据其存在的合理性而精心划分的。

（1）在等待输入时，屏幕仍然需要显示地图和各种实体。当然，它还需要调用 player_input 这个系统。

（2）当轮到玩家角色时，游戏程序不需要接收输入——但是需要检测是否有碰撞，以及渲染所有元素。该回合状态以 end_turn 作为最后一个系统。

（3）轮到怪兽时的逻辑和轮到玩家时的逻辑非常类似，但是增加了随机走动相关的功能。

修改 main.rs 中的 State，使之包含多个独立的调度器，取代之前单一的调度器：

TurnBasedGames/turnbased/src/main.rs

```
struct State {
    ecs : World,
    resources: Resources,
    input_systems: Schedule,
    player_systems: Schedule,
    monster_systems: Schedule
}
```

调整 State 的构造函数，以初始化这 3 个调度器：

TurnBasedGames/turnbased/src/main.rs

```
resources.insert(TurnState::AwaitingInput);
```

```
Self {
    ecs,
    resources,
    input_systems: build_input_scheduler(),
    player_systems: build_player_scheduler(),
    monster_systems: build_monster_scheduler()
}
```

最后，用一个根据当前回合状态来使用不同调度器的 match 语句替换掉之前使用单一调度器的语句：

TurnBasedGames/turnbased/src/main.rs

```
let current_state = self.resources.get::<TurnState>().unwrap().clone();
match current_state {
    TurnState::AwaitingInput => self.input_systems.execute(
        &mut self.ecs,
        &mut self.resources
    ),
    TurnState::PlayerTurn => {
        self.player_systems.execute(&mut self.ecs, &mut self.resources);
    }
    TurnState::MonsterTurn => {
        self.monster_systems.execute(&mut self.ecs, &mut self.resources)
    }
}
render_draw_buffer(ctx).expect("Render error");
```

let current_state = **self**.resources.get::<TurnState>().**unwrap**().**clone**(); 这一行看起来有点奇怪，所以把它分解一下。

（1）self.resources.get::<TYPE>从 ECS 存储的资源中请求指定类型的资源（本例中为 TurnState 类型）。

（2）请求所返回的结果是一个 Option 类型，所以需要使用 unwrap() 来访问其中的内容。因为你可以确定 ECS 中有 TurnState 类型的资源，所以这里可以临时跳过错误检查。

（3）最后的 clone() 调用为获取到的 TurnState 资源生成了一份副本。这可以保证原来的资源不再被继续借用——这一行之后的代码看到的将是当前回合状态的一个副本，而不是原始的回合状态。这是避免 Rust 借用检查器找麻烦的又一个例子。

7.2.4　结束玩家的回合

最后，当玩家提交输入以后，回合状态将向前推进一步。打开 systems/player_input.rs，修改函数签名，使之能够获得 TurnState 这个资源。

TurnBasedGames/turnbased/src/systems/player_input.rs

```
pub fn player_input(
ecs: &mut SubWorld,
    #[resource] map: &Map,
    #[resource] key: &Option<VirtualKeyCode>,
    #[resource] camera: &mut Camera,
➤   #[resource] turn_state: &mut TurnState
)
{
```

在玩家做出操作之后，将 TurnState 更新为 PlayerTurn 状态。这可以通过在处理移动功能的函数中添加一行代码来实现：

TurnBasedGames/turnbased/src/systems/player_input.rs

```
if map.can_enter_tile(destination) {
    *pos = destination;
    camera.on_player_move(destination);
➤   *turn_state = TurnState::PlayerTurn;
}
```

现在运行游戏，你可以控制玩家角色在地下城中行走，玩家角色每走动一步，怪兽就跟着走动一步，如图 7-2 所示。

走近怪兽

跳过当前回合（按空格键），怪兽走动一次

向北走动（按方向键↑）怪兽也跟着一起走动

图 7-2

现在你有了一个可以运行的回合制的游戏，下面需要对其进行一些小改进。你可以减少需要修改游戏全局状态的系统的数量,将之前的让系统直接修改全局状态,转变为通过意图消息来间接修改全局状态,给后续的改进留下很大的空间。

7.3 发送意图消息

目前,PlayerInput 和 RandomMovement 这两个系统需要获取对地图资源的访问,并且检查一个图块是否可以进入。随着更多游戏元素的加入,你肯定不希望每次都要回过头来修改这两个系统(或者其他可能造成元素移动的系统)。为了解决这个问题,你可以让每一个希望移动元素的系统发送一条消息来表示它希望某个实体改变位置,从而共享移动元素的功能。另一个系统随后会处理所有请求移动的消息,如果可以移动则执行对应的移动操作。这样的模式非常强大。假设你希望添加一个眩晕机制——处于眩晕状态的怪兽是不能移动的,处理眩晕逻辑的系统就可以在不修改任何其他系统代码的情况下,将移动的意图从任意实体中删除。

7.3.1 实体还可以当作消息来使用

游戏程序经常具有复杂的消息机制。与消息队列以及高效的消息处理程序相关的内容就足够单独写一本书了,所以本书将尽量保持简单。在 ECS 中,你可以通过将每条消息看作一个不同的实体来实现高效的消息机制。你需要为消息准备一个新的组件类型。打开component.rs 并创建两个新的作为组件的结构体:

TurnBasedGames/intent/src/components.rs

```
#[derive(Clone, Copy, Debug, PartialEq)]
pub struct WantsToMove {
    pub entity : Entity,
    pub destination : Point
}
```

它们和之前添加的其他组件是一样的——都是派生了 Copy、Clone、PartialEq 和Debug 功能的简单结构体。在 WantsToMove 中存储一个 Entity(实体)类型的字段。这个类型的名字和它表达的含义是一样的:一个指向 Legion 中实体对象的引用。

7.3.2 接收消息并进行移动

你需要一个新的系统来接收 WantToMove 类型的消息,并且实际执行移动操作。创建一个名为 src/systems/movement.rs 的新文件,添加如下代码到文件中:

TurnBasedGames/intent/src/systems/movement.rs

```
    use crate::prelude::*;

❶  #[system(for_each)]
    #[read_component(Player)]
    pub fn movement(
        entity: &Entity,
        want_move: &WantsToMove,
        #[resource] map: &Map,
        #[resource] camera: &mut Camera,
        ecs: &mut SubWorld,
        commands: &mut CommandBuffer
    ) {
        if map.can_enter_tile(want_move.destination) {
❷          commands.add_component(want_move.entity, want_move.destination);

❸          if ecs.entry_ref(want_move.entity)
❹              .unwrap()
❺              .get_component::<Player>().is_ok()
            {
❻              camera.on_player_move(want_move.destination);
            }
        }
❼      commands.remove(*entity);
    }
```

❶ Legion 为只运行一条查询的系统提供了一个简便写法。将系统声明为 system(for_each) 的写法表示要按照这个系统函数的参数列表来构造查询，然后为每一个匹配到的实体运行一次这个系统函数。这种简写方法的实际效果，和先手工编写读取 Entity 和 WantsToMove 这两个组件的查询然后再手工迭代查询结果的效果是一样的。

❷ 相比直接修改组件，使用命令的方式更加安全和高效。Legion 可以一次性地快速批量执行这些更新。添加一个已经存在的组件会替换掉之前的旧组件。

❸ 在查询之外访问一个实体的组件会稍微有些复杂。你可以通过 entry_ref() 方法来访问某一个组件的详细内容。返回结果是一个 Result，用来表示这个实体在当前这个子世界（sub-world）中是否有效。只有在系统的声明中通过 read_component 或者 write_component 声明了该实体所使用的组件后，这个实体才是有效的。

❹ 你可以确定想要移动的实体是存在的，因此可以在 Result 上调用 unwrap() 来访问其中的内容。

❺ 拿到实体对象以后，你就可以在它上面继续调用 get_component() 来访问其中的组件了。这会返回一个 Result。你可以通过调用 is_ok() 来判断这个组件是否存在。

❻ 既然程序可以执行到这一行，你就可以确定要移动的实体是存在的，并且这个实体是

玩家角色。现在你可以调用 on_player_move() 来更新与玩家角色相关的摄像机的信息。

❼ 删除处理过的消息，这是一件非常重要的事情。如果不删除，那么这些信息在下一次运行时还会再被处理一次。

movement 这个系统会迭代所有包含 WantsToMove 组件的实体，然后检查每一个移动请求是否有效，如果是有效的，就替换掉目标实体中的 Point 组件。如果实体是玩家角色，就需要更新摄像机的信息。

通过 mod movement; 这一行代码将新的系统注册到 src/systems/mod.rs 中，并将其添加到玩家和怪兽所在回合的系统列表中：

TurnBasedGames/intent/src/systems/mod.rs

```
pub fn build_player_scheduler() -> Schedule {
    Schedule::builder()
➤       .add_system(movement::movement_system())
➤       .flush()
        .add_system(collisions::collisions_system())
        .flush()
        .add_system(map_render::map_render_system())
        .add_system(entity_render::entity_render_system())
        .add_system(end_turn::end_turn_system())
        .build()
}

pub fn build_monster_scheduler() -> Schedule {
    Schedule::builder()
        .add_system(random_move::random_move_system())
        .flush()
➤       .add_system(movement::movement_system())
➤       .flush()
        .add_system(map_render::map_render_system())
        .add_system(entity_render::entity_render_system())
        .add_system(end_turn::end_turn_system())
        .build()
}
```

注意，新的代码在 movement 系统之后调用了 flush()，这会使 movement 系统存入缓冲区中的修改命令立即生效。

7.3.3 简化玩家输入处理逻辑

player_input 这个系统可以利用上面引入的新功能进行简化。不同于之前自己检查移动的有效性并直接修改 Point 组件的做法，现在你只需要创建一个 WantsToMove 消息即可。经过简化，`system/player_input.rs` 的开头部分不再需要对 `Point` 组件的写入访问，也不再需要对地图的读取访问：

TurnBasedGames/intent/src/systems/player_input.rs

```
#[system]
#[read_component(Point)]
#[read_component(Player)]
pub fn player_input(
    ecs: &mut SubWorld,
    commands: &mut CommandBuffer,
    #[resource] key: &Option<VirtualKeyCode>,
    #[resource] turn_state: &mut TurnState
) {
    let mut players = <(Entity, &Point)>::query()
        .filter(component::<Player>());
```

生成移动"增量"的代码保持不变：

TurnBasedGames/intent/src/systems/player_input.rs

```
if let Some(key) = *key {
    let delta = match key {
        VirtualKeyCode::Left => Point::new(-1, 0),
        VirtualKeyCode::Right => Point::new(1, 0),
        VirtualKeyCode::Up => Point::new(0, -1),
        VirtualKeyCode::Down => Point::new(0, 1),
        _ => Point::new(0, 0),
    };
```

不同于之前检查地图是否可以进入并修改 `Point` 组件的做法，现在程序只需要发射一个 `WantsToMove` 消息：

TurnBasedGames/intent/src/systems/player_input.rs

```
players.iter(ecs).for_each(| (entity, pos) | {
    let destination = *pos + delta;
    commands
        .push(((), WantsToMove{ entity: *entity, destination }));
});
*turn_state = TurnState::PlayerTurn;
```

你可以在任何一个系统中通过 `CommandBuffer` 来创建新的实体，它的语法和之前在 `spawner.rs` 中使用的 `world.push` 是一样的。注意，在这里插入的类型是一个元组 `((), WantsToMove{..})`，这是因为 Legion 的 `push` 函数不支持插入单个组件。

现在，玩家角色和怪兽共用了同一套 movement 系统。

7.3.4 怪兽的移动消息

将 random_move 这个系统改为使用 WantsToMove 组件的方法是非常类似的。你不再需要自己检查地图然后直接修改 Point 组件，只需要创建一条 WantsToMove 消息：

TurnBasedGames/intent/src/systems/random_move.rs

```
use crate::prelude::*;

#[system]
#[read_component(Point)]
#[read_component(MovingRandomly)]
pub fn random_move(ecs: &SubWorld, commands: &mut CommandBuffer) {
    let mut movers = <(Entity, &Point, &MovingRandomly)>::query();
    movers.iter(ecs).for_each(| (entity, pos, _) | {
    let mut rng = RandomNumberGenerator::new();
    let destination = match rng.range(0, 4) {
        0 => Point::new(-1, 0),
        1 => Point::new(1, 0),
        2 => Point::new(0, -1),
        _ => Point::new(0, 1),
    } + *pos;
    commands
            .push(((), WantsToMove{ entity: *entity, destination }));
    });
}
```

系统的变化不大，而且这里创建消息的代码和前面玩家输入系统中的代码几乎完全一样。

现在运行游戏，你就会得到一个基于回合制的地下城探险类游戏。玩家可以走动，或者按任意键原地等待一个回合，然后怪兽会走动。如果怪兽主动碰到玩家角色，或者玩家角色主动碰到怪兽，怪兽就会被消灭。

7.4 小结

在本章中，你扩展了 ECS 系统，使得怪兽具备了行走功能。通过记录当前回合的状态，以及将系统调度器拆分成多个部分，你实现了一个回合制的游戏。你还实现了代表不同意图的消息，并使用消息机制避免直接改写游戏状态，使得后续的系统可以批量处理前面系统发送的消息。使用基于意图的消息系统不仅减少了程序中的重复代码，减少了系统之间的相互依赖，还给未来的修改留下了余地。在第 8 章中，你将实现另一个意图——表示去攻击怪兽或者被怪兽攻击的意图。

第8章　生命值和近身战斗

勇敢的主人公在地下城中走过一个转角,看到了一个小妖精。她向前冲去,与妖精打得不可开交,最后获胜了。随后,她意识到自己受伤了,于是跌跌撞撞地回到走廊去休息,同时还要提防其他妖精发现自己。

这是奇幻小说或者角色扮演类游戏(例如《龙与地下城》)中的典型场景。在游戏中实现这个场景需要几个元素:英雄能够走动,能够向妖精发起攻击,而且妖精可以反击。英雄知道自己当前的身体状况,并意识到需要疗伤,于是通过躲在角落里休息来进行治疗。

在第7章中,我们已经可以让怪兽随机走动了。在本章中,我们重点关注如何把设想的游戏场景变为现实,为怪兽和玩家角色两类实体添加生命值。此外,我们将引入用来展示玩家角色生命值的平视显示功能,以及展示怪兽名字和生命值的悬浮提示。遇到怪兽时,玩家会发起攻击,使怪兽的生命值减少,直至其生命值降为0后——同样,主动碰撞玩家角色的怪兽也会攻击玩家角色。最后,你将引入通过休息来给玩家角色回血的机制——这会为游戏的玩法增加更多的策略性。

8.1　为实体赋予生命值

你需要一个新的组件来为实体添加生命值。这是ECS中最常见的设计模式——每当想要新增用来描述实体的信息时,就创建一个新的组件。打开 src/componetes.rs 并添加另一个组件类型到文件中:

HealthSimpleMelee/health/src/components.rs

```
#[derive(Clone, Copy, Debug, PartialEq)]
pub struct Health {
    pub current: i32,
    pub max: i32
}
```

这个组件为实体同时存储了当前生命值 current 和最大生命值 max。注意,请务必存储最大生命值,因为血条要按照比例来显示玩家损失了多少生命值。此外,当一个实体在疗伤时,你可以用最大生命值来确保它的生命值不会超过最大值。

你已经有了 Health 组件，下面将它添加到玩家角色上：

为玩家角色添加生命值

打开 src/spawner.rs 并找到 spawn_player() 函数，扩展该函数以包含玩家角色的新组件：

HealthSimpleMelee/health/src/spawner.rs

```
ecs.push(
    (Player,
        pos,
        Render{
            color: ColorPair::new(WHITE, BLACK),
            glyph : to_cp437('@')
        },
➤       Health{ current: 20, max: 20 }
    )
);
```

现在，你给玩家角色设定 20 点的生命值。这是相当高的一个生命值，但是可以后面再行调整。选一个较大的数字有助于开发调试，因为这样就不用担心在调试过程中因按错键而立即死亡。

玩家角色现在已经有生命值属性了，但是玩家还没有办法看到这个数值。不要着急，你马上就可以解决这个问题。

8.2　添加平视显示系统

绝大多数游戏会在屏幕上显示与玩家角色相关的信息，例如生命值、名字、配备的威力提升道具等以及其他一些有用的信息。这些信息通常显示在游戏主界面靠近顶端的位置上，也就是通常所说的**平视显示区**（Heads-Up Display，HUD）——它的命名来自非常酷炫的军用设备，可以让飞行员不用低头看仪表盘就能知道飞行器的各种数据。

平视显示区的内容需要被渲染在地图之上，并且用较小的字体来显示，因为相比使用大图块的图层而言，小字体可以使它更容易阅读，也可以容纳更多更详细的信息。

8.2.1　添加另一个渲染图层

游戏现在具有两个图层：地图层和实体层。平视显示区存在于第三个图层中，并被渲染在靠近屏幕顶部的位置。使用小字体而不是之前用来显示游戏图块的大字体是很有必要的——可以在避免屏幕混乱的同时显示尽可能多的信息。

这些图层的排列如图 8-1 所示。

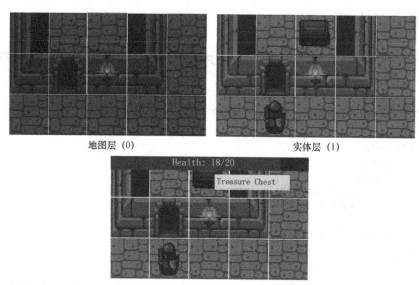

地图层 (0)　　　　　　　实体层 (1)

平视显示层 (2)

图 8-1

打开 main.rs 并且在 main() 函数中找到与初始化相关的内容，将初始化过程修改为下面的样子：

HealthSimpleMelee/health/src/main.rs

```
    let context = BTermBuilder::new()
        .with_title("Dungeon Crawler")
        .with_fps_cap(30.0)
        .with_dimensions(DISPLAY_WIDTH, DISPLAY_HEIGHT)
        .with_tile_dimensions(32, 32)
        .with_resource_path("resources/")
❶       .with_font("dungeonfont.png", 32, 32)
❷       .with_font("terminal8x8.png", 8, 8)
❸       .with_simple_console(DISPLAY_WIDTH, DISPLAY_HEIGHT,
            "dungeonfont.png")
        .with_simple_console_no_bg(DISPLAY_WIDTH, DISPLAY_HEIGHT,
            "dungeonfont.png")
❹       .with_simple_console_no_bg(SCREEN_WIDTH*2, SCREEN_HEIGHT*2,
            "terminal8x8.png")
        .build()?;
```

经过第 7 章的学习，你应该很熟悉这些代码。标有序号的地方表示有所调整。

❶ 在使用多种不同的字体时，你需要显式指明加载每一个字体。dungeonfont.png 包

含你在第 7 章中使用的地图和怪兽的图块。

❷ terminal8x8.png 包含了常规的 ASCII/CP437 字符。

❸ 每一个简易控制台图层都需要指定它所使用的字体。

❹ 注意，这里使用了 SCREEN_WIDTH * 2 来作为尺寸。这样一来，上面这个图层的字符空间就是下面图层的两倍。这可以让描述文本写得更长，bracket-lib 将会把对应的缩放关系处理好。

这段代码用于创建游戏中的图层。在此之前，你通过调用 set_activate_console() 并传入 0 或者 1 来选择图层。新的图层在之前两个图层的上面，因此它的编号是 2。

你同样需要保证在每次渲染之前清空图层。找到 tick() 函数所在的位置，将下列代码加入已经存在的 set_active_console、cls 序列中：

HealthSimpleMelee/health/src/main.rs

```rust
ctx.set_active_console(2);
ctx.cls();
```

这和为其他图层调用的 cls() 函数是一样的——只不过此处清空了新加入的图层。

图层清空以后，你就有了一块大白板用来绘制平视显示区。

8.2.2 渲染平视显示区

平视显示区的渲染需要一个独立的系统。创建一个新文件 src/systems/hud.rs，把下列代码加入其中：

HealthSimpleMelee/health/src/systems/hud.rs

```rust
use crate::prelude::*;

#[system]
#[read_component(Health)]
#[read_component(Player)]
pub fn hud(ecs: &SubWorld) {
    let mut health_query = <&Health>::query().filter(component::<Player>());
    let player_health = health_query
        .iter(ecs)
        .nth(0)
        .unwrap();

    let mut draw_batch = DrawBatch::new();
    draw_batch.target(2);
    draw_batch.print_centered(1,
```

❶ ❷ ❸

```
❹          "Explore the Dungeon. Cursor keys to move.");
❺    draw_batch.bar_horizontal(
❻          Point::zero(),
❼          SCREEN_WIDTH*2,
❽          player_health.current,
❾          player_health.max,
❿          ColorPair::new(RED, BLACK)
     );
     draw_batch.print_color_centered(
          0,
          format!(" Health: {} / {} ",
              player_health.current,
              player_health.max
          ),
          ColorPair::new(WHITE, RED)
     );
     draw_batch.submit(10000).expect("Batch error");
   }
```

这个系统的大体布局和代码与之前编写的系统是类似的，这里只有一个新的命令：
bar_horizontal()——这是一个用来绘制血条的辅助函数。血条是游戏中很常见的一种元
素，大多数主流游戏引擎都会提供类似的内置功能来绘制它。

❶ 定义一个读取 Health 组件的查询，用过滤器只筛选出玩家角色对应的组件。

❷ nth()是 Rust 迭代器提供的又一个功能。它从迭代器中取出第 n 个元素，并将其作为
一个 Option 类型返回。你可以确定游戏中一定有一个玩家角色，因此可以在 Option 上放心
地调用 unwrap()来获取到玩家角色的 Health 组件。

❸ 绘制到平视显示区所在的图层。

❹ 欢迎玩家进入游戏，并给出游戏操作说明。

❺ bar_horizontal()是 bracket-lib 提供的一个辅助函数，用来完成绘制血条这
一常见任务。

❻ 第一个参数指定了血条的起始坐标。

❼ 第二个参数指定了血条的宽度（以字符为单位）。

❽ 血条的当前值。

❾ 血条的最大值。bracket-lib 会自动使用当前值除以最大值（结果是‘f32’类型，
因为它能够存储小数）来获取百分比，并且在血条中填充对应比例的区域。

❿ 一对颜色值，分别用来表示血条空和满的两种状态。

不要忘了注册新的系统。将 mod hud;添加到 systems/mod.rs 文件，然后将.add_system
(hud::hud_system())添加到每一个执行计划的创建函数中位于 end_turn 前面的位置。

添加完更多关于怪兽的信息，你将在 8.2.6 节看到完整的代码。

> **尽早注册模块**
>
> 在新建一个源码文件之后，最好立即将其添加到 main.rs 文件或者父级的 mod.rs 文件中。如果不这样做，那么开发者使用的 IDE 的代码分析插件（例如 Rust 或者 Rust Analyzer）将忽略这些新文件。尽早添加它们，这样开发环境就可以尽早开始为正在编写的新模块提供建议和帮助。

8.2.3 为怪兽添加名字

平视显示区提供了一个通过悬浮**提示**（tooltip）来向玩家介绍地图上各个实体的绝佳机会。悬浮提示是鼠标停留在一个图标上的时候所弹出的文本。

名称是另一个组件类型。在 components.rs 中添加下列代码：

HealthSimpleMelee/health/src/components.rs

```
#[derive(Clone, PartialEq)]
pub struct Name(pub String);
```

注意，这里的语法有一些特别：结构体也可以是元组的形式。如果只有一个字段要存储在结构体中，那么可以把具有名称的字段替换为(pub type)的形式——在上面的代码中，type 是 String。接下来，你就可以像访问元组那样来访问结构体中的数据了——mystruct.0 指的就是字符串。当结构体只有少数几个字段时，这是一种很方便的快捷写法，但是在可读性上稍有折扣。一个正在开发（截至到成书时）的 Rust 语言特性可以让开发者把只包含一个字段的结构体看成"透明"的，从而直接访问其中的内容。

现在，你已经创建了名称组件，可以把它和生命值一起添加到怪兽身上了。

8.2.4 为怪兽添加名称和生命值

打开 spawner.rs 并找到 spawn_monster 函数。现在，不同怪兽之间的区别仅仅是赋予给它们的字形不同。随着游戏的开发，开发者会希望怪兽之间有更明显的差异。现在，你需要把它们的名字和生命值区别开。创建一个叫作 goblin() 的函数：

HealthSimpleMelee/health/src/spawner.rs

```
fn goblin() -> (i32, String, FontCharType) {
    (1, "Goblin".to_string(), to_cp437('g'))
}
```

这是一个简单的函数，它返回一个包含生命值、名称和 FontCharType（代表一个 ASCII

字符）的元组来描述一个妖精。再添加一个函数，这次把它命名为 orc()：

HealthSimpleMelee/health/src/spawner.rs

```
fn orc() -> (i32, String, FontCharType) {
    (2, "Orc".to_string(), to_cp437('o'))
}
```

这个函数返回一个描述兽人的元组。注意，兽人具有更高的生命值，并且使用字符 o 来表示（和字体文件中的兽人图形相对应）。

你可以通过修改 spawn_monster() 来随机生成兽人或者是妖精，并且为它们添加名字和生命值的组件：

HealthSimpleMelee/health/src/spawner.rs

```
pub fn spawn_monster(
    ecs: &mut World,
    rng: &mut RandomNumberGenerator,
    pos : Point
) {
❶    let (hp, name, glyph) = match rng.roll_dice(1,10) {
❷        1..=8 => goblin(),
          _ => orc()
    };
    ecs.push(
        (Enemy,
            pos,
            Render{
                color: ColorPair::new(WHITE, BLACK),
                glyph,
            },
            MovingRandomly{},
❸          Health{current: hp, max: hp},
❹          Name(name)
            )
    );
}
```

❶ orc() 和 goblin() 函数的返回值都是元组。你可以通过 let (a, b, c) = function_returns_three_values 这样的语法来从元组中结构出数据。这样可以使得开发者能够命名对应的变量，而不是记住 .0 是生命值，.1 是名字，等等。

❷ 希望有比较多的容易被打败的怪兽，也就是妖精，以及比较少的难以打败的兽人。游戏会生成 1～10 的随机数，当它在 1..8 范围内时就产生妖精，否则就产生兽人。match 语句只能匹配右侧是闭区间的范围，所以需要使用带有等号的写法（..=）。

❸ 添加新的生命值组件，就像添加其他组件一样。

❹ 名称组件的语法有点特别，因为它是一个元组结构体（tuple struct）。

现在，你已经准备好具有名称和生命值的怪兽了，下一步需要通过悬浮提示来显示这些信息。

8.2.5 用悬浮提示来区分怪兽

为了能够在鼠标指针所在的位置弹出提示，你首先需要知道鼠标指针在哪里。Bracket-lib 通过附加在上下文（ctx）中的一个名为 mouse_pos() 的函数来提供这个信息。在 main.rs 中找到将 ctx.key 作为资源插入 ECS 的代码，然后为鼠标的位置编写类似的代码：

HealthSimpleMelee/health/src/main.rs

```
self.resources.insert(ctx.key);
ctx.set_active_console(0);
self.resources.insert(Point::from_tuple(ctx.mouse_pos()));
```

虚拟的控制台窗口有不同的分辨率，且鼠标的位置是以控制台中字符坐标的形式提供的，因此你需要在请求鼠标位置之前调用 set_active_console 来保证从指定的控制台图层中获取坐标。

不同于使用 Point::new 的方法，这里使用了一个名为 from_tuple() 的构造函数。这是 Rust 中的一个通用约定：如果一个类型 y 可以从另一个类型 x 中创建出来，那么就将构造函数命名为 from_x()。mouse_pos() 函数返回了一个包含屏幕 x 和 y 坐标的元组，将它转换为 Point 类型可以保持代码的一致性，因为你已经在程序使用 Point 类型来表示位置坐标了。

显示悬浮提示的工作应该在另一个系统中完成。创建一个名为 systems/tooltips.rs 的文件。这将会是一个大系统，所以接下来你需要逐一分析每一部分：

HealthSimpleMelee/health/src/systems/tooltips.rs

```
use crate::prelude::*;

#[system]
#[read_component(Point)]
#[read_component(Name)]
#[read_component(Health)]
pub fn tooltips(
    ecs: &SubWorld,
❶   #[resource] mouse_pos: &Point,
❷   #[resource] camera: &Camera
) {
❸   let mut positions = <(Entity, &Point, &Name)>::query();
```

❶ 以只读方式访问之前插入的 Point 类型的鼠标位置信息。

❷ 以只读方式访问摄像机。

❸ 在查询中加入 Entity 类型的写法表示要把父级实体（其包含查询所列出的其他组件）包含在查询中。这个查询的返回结果会包含所查询到的实体本身，以及该实体包含的 Point 和 Name 组件。

你已经写完了枯燥刻板的系统函数定义代码，接下来绘制悬浮提示：

HealthSimpleMelee/health/src/systems/tooltips.rs

```
        let offset = Point::new(camera.left_x, camera.top_y);
❶       let map_pos = *mouse_pos + offset;
        let mut draw_batch = DrawBatch::new();
        draw_batch.target(2);
        positions
            .iter(ecs)
❷           .filter(|(_, pos, _)| **pos == map_pos )
            .for_each(|(entity, _, name) | {
❸               let screen_pos = *mouse_pos * 4;
❹               let display = if let Ok(health) = ecs.entry_ref(*entity)
                    .unwrap()
                    .get_component::<Health>()
                {
❺                   format!("{} : {} hp", &name.0, health.current)
❻               } else {
                    name.0.clone()
                };
                draw_batch.print(screen_pos, &display);
            });
        draw_batch.submit(10100).expect("Batch error");
    }
```

❶ 用当前的鼠标指针坐标（在屏幕坐标系下）加上屏幕最左侧和最上侧在地图坐标系下的坐标（加上偏移量），就可以得到被鼠标指向的实体在地图坐标系下的坐标。

❷ 使用过滤器达到的效果和在代码中手动写 if 语句来判断的效果是一样的，但是过滤器的速度会稍微快一些，很多人也会觉得使用过滤器的写法更容易阅读。调用过滤器可以将输入迭代器中的内容缩减到仅包含少量实体，这些保留下来的实体的当前坐标和 map_pos 中存储的鼠标指针坐标是相等的。

❸ 鼠标指针的位置坐标是对齐在怪兽所在的图层上的，悬浮提示所在的图层是怪兽所在图层的 4 倍大，所以将鼠标指针的位置乘以 4 来得到在悬浮提示层的坐标。

❹ 因为这里是在查询上下文之外访问实体里面的组件，所以还是需要通过 entry_ref() 来操作。从请求实体并调用 unwrap 开始，然后在获得的实体上调用 get_component() 来实

现在不使用查询的情况下得到存储在 ECS 中的组件。这个函数返回一个 Result 类型, if let 语句可以在有结果时访问其内容, 没有结果时则忽略它。

❺ 使用 format!宏来构建一个形如 "Monster Name: X hp" 的字符串。

❻ if let 语句和其他 if 语句是一样的——如果没有匹配成功, 就运行 else 语句块中的内容。如果玩家让鼠标指针指向了一些不包含生命值组件的实体 (例如指向一张桌子或者一个护身符), 那么仅返回名字。clone 的用处是把字符串复制一份, 而不是借用原有的字符串。

至此, 你已经创建好了相关的系统, 需要把它们注册到调度器中了。

8.2.6 注册各个系统

你需要同时把 tooltips 和 hud 两个系统注册到 systems 模块中, 并把它们添加到系统的执行计划中:

```
      ...
      mod movement;
➤     mod hud;
➤     mod tooltips;

      pub fn build_input_scheduler() -> Schedule {
          Schedule::builder()
          ..
➤         .add_system(hud::hud_system())
➤         .add_system(tooltips::tooltips_system())
          .build()
      }

      pub fn build_player_scheduler() -> Schedule {
          Schedule::builder()
          ..
➤         .add_system(hud::hud_system())
➤         .add_system(end_turn::end_turn_system())
          .build()
      }

      pub fn build_monster_scheduler() -> Schedule {
          Schedule::builder()
          ..
➤         .add_system(hud::hud_system())
➤         .add_system(end_turn::end_turn_system())
          .build()
      }
```

现在运行程序, 你就能够看到欢迎信息以及血条了。此外, 当鼠标悬停在一个怪兽身上时, 你可以看到图 8-2 所示的悬浮提示。

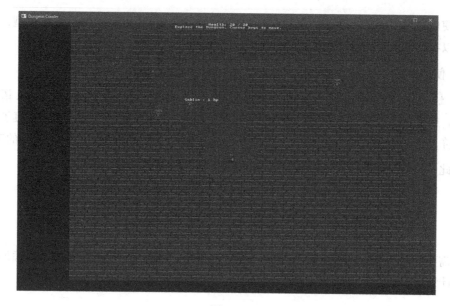

图 8-2

生命值组件已经到位，悬浮提示也可以向玩家展示当前的游戏局势了，是时候让一些怪兽加入混战了。

8.3　实现战斗功能

战斗功能对绝大多数游戏来说是一个很重要的功能，因此你需要投入一些精力来开发一个灵活的系统。你现在已经具备了实现战斗功能需要的一切元素：怪兽和玩家有了生命值，玩家知道怪兽在哪里，并且开发者能够把相关数据显示出来。接下来，你将实现一个"碰撞即攻击"的近身战斗功能。

8.3.1　删除碰撞检测系统

首先，你需要删除已有的碰撞检测系统。虽然这个系统实现了它的设计目标，但是你现在需要一个更强大的系统来处理战斗功能。删除 systems/collision.rs 文件以及对该文件的所有引用，并在 systems/mod.rs 中删除对碰撞检测的调用。

8.3.2　表示攻击意图

WantsToMove 组件表示一个实体有移动到某个图块的意图。你可以用同样的方式来表达一个实体希望攻击另一个实体的意图——创建一个 WantsToAttack 组件。打开 component.rs 然后添加一个新的组件类型：

HealthSimpleMelee/combat/src/components.rs

```
#[derive(Clone, Copy, Debug, PartialEq)]
pub struct WantsToAttack {
    pub attacker : Entity,
    pub victim : Entity
}
```

这个组件以 Entity 类型的形式同时存储了攻击者和受害者的实体。当需要奖励把地下城从怪兽手中解救出来的勇士时，游戏程序需要记录下攻击的发起者是谁。

8.3.3 玩家主动攻击

打开 systems/player_input.rs。程序还是和之前一样计算下一步应该进入哪个图块，但并不再像以前那样盲目地发出移动指令，而需要检查目标图块中是否有怪兽。如果有怪兽存在，那么发出攻击命令。

接下来要做的是，修改 player_input 系统，以使用这个新的逻辑。系统开头的部分保持不变，因为它现在满足游戏的要求。找到 let delta = match 这一块代码的结尾部分。

第一处重构是替换掉 players 迭代器。开发者将需要目标点和玩家角色实体的一份副本，提前获取它们可以提升游戏效率：

HealthSimpleMelee/combat/src/systems/player_input.rs

```
let (player_entity, destination) = players
        .iter(ecs)
        .find_map(|(entity, pos)| Some((*entity, *pos + delta)) )
        .unwrap();
```

这段代码和你之前写过的一些代码很类似，都使用了一些 Rust 的技巧让代码显得很简洁。player_entity 和 destination 是通过解构迭代器的结果而得到的。find_map() 是对之前用过的 map() 处理流程的扩展。类似于 map，find_map 也会把一种迭代器的数据映射成另一种迭代器的数据（在这个例子中就是实体和计算出来的目标位置）。但不同于 map，find_map 迭代器会在其调用的闭包第一次返回 Some 类型的数据后终止迭代。把调用 unwrap 作为最后一步可以将元组数据从迭代器链中取出来，然后元组中的数据就被解构存储到这一长串语句开头列出的两个变量中。

下一步要做的是确定玩家是否尝试移动（delta 变量非零），如果尝试移动，则检查是否有敌人在目标图块中：

```
let mut enemies = <(Entity, &Point)>::query().filter(component::<Enemy>());
if delta.x !=0 || delta.y != 0 {
    let mut hit_something = false;
    enemies
        .iter(ecs)
        .filter(|(_, pos)| {
            **pos == destination
        })
```

这段代码有两个重要部分。首先，它将 hit_something 变量设置为 false，这是一个用来指示一场战斗是否被发起的标志；其次，它在被匹配的实体上运行了 for_each（如果有匹配的实体，则运行闭包；如果没有匹配的实体，空的迭代器将会直接跳过这一步）：

```
.for_each(|(entity, _) | {
    hit_something = true;

    commands
        .push(((), WantsToAttack{
            attacker: player_entity,
            victim: *entity,
        }));
});
```

这段代码非常简单明了：如果这段 for_each 循环可以执行，那么你会知道玩家角色正在面对一个敌人，这个敌人正站在玩家角色想进入的图块上。因此，你需要把 hit_something 设置为 true，并且给 Legion（ECS 框架）发送一个命令，让框架创建一个携带攻击者（玩家角色）和受害者的 WantsToAttack 消息实体。

最后，这个系统需要处理没有碰到任何东西的情况：

```
    if !hit_something {
        commands
            .push(((), WantsToMove{
                entity: player_entity,
                destination
            }));
    }
}
*turn_state = TurnState::PlayerTurn;
```

如果玩家没有发起攻击，系统就像之前那样发送 WantsToMove 意图，然后将回合步骤推进到接下来的处理阶段。

现在，玩家已经请求进行攻击了，是时候教训一下怪兽了！

8.3.4 创建战斗系统

战斗系统相关的计算操作将在独立的系统中进行。创建一个新的名为 systems/combat.rs 的文件，别忘了将 mod combat; 添加到 systems/mod.rs 中。

在定义查询之前，你还是要和往常一样从刻板无趣的系统函数定义代码开始：

HealthSimpleMelee/combat/src/systems/combat.rs

```
use crate::prelude::*;

#[system]
#[read_component(WantsToAttack)]
#[write_component(Health)]
pub fn combat(ecs: &mut SubWorld, commands: &mut CommandBuffer) {
    let mut attackers = <(Entity, &WantsToAttack)>::query();
```

这个查询会读取 WantsToAttack——获得一份希望发起攻击的实体的列表。

然后，你需要创建一份被攻击者的列表，将下列代码加入函数中：

HealthSimpleMelee/combat/src/systems/combat.rs

```
❶   let victims : Vec<(Entity, Entity)> = attackers
        .iter(ecs)
❷       .map(|(entity, attack)| (*entity, attack.victim) )
❸       .collect();
```

❶ 在迭代链的最后一步，你将调用 collect() 函数来获取迭代器的结果，并希望将它们收集到一个向量中。collect() 函数本身并不知道应该使用哪种集合类型来存放收集到的迭代结果。显式指定 victims 的类型是一个由 (Entity, Entity) 元组所组成的向量，这样就告诉了编译器开发者所希望使用的集合类型是向量类型，于是 collect() 就可以将结果收集到正确的集合类型中了。

❷ 如果你通过调用 map() 函数来映射一个迭代器，就需要把它转换为另一种数据。map() 函数接收一个闭包作为其参数。闭包接收 entity 和 attack 作为自身的输入，然后返回一个包含 entity 和 attack.victim 的元组（返回的 entity 是闭包输入的 entity 参数解引用而得到的，因为迭代器会把 entity 作为引用传递给闭包）。

❸ collect() 会收集迭代器的结果，并且创建一个新的集合来存储这些结果。它可以从这条语句开头的 let 语句中推断出要使用的集合的类型。除此之外还有一种方法：开发者也可以使用 turbofish 来指定希望使用的集合类型。

> **turbofish 是你的朋友**
>
> 如果开发者为一个类型声明了一个或多个关联类型，就是在使用 Rust 的泛型。开发者可以通过 Vec<MyType>这样的语法来声明一个包含任意一种类型数据的向量。有的时候，函数也需要类型注解，turbofish 就是为了解决这个问题而存在的。可以通过类似 function::<Type>()的语法来在函数调用上使用 turbofish，例如 collet::<Vec<MyType>>。

如果开发者试图在查询中修改被攻击的受害者，就会遇到两个问题。

- 在迭代一个集合的同时修改集合中的元素是很不好的做法，可能会导致迭代器失效，因此 Rust 会尽力阻止开发者这样做。
- 开发者会被借用检查器找麻烦，因为开发者在把一份数据借给迭代器使用的同时，还在试图修改已经借出的数据。

在 Rust 中，最好的做法是先创建一个后续要操作的数据的列表，然后在另一个循环中处理这些要修改的数据。

至此，你已经将成对的攻击者和被攻击者收集到了 victims 列表中，接下来需要检查被攻击者是否有 Health 组件，如果有，就通过减少它的生命值来实现对它的破坏：

HealthSimpleMelee/combat/src/systems/combat.rs

```
victims.iter().for_each(|(message, victim)| {
    if let Ok(mut health) = ecs
        .entry_mut(*victim)
        .unwrap()
        .get_component_mut::<Health>()
    {
        println!("Health before attack: {}", health.current);
        health.current -= 1;
        if health.current < 1 {
            commands.remove(*victim);
        }
        println!("Health after attack: {}", health.current);
    }
    commands.remove(*message);
});
```

这段代码迭代了刚创建的 victims 列表，然后使用 if let 语句来实现只针对包含生命值的被攻击对象执行操作（和之前一样，这么做可以防止玩家盲目地攻击没有生命的物体）。接下来，程序会把被攻击对象的生命值减去 1。如果被攻击对象的生命值小于 1，则将其从游戏中删除。最后，删除 WantsToAttack 消息。

---

print 是一个非常好的调试工具

你可能已经注意到这个系统中包含了几条 printlln!语句。它们打印出了被攻击者在经受攻击之前和之后的生命值。在把游戏分享给朋友试玩之前，开发者将会删除或者注释掉这几行，但这是一个双重检查程序是否满足预期的好方法。

很多程序员把这种做法称为 printf 调试，这是以 C 语言中等效的打印函数命名的。相比先挂载上调试器，然后设置好断点，再观察程序运行的调试方法而言，这种打印信息的调试方法要简单得多。

现在玩家角色可以打败敌人了，下一步要让敌人能够回击。

8.3.5 怪兽的反击

在与一群怪兽混战时，如果它们能够主动反击的话，游戏会好玩很多。虽然现在怪兽随机走动的策略对于主动回击这个功能来说并不理想（不要着急，怪兽很快就会变得更聪明），但无论好坏，实现这个功能以后，你将拥有一个完整的战斗系统。打开 systems/random_move.rs 这个系统。该系统的绝大多数内容不会发生变化，但是需要引入攻击玩家角色的逻辑。从调整系统的定义开始，让它能够读取到 Player 和 Health，此外，它不再需要地图信息了：

HealthSimpleMelee/combat/src/systems/random_move.rs

```
   #[system]
   #[read_component(Point)]
   #[read_component(MovingRandomly)]
➤  #[read_component(Health)]
➤  #[read_component(Player)]
   pub fn random_move(ecs: &SubWorld, commands: &mut CommandBuffer) {
```

在 Point 和 MovingRandomly 查询的下面添加第二个查询，以获取任何具有生命值的实体的位置：

HealthSimpleMelee/combat/src/systems/random_move.rs

```
let mut movers = <(Entity, &Point, &MovingRandomly)>::query();
let mut positions = <(Entity, &Point, &Health)>::query();
```

随机走动的代码和之前保持一致，但是不同于直接发出一条移动指令，这里需要改为先寻找潜在攻击对象的位置。在 for_each 迭代器中紧接着为 destination 变量赋值的位置插入下列代码：

HealthSimpleMelee/combat/src/systems/random_move.rs

```
let mut attacked = false;
positions
```

```
        .iter(ecs)
        .filter(|(_, target_pos, _)| **target_pos == destination)
        .for_each(|(victim, _, _)| {
            if ecs.entry_ref(*victim)
            .unwrap().get_component::<Player>().is_ok()
            {
                commands
                    .push(((), WantsToAttack{
                        attacker: *entity,
                        victim: *victim
                    }));
            }
            attacked = true;
        }
    );
```

这段代码和之前在玩家运动系统中使用的代码很类似。它先大范围地查询实体，然后使用过滤器筛选出位于目标图块之上的实体。如果目标位置上有实体，就再检查这个实体是否有 Player 组件，如果有，则发送 WantsToAttack 命令。

注意，即使没有发起攻击，attacked 也被设置为了 true。这可以避免怪兽走到已经包含另一个怪兽的图块中，不会让玩家角色被叠罗汉一样的妖精们所骚扰。此外，假如这种重叠情况发生了，现有的逻辑也无法将其正确地渲染出来。

最后，对于没有攻击发生的情况，你需要创建一个 WantsToMove 命令：

HealthSimpleMelee/combat/src/systems/random_move.rs

```
if !attacked {
    commands
        .push(((), WantsToMove{ entity: *entity, destination }));
}
```

这样就可以保证怪兽不会在攻击玩家的同时走到玩家所在的图块上。

8.3.6　运行各个系统

在运行游戏之前，你需要确定各个系统调度器都包含了对这些新系统的调用。处理输入的调度器需要调用所有与渲染相关的代码以及 player_input 逻辑，除此之外的其他逻辑都不需要：

HealthSimpleMelee/combat/src/systems/mod.rs

```
pub fn build_input_scheduler() -> Schedule {
    Schedule::builder()
        .add_system(player_input::player_input_system())
        .flush()
        .add_system(map_render::map_render_system())
```

```
        .add_system(entity_render::entity_render_system())
        .add_system(hud::hud_system())
        .add_system(tooltips::tooltips_system())
        .build()
}
```

玩家和怪兽的调度器需要调用战斗系统:

HealthSimpleMelee/combat/src/systems/mod.rs

```
pub fn build_player_scheduler() -> Schedule {
    Schedule::builder()
        .add_system(combat::combat_system())
        .flush()
        .add_system(movement::movement_system())
        .flush()
        .add_system(map_render::map_render_system())
        .add_system(entity_render::entity_render_system())
        .add_system(hud::hud_system())
        .add_system(end_turn::end_turn_system())
        .build()
}

pub fn build_monster_scheduler() -> Schedule {
    Schedule::builder()
        .add_system(random_move::random_move_system())
        .flush()
        .add_system(combat::combat_system())
        .flush()
        .add_system(movement::movement_system())
        .flush()
        .add_system(map_render::map_render_system())
        .add_system(entity_render::entity_render_system())
        .add_system(hud::hud_system())
        .add_system(end_turn::end_turn_system())
        .build()
}
```

现在运行游戏,玩家可以攻击怪兽,并且怪兽有时候也会发起反击。玩家的血条和怪兽的悬浮提示会展示出其各自受到的伤害。怪物在被杀死后就会从地图中消失。

玩家角色在被怪兽咬了一口之后,目前还没有办法恢复自己的生命值。下面让我们来修正这一点,在修正这个功能的同时,游戏的玩法策略性也将得到提升。

8.4 将等待作为一种策略

你可以让玩家角色主动原地停留一个回合来给自己补血,从而为游戏增加一点策略性。玩家角色可以舔一下自己的伤口，这样可能会止血，然后生命值得到恢复。在怪兽旁边等待是一个糟糕的选择，通常会等来怪兽的又一顿暴击。如果玩家还是想尝试一下这样做也没关系，做出什么样的选择是玩家的权利——输掉游戏通常是学习游戏玩法的最佳方式。

自愿等待并获得治疗的逻辑将完全在 `systems/player_input.rs` 所定义的系统中得到实现。请打开这个文件并做一点小改动。

首先，把 Enemy 和 Health 两个组件添加到系统定义中：

HealthSimpleMelee/healing/src/systems/player_input.rs

```
    #[system]
    #[read_component(Point)]
    #[read_component(Player)]
➤   #[read_component(Enemy)]
➤   #[write_component(Health)]
    pub fn player_input(
        ecs: &mut SubWorld,
        commands: &mut CommandBuffer,
        #[resource] key : &Option<VirtualKeyCode>,
        #[resource] turn_state : &mut TurnState
    ) {
```

这个属性为系统赋予了对 Health 组件的写权限。之所以需要它，是因为治疗会使玩家角色的生命值得到恢复。

在检查 "delta" 变量是否请求走动之前，引入一个名为 did_something 的新变量：

HealthSimpleMelee/healing/src/systems/player_input.rs

```
let mut did_something = false;
if delta.x !=0 || delta.y != 0 {
```

把 hit_something 设置为 true 时，也要把 did_something 设置为 true：

HealthSimpleMelee/healing/src/systems/player_input.rs

```
.for_each(|(entity, _) | {
    hit_something = true;
    did_something = true;
```

如果玩家角色发生了移动，那么也要把 did-something 设置为 true：

HealthSimpleMelee/healing/src/systems/player_input.rs

```
if !hit_something {
    did_something = true;
    commands
```

最后，在这个系统的结尾，如果玩家没有做任何事情，就奖励它恢复一些生命值：

HealthSimpleMelee/healing/src/systems/player_input.rs

```
if !did_something {
    if let Ok(mut health) = ecs
        .entry_mut(player_entity)
        .unwrap()
        .get_component_mut::<Health>()
    {
        health.current = i32::min(health.max, health.current+1);
    }
}
*turn_state = TurnState::PlayerTurn;
```

这段代码使用了 if let 配合 get_component 来获取玩家的生命值组件，然后使用 i32::min 来获取两个 32 位有符号整数中较小的一个，这样就可以把玩家角色的生命值修改为允许的最大值或者是当前生命值加 1。这样做可以防止玩家角色的生命值超出最大限制。

现在运行游戏，你既可以控制玩家角色在地图中走动，也可以通过按下任意一个不会导致玩家移动的按键（作者选择按空格键）来选择在原地等待。在等待时，怪兽会走一步，如果此时玩家角色不是满血的状态，就会恢复一些生命值。现在的战斗系统更注重战术——玩家可以撤退、回血，然后再次战斗。

8.5 小结

你在本章中添加了很多功能。现在，怪兽和玩家角色有了生命值，并且生命值会以血条和悬浮提示的形式展示出来。玩家可以发起攻击并杀死怪兽，怪兽也可以回击。当然，现在的怪兽还是像石头一样愚蠢，而且玩家也没有办法判定游戏的胜负。但是，用于构建游戏的基础组件还在不断增加，你也正在构建出越来越有意思的游戏。在第 9 章中，我们将讨论游戏的胜负规则，并让怪兽变得聪明一些。

第 9 章　胜与负

在蜿蜒曲折的地下城走廊中搜寻了数小时之后，勇敢的英雄注意到了角落里闪闪发光的亚拉的护身符。英雄以胜利者的姿态举起护身符，将它戴在自己的脖子上。一股神秘的力量随即席卷英雄全身，威胁家园的黑暗力量被击退，英雄取得了巨大的胜利。在再次确认朋友和家人安全以后，他知道自己可以去休息了。

同时，在另一个平行宇宙中，英雄被敌人团团围住。面对汹涌而至的怪兽，他渐渐疲于应对，脚步越来越沉重。在为了阻止末日到来而进行的战斗中，兽人和妖精战败了，但英雄受到的伤害也越来越严重。最终，一个邪恶的兽人给出了致命一击，英雄倒下了——游戏失败。

你刚刚读到的是角色扮演类游戏常见的结局：玩家要么赢，要么输。这两种结局是相辅相成的，如果只会胜利而不会失败，就不能将其称之为游戏；相反，如果只会失败而没有胜利的机会，那么只会让玩家感到沮丧。

在本章中，你将为怪兽赋予一些智慧，并引入游戏失败的可能性。你将添加游戏结束画面，以及一个再玩一次的选项。

一旦上述功能可以正常工作，你将开始编写在地下城的某个角落里生成亚拉的护身符的代码，并让护身符尽可能地远离玩家角色。你还需要添加一个在玩家角色拿到护身符时出现的胜利画面。

9.1　创造更聪明的怪兽

随机游走的怪兽并不是很大的威胁，但是过于聪明的怪兽会让游戏变得没有可玩性。找到二者之间的平衡是制作一款有趣且具有挑战性的游戏的关键。

在本章中，开发者会给怪兽提供关于地下城布局的详细信息，同时还会把玩家角色的位置信息提供给怪兽，并给它们下达不停追捕玩家角色的命令。这会营造出一种围追堵截的效果，怪兽会一直攻击玩家角色，直到当前关卡中所有怪物都被消灭。

在第 10 章中，你要把现在这种"红外制导"模式的追随攻击行为改写成另一种更贴近现实的行为，但当下的目标是创建一个打斗感十足的挑战关卡。

接下来，你需要先给怪兽打上新的行为标签，然后学习有关迪杰斯特拉（Dijkstra）算法的知识，以及如何使用这个算法来帮助怪兽找到玩家角色。

9.1.1 标记新的行为

首先，编写另一个新组件用来标记怪兽正在追逐玩家角色。在 components.rs 中添加如下的组件：

WinningAndLosing/gauntlet/src/components.rs

```
#[derive(Clone, Copy, Debug, PartialEq)]
pub struct ChasingPlayer;
```

这个组件和之前添加的起到"标签"作用的组件是一样的。它并不包含任何数据，因为标签的存在只是为了表达应该进行某个行为。

打开 spawner.rs，然后用 ChasingPlayer 标签替换掉所有的 MovingRandomly 标签：

WinningAndLosing/gauntlet/src/spawner.rs

```
pub fn spawn_monster(
    ecs: &mut World,
    rng: &mut RandomNumberGenerator,
    pos : Point
) {
    let (hp, name, glyph) = match rng.roll_dice(1,10) {
        1..=8 => goblin(),
        _ => orc()
    };
    ecs.push(
        (Enemy,
            pos,
            Render{
                color: ColorPair::new(WHITE, BLACK),
                glyph,
            },
            ChasingPlayer{},
            Health{current: hp, max: hp},
            Name(name)
        )
    );
}
```

这段代码的修改将怪兽随机走动的行为替换成了追逐行为。如果你想要游戏更加多元化，那么仍然可以保留一些随机走动的怪兽。一两个喝醉酒的妖精除了为地下城增加乐趣，并不会带来什么坏处。

下面你可以创建一个系统来实现追逐玩家的行为。

9.1.2 通过 trait 来支持寻路

在游戏开发领域的术语中，用于帮助一个实体找到从 A 点到 B 点的路径的算法被称为**寻路**（pathfinding）。可用的寻路算法有很多，`bracket-lib` 是其中之一。

`bracket-lib` 库旨在尽可能通用，所以它并不知道你所编写的游戏的工作细节。`bracket-lib` 通过 trait 来提供与地图相关的功能。

开发者在使用 `#[derive(..)]` 功能时，实际上是用 Rust 提供的简便写法来实现 trait。我们之前编写的 `tick()` 函数是 `GameState` 这个 trait 实现的一部分。寻路功能需要开发者为地图实现两个 trait：`Algorithm2D` 和 `BaseMap`。让我们稍微花一点时间来多了解一下 trait，因为你很快就会编写自己的 trait（见 11.1 节）。

Rust 的官方文档中是这样定义 trait 的：

trait 告诉 Rust 编译器一个特定类型所具有的并且可以和其他类型共享的功能。trait 能够以抽象的方式定义可共享的行为。开发者可以使用 **trait** 限定（trait bound）来明确指出一个泛型参数可以是任何具有特定行为的类型。

实际上，这意味着 trait 可以在不了解程序细节的情况下，为任何满足其要求的东西提供一些功能。`GameState` 这个 trait 承诺提供一个可用的 `tick()` 函数，除此以外它不知道关于程序的任何其他信息。`Algorithm2D` 和 `BaseMap` 这两个 trait 则更进一步，它们可以在不知道地图如何运作的情况下提供和地图相关的功能。

9.1.3 映射地图

`Algorithm2D` 可以将开发者所使用的具体地图转换为 `bracket-lib` 提供的通用地图。该函数库并不能假设开发者使用了行优先（甚至是向量）的数据结构来存储地图，因此它要求开发者实现一个 trait 来把自己的游戏地图体系映射到 `bracket-lib` 提供的地图功能上。`Algorithm2D` 这个 trait 包含了以下 4 个函数。

（1）`dimensions` 提供了地图的尺寸。

（2）`in_bounds` 判断一个 x/y 坐标对是否有效，以及是否包含在地图内部。

（3）`point2d_to_index` 和之前实现的 `map_idx` 函数一样，它把 2D 的 x/y 坐标对转

换为地图中的一个索引编号。

（4）index_to_point2d 与 point2d_to_index 正好相反，给定一个地图中的索引编号，它会返回这个点的 x/y 坐标对。

要实现的函数有很多，但幸运的是，Rust 的 trait 支持**默认实现**（default implementation）。如果开发者使用了 bracket-lib 默认的地图存储体系，框架就可以自动实现除了 dimensions() 和 in_bounds() 的所有函数。

打开 map.rs 并且添加一个 dimensions() 的实现：

WinningAndLosing/gauntlet/src/map.rs

```rust
impl Algorithm2D for Map {
    fn dimensions(&self) -> Point {
        Point::new(SCREEN_WIDTH, SCREEN_HEIGHT)
    }
    fn in_bounds(&self, point: Point) -> bool {
        self.in_bounds(point)
    }
}
```

dimensions() 函数比较简单。它返回一个包含 x、y 方向上地图尺寸的 Point 类型。你在前面已经把这两个数据存储在 SCREEN_WIDTH 和 SCREEN_HEIGHT 这两个常量中了，所以这个函数只需要把这两个常量放到一个 Point 类型中然后再返回它们即可。这些信息已经足够 bracket-lib 自动派生出定义在 Algorithm2D 这个 trait 中的其他函数了，所以你不需要再去手动实现其他的函数。

9.1.4　在地图中导航

第二个 trait——BaseMap——告诉 bracket-lib 如何穿越地图。它要求开发者提供两个函数：get_avaliable_exits() 和 get_pathing_distance()。第一个函数会检查给定的图块，并且返回从这个图块向周围移动时可能的出口列表；第二个函数则用来估算任意两点之间的距离。

首先，编写一个能够判断指定图块的出口是否有效的函数，将下列代码添加到 impl Map 代码块中：

WinningAndLosing/gauntlet/src/map.rs

```rust
❶ fn valid_exit(&self, loc: Point, delta: Point) -> Option<usize> {
❷     let destination = loc + delta;
❸     if self.in_bounds(destination) {
❹         if self.can_enter_tile(destination) {
```

```
❺                let idx = self.point2d_to_index(destination);
                 Some(idx)
         } else {
❻                None
         }
     } else {
         None
     }
 }
```

❶ 这个函数的签名中接收的第一个 Point 类型参数代表玩家角色打算从哪个图块开始走动，第二个 Point 类型参数指明移动的增量（变化量）。它返回一个 Option 类型，如果 Option 是 None，则表示这个方向的走动行不通；如果返回的是 Some，则其中包含目标图块的索引编号。

❷ 把当前位置和增量相加，得到目标位置。

❸ 检查目标点是否在地图上。一定要先做这个检查，从而保证不会因为访问超出地图数组长度的元素而使程序崩溃。

❹ 通过前面定义的 can_enter_tile() 函数来判断玩家角色是否可以进入一个图块。

❺ 如果可以进入这个图块，那么通过 point2d_to_index() 来获取它对应的数组索引编号，并通过 Some(idx) 的形式返回。

❻ 如果不能进入这个图块，则返回 None。

这个函数可以快速检查起始图块和行动方向的组合是否可行。现在，你可以实现 get_available_exits() 函数了：

WinningAndLosing/gauntlet/src/map.rs

```
   impl BaseMap for Map {
       fn get_available_exits(&self, idx: usize)
❶     -> SmallVec<[(usize, f32); 10]>
   {
❷         let mut exits = SmallVec::new();
❸         let location = self.index_to_point2d(idx);
❹         if let Some(idx) = self.valid_exit(location, Point::new(-1, 0)) {
❺             exits.push((idx, 1.0))
   }
❻         if let Some(idx) = self.valid_exit(location, Point::new(1, 0)) {
               exits.push((idx, 1.0))
           }
           if let Some(idx) = self.valid_exit(location, Point::new(0, -1)) {
               exits.push((idx, 1.0))
           }
           if let Some(idx) = self.valid_exit(location, Point::new(0, 1)) {
```

```
            exits.push((idx, 1.0))
        }
❼       exits
    }
```

❶ bracket-lib 在存储图块出口列表的时候使用了优化手段。Rust 自带的 Vec 类型在某些应用场景下会显得非常浪费资源。一个图块不会有太多的出口，所以当前这个游戏引擎库使用了一个名为 SmallVec 的类型。在存储由少量数据组成的列表时，SmallVec 更高效。除非开发者发现真的需要在自己的代码中使用更小巧的向量类型，否则不用关心这些细节。

SmallVec 将一个数组作为自己的类型参数：第一个位置写的是要存储的数据类型，在这个例子中，是一个包含 usize 和 f32 的元组；第二个位置写的数字告诉 SmallVec 在退化成和普通向量一样的行为之前可以使用的内存大小。

元组中的 usize 表示图块的索引编号，f32 表示移动到目标点所需要的**代价**（cost）——默认值是 1.0。

❷ new() 函数不需要指定类型参数。Rust 有足够强大的能力，可以分析出来它的类型应该和当前函数签名中给出的类型一样，并用这个类型来定义新变量。

❸ 使用 Algorithm2D 提供的 index_to_point2d() 函数来把地图中需要检测的图块的索引编号转化为 x/y 坐标对。

❹ 使用当前图块的坐标和移动增量作为参数，调用新定义的 valid_exit() 函数，在这一行代码中，是向西边移动，对应的增量是 (-1,0)。如果返回值是一个 Some，就把这个出口添加到存储出口列表的 SmallVec 中。

❺ 将可以作为出口的图块添加到出口列表中，代价为 1.0。如果你希望导航算法可以更加倾向于特定的路径，则可以使用较小的代价，从而使得这一条路径被选中的概率更大。同样地，更大的代价会导致图块被选为下一步落脚点的概率更小。例如，穿越沼泽的成本应该比较高，而走公路的成本应该比较低。

如果要实现沿对角线走动的功能，代价就尤为重要了。在相同的移动次数下，沿对角线所行走的距离是沿水平或竖直方向直线行走距离的 1.4 倍左右。所以，以 1.0 作为代价，你会得到一条更倾向于走对角线的"最优"路径，而不是横平竖直的行走路径。

❻ 为另外 3 个出口方向（东、北、南）重复同样的处理逻辑。

❼ 以返回计算好的出口列表作为函数的结尾。

寻路中用到的另一个函数是 get_pathing_distance。许多算法会基于到达出口的剩余距离来进行优化。它们首先会尝试朝向出口最近的方向，这样的策略通常能节省很多无用的计算量。将下面这一小段函数添加到 BaseMap 的实现中：

WinningAndLosing/gauntlet/src/map.rs

```
fn get_pathing_distance(&self, idx1: usize, idx2: usize) -> f32 {
    DistanceAlg::Pythagoras
        .distance2d(
            self.index_to_point2d(idx1),
            self.index_to_point2d(idx2)
        )
}
}
```

这个函数将两个点传递给了 DistanceAlg::Pythagoras.distance2d()，返回两点之间的**毕达哥拉斯距离**（Pythagorean Distance）。DistanceAlg 是一个枚举类型，bracket-lib 也支持其他的距离算法，不过你暂时不用关心这些内容。

现在，地图已经具备了寻路的能力，并且怪兽也被打上了希望追杀玩家角色的标签，是时候创造一个更聪明的怪兽了！

9.1.5　具备热成像追踪能力的怪兽

你还需要一个系统来实现追杀玩家角色的逻辑。创建一个新文件并将其命名为 src/systems/chasing.rs，然后再一次添加下列样板化的代码：

WinningAndLosing/gauntlet/src/systems/chasing.rs

```
use crate::prelude::*;
#[system]
#[read_component(Point)]
#[read_component(ChasingPlayer)]
#[read_component(Health)]
#[read_component(Player)]
pub fn chasing(
    #[resource] map: &Map,
    ecs: &SubWorld,
    commands: &mut CommandBuffer
) {
    let mut movers = <(Entity, &Point, &ChasingPlayer)>::query();
    let mut positions = <(Entity, &Point, &Health)>::query();
    let mut player = <(&Point, &Player)>::query();
```

这个系统定义了 3 个查询。

（1）第一个查询（movers）仅查找带有 Point 位置属性和 ChasingPlayer 标签的实体。

（2）第二个查询（positions）列出所有包含 Point 和 Health 这两个组件的实体。它和随机走动系统中用来查找其他实体的查询是一样的。

（3）第三个查询（player）会找出只包含 Point 位置属性和 Player 标签的实体，并返回玩家角色的位置。

这个系统还请求对游戏地图的只读访问。

9.1.6　定位玩家角色

为了能够引导怪兽走向玩家，开发者需要先知道玩家在地图上的位置。你可以使用迭代器来开启 player 查询，并从中抽取出用于定位玩家角色的单条结果：

WinningAndLosing/gauntlet/src/systems/chasing.rs

```
let player_pos = player.iter(ecs).nth(0).unwrap().0;
let player_idx = map_idx(player_pos.x, player_pos.y);
```

此处将玩家角色的位置以及该位置对应图块的索引编号暂存起来，以备后用。在 9.1.7 节中，你会用到它们。

9.1.7　迪杰斯特拉图

艾兹格·W.迪杰斯特拉（Edsger W. Dijkstra）是现代计算机科学背后的伟大人物之一，他提出了许多驱动现代软件开发的算法和理论。他的众多发明之一是一种能够在图数据结构中可靠地找到两点之间路径的寻路算法。以这个算法为基础，又衍生出了很多其他算法。在这里，你将使用**迪杰斯特拉图**（Dijkstra map）——有时也被称为"**流图**"（flow map）。

迪杰斯特拉图的用处多到令人难以置信。无论是在人工智能领域，还是让游戏可以自己和自己博弈，都可以使用这个算法。在备受欢迎的 Rogue 风格类游戏 *Brogue* 中，游戏中的很多功能是基于这一算法实现的。你可以用迪杰斯特拉图来帮助怪兽找到玩家角色。

迪杰斯特拉图使用一个由数字组成的网格来表示地图。在网格中，开发者需要先选定一些"起始点"并将它们的数值设置为 0。地图中其他部分对应到网格中的数字被设置为一个相当大的数字，以此表示该位置不可到达。接着，扫描地图中的每一个起点，从各个起点出发，可以到达的新图块被设置为数字 1，并且将这些点作为下一轮迭代的起始点。在算法的下一次迭代中，可以到达的并且未被访问过的新图块被标记为数字 2。如此重复，直到地图上的每一个图块都具有了一个数值，这个数值可以告诉程序某一个图块距离起点有多远，如图 9-1 所示。

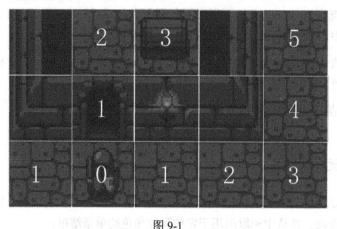

图 9-1

具备这些信息以后，程序就能以地图上的任何图块为起点，找到玩家角色所在的位置。只需要依次查看与当前位置相邻的各个图块的数值，数值最小的那个图块将指引你到达目标。如果当前的任务是逃离，那么选择数值最大的方向。

bracket-lib 提供了一套与迪杰斯特拉图相关的函数，所以开发者没有必要自己手写这些功能了。将下列代码添加到系统中，这样就可以得到一张以玩家角色为起始位置的迪杰斯特拉图。

WinningAndLosing/gauntlet/src/systems/chasing.rs

```
❶ let search_targets = vec![player_idx];
   let dijkstra_map = DijkstraMap::new(
❷     SCREEN_WIDTH,
       SCREEN_HEIGHT,
       &search_targets,
❸     map,
❹     1024.0
   );
```

❶ 创建一个包含玩家角色当前坐标的向量，将其作为起始点。

❷ 前两个参数定义了迪杰斯特拉图的尺寸。这个尺寸并不一定要与地图的实际尺寸相同，因为有些情况下，开发者可能会希望将寻路的范围限定在一个较小的区域中。

❸ map 变量本身已经是一个引用类型了（它是以 &Map 形式获取到的），所以无须再次借用。

❹ 为一个大型的地图构建迪杰斯特拉图将会比较耗时。这个算法允许开发者指定在停止计算前可以走出的最远距离。开发者需要选择一个数，这个数既要足够大，以尽可能地覆盖地图上开发者认为有价值的区域；同时这个数也要足够小，以保证算法不会运行太长的时间。1024 这个数能够覆盖地图的绝大多数区域，而且也不是太大，不会拖慢程序运行的速度。

现在，你已经构建好了一个迪杰斯特拉图，可以用它帮助怪兽猎杀玩家角色了。

9.1.8　追杀玩家角色

追杀玩家角色所需要用到的绝大多数功能可以在 7.1 节编写的随机走动系统中找到。检查是否发生重叠与实现攻击命令或者行走命令的代码是一样的。新的代码通过计算两个实体之间的距离来判断怪兽和玩家角色是否处于相邻的位置。如果怪兽处在与玩家角色相邻的位置，那么它一定会攻击玩家角色；如果二者不相邻，怪兽就会在迪杰斯特拉图的指引下走向玩家：

```
WinningAndLosing/gauntlet/src/systems/chasing.rs
❶  movers.iter(ecs).for_each(| (entity, pos, _) | {
        let idx = map_idx(pos.x, pos.y);
❷      if let Some(destination) = DijkstraMap::find_lowest_exit(
            &dijkstra_map, idx, map
        )
        {
❸          let distance = DistanceAlg::Pythagoras.distance2d(*pos, *player_pos);
❹          let destination = if distance > 1.2 {
                map.index_to_point2d(destination)
        }   else {
                *player_pos
        };
```

❶ 迭代所有具备 Chasing 标签的实体，这个追杀系统的逻辑只会应用在这些被匹配的实体上。

❷ DijkstraMap 类型包含了一个易于使用的方法，通过计算与目标点之间的最小距离来寻找出口。它会返回一个 Option 类型，所以开发者需要使用 if let 语句判断是否有出口存在。如果存在，则对其返回的结果进行处理。

❸ 使用毕达哥拉斯算法来计算与玩家之间的距离。

❹ 如果玩家距离怪兽的距离超过 1.2 个图块单位，就将目标点设置为迪杰斯特拉图搜索的结果。

这里有两件有意思的事情。

（1）浮点数可以是不精确的。它并不能保证 my_float==1.0 这样的判断条件始终符合预期，因为 my_float 可能在内部被悄悄地改成了 0.99999。在比较浮点数时，使用大于或小于作为比较条件永远是更安全的一种做法。

（2）1.2 可以保证比 1.0 大，因此在这里可以使用大于这个比较条件。同时，它也比 1.4（对角线移动的大致距离）要小，这可以保证怪兽不会在对角线的位置上发起攻击。玩家角色不能跨对角线攻击，所以也不能让怪兽跨对角线攻击，只有这样才公平。

chasing 系统剩余部分的代码和随机走动系统中使用的代码一样：

WinningAndLosing/gauntlet/src/systems/chasing.rs

```
        let mut attacked = false;
        positions
            .iter(ecs)
            .filter(|(_, target_pos, _)| **target_pos == destination)
            .for_each(|(victim, _, _)| {
                if ecs.entry_ref(*victim).unwrap().get_component::<Player>()
                    .is_ok() {
                        commands
                            .push(((), WantsToAttack{
                                attacker: *entity,
                                victim: *victim
                            }));
                }
                attacked = true;
            });
        if !attacked {
            commands
                .push(((), WantsToMove{ entity: *entity, destination }));
        }
    }
```

最后，不要忘了注册这个系统。把 mod chasing;添加到 systems/mod.rs 中，然后在 random_move 系统旁调用这个新系统：

WinningAndLosing/gauntlet/src/systems/mod.rs

```
    pub fn build_monster_scheduler() -> Schedule {
        Schedule::builder()
            .add_system(random_move::random_move_system())
➤           .add_system(chasing::chasing_system())
            .flush()
            .add_system(combat::combat_system())
            .flush()
            .add_system(movement::movement_system())
            .flush()
            .add_system(map_render::map_render_system())
            .add_system(entity_render::entity_render_system())
            .add_system(hud::hud_system())
            .add_system(end_turn::end_turn_system())
            .build()
    }
```

现在，怪兽可以猎杀玩家角色了。下面我们可以让玩家角色变得更容易被打败。

9.1.9　缩减玩家角色的生命值

打开 spawner.rs，然后缩减玩家角色的生命值，将其从 20 改到 10（当前值和最大值都要修改），使得玩家角色更容易被汹涌而来的怪兽击败。

WinningAndLosing/gauntlet/src/spawner.rs

```rust
pub fn spawn_player(ecs : &mut World, pos : Point) {
    ecs.push(
        (Player,
            pos,
            Render{
                color: ColorPair::new(WHITE, BLACK),
                glyph : to_cp437('@')
            },
            Health{ current: 10, max: 10 }
        )
    );
}
```

现在运行游戏，怪兽会像红外制导导弹一样向着玩家角色袭来，这给玩家操控角色带来了很大的挑战。虽然玩家角色仍有获胜的可能（找到一个隘口做防御，并在怪兽到来的间隙中为自己补血），但现在其死亡的概率变得非常大，因为击退成群结队的怪兽需要一些技巧，如图 9-2 所示。

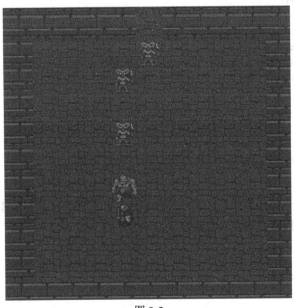

图 9-2

当怪兽最终杀死玩家角色时，游戏崩溃了。这显然不是一个结束游戏的好方式。

9.2 实现游戏结束画面

开发者需要在游戏结束时告知玩家游戏已经结束。根据开发者的喜好，这个功能既可以做得很简单，也可以做得很复杂。有一些游戏会显示关于上一局游戏的详细数据，还有一些游戏会祝玩家下次好运。游戏结束画面是一个吸引玩家并鼓励他们继续玩游戏的好机会。这个画面也应提供一条再次开始游戏的便捷途径——持续鼓励玩家参与游戏。

接下来，你需要先修复玩家角色死亡后游戏程序崩溃的问题，逐步改进游戏结束的场景。打开 systems/combat.rs 文件，你可以发现其中的逻辑会删除所有已经死亡的实体。这个逻辑也适用于玩家角色，然后当玩家角色实体不存在以后，平视显示系统在尝试获取玩家角色信息时就会引发崩溃。在这个系统的组件声明中，增加对 Player 组件的请求：

```
#[read_component(WantsToAttack)]
#[read_component(Player)]
#[write_component(Health)]
```

然后把对 victims 变量的循环迭代修改为下面的样子：

WinningAndLosing/losing/src/systems/combat.rs

```
victims.iter().for_each(|(message, victim)| {
    let is_player = ecs
        .entry_ref(*victim)
        .unwrap()
        .get_component::<Player>()
        .is_ok();
    if let Ok(mut health) = ecs
        .entry_mut(*victim)
        .unwrap()
        .get_component_mut::<Health>()
    {
health.current -= 1;
        if health.current < 1 && !is_player {
            commands.remove(*victim);
        }
```

现在，当玩家角色被击败以后，游戏不再崩溃了。接下来，你需要添加一个表示游戏结束的状态，以优雅地处理游戏结束的问题。

9.2.1 增加表示游戏结束的回合状态

游戏程序需要一种方法来知道现在是否应该显示游戏结束画面。打开 turn_state.rs，添加另一个游戏状态：

WinningAndLosing/losing/src/turn_state.rs

```
#[derive(Copy, Clone, Debug, PartialEq)]
pub enum TurnState {
    AwaitingInput,
    PlayerTurn,
    MonsterTurn,
➤   GameOver
}
```

一旦完成了这个修改，你的开发环境中可能会出现错误警告。match 语句必须涵盖所有可能的情况，或者包含一个捕获所有其他情况的_分支。这通常可以帮助你避免一些错误（没有处理的分支选项是一种代码异味），但是，因为修改了某个地方的一小段代码就导致其他地方的代码被红色高亮显示，这也是一件挺吓人的事。现在游戏程序中有两个地方需要处理游戏的回合状态：tick 函数和 end_turn 系统。下面要做的是修复 end_turn 系统。

9.2.2 检测游戏何时结束

在每一个回合结束时，游戏程序应该检查玩家角色的生命值是否已经耗尽，以及是否应该结束游戏。打开 systems/end_turn.rs，进行如下的修改：

WinningAndLosing/losing/src/systems/end_turn.rs

```
use crate::prelude::*;

#[system]
#[read_component(Health)]
#[read_component(Player)]
pub fn end_turn(
    ecs: &SubWorld,
    #[resource] turn_state: &mut TurnState
) {
❶   let mut player_hp = <&Health>::query().filter(component::<Player>());
    let current_state = turn_state.clone();
❷   let mut new_state = match current_state {
        TurnState::AwaitingInput => return,
        TurnState::PlayerTurn => TurnState::MonsterTurn,
        TurnState::MonsterTurn => TurnState::AwaitingInput,
❸       _ => current_state
    };
❹   player_hp.iter(ecs).for_each(|hp| {
        if hp.current < 1 {
            new_state = TurnState::GameOver;
        }
    });
    *turn_state = new_state;
}
```

❶ 添加一个返回实体生命值组件的查询，并通过过滤使其仅包含玩家角色。

❷ 将 new_state 设置为可变的，因为后面可能需要再作修改。

❸ 使用_作为匹配条件是一劳永逸的做法。任何没有被匹配的情况都会选择这一条分支。这里只需要原封不动地返回 current_state 即可，其他什么也不用做。

❹ 迭代玩家角色的生命值查询。如果玩家角色当前的生命值小于1，则将新的游戏回合状态设置为 GameOver。

现在，你已经修复了 end_turn 系统，下面需要让 tick() 函数渲染游戏结束画面了。

9.2.3 显示游戏结束画面

打开 main.rs，在 impl State 语句块的最后添加一个新的函数：

WinningAndLosing/losing/src/main.rs

```
    fn game_over(&mut self, ctx: &mut BTerm) {
❶       ctx.set_active_console(2);
❷       ctx.print_color_centered(2, RED, BLACK, "Your quest has ended.");
        ctx.print_color_centered(4, WHITE, BLACK,
            "Slain by a monster, your hero's journey has come to a \
            premature end.");
        ctx.print_color_centered(5, WHITE, BLACK,
            "The Amulet of Yala remains unclaimed, and your home town \
            is not saved.");
        ctx.print_color_centered(8, YELLOW, BLACK,
            "Don't worry, you can always try again with a new hero.");
        ctx.print_color_centered(9, GREEN, BLACK,
            "Press 1 to play again.");

❸       if let Some(VirtualKeyCode::Key1) = ctx.key {
❹           self.ecs = World::default();
            self.resources = Resources::default();
            let mut rng = RandomNumberGenerator::new();
            let map_builder = MapBuilder::new(&mut rng);
            spawn_player(&mut self.ecs, map_builder.player_start);
            map_builder.rooms
                .iter()
                .skip(1)
                .map(|r| r.center())
                .for_each(|pos| spawn_monster(&mut self.ecs, &mut rng, pos));
            self.resources.insert(map_builder.map);
            self.resources.insert(Camera::new(map_builder.player_start));
❺           self.resources.insert(TurnState::AwaitingInput);
        }
    }
```

❶ 切换到悬浮提示图层。开发者不会希望使用怪兽所在的图层，因为如果那样的话，字体中被替换为图形的字母会被渲染成一个个的 sprite 图案，而不是显示出字母。

❷ 使用一系列 `print_color_centered()` 函数来显示一些宣告玩家角色最终死亡的文字。

❸ 检查 1 按键是否被按下。`if let Some(_)` 的写法可以匹配除 None 以外的所有值。这里使用了一个正常游戏环节并不使用的按键，从而避免不小心跳过游戏结束画面。

❹ 创建一个全新的宇宙、世界、地图，以及其他各种资源——和启动游戏时一样，并将它们存储在游戏的状态中。

❺ 将回合状态重置为 AwaitingInput 将会重新启动游戏。开发者在下一次迭代中调用 `tick()` 函数时，整个游戏会表现得就像玩家角色从来没有死亡一样。

显示游戏结束画面的功能已经准备好了，还需要有地方调用它。在 `tick()` 函数中，将下列代码添加到处理游戏回合状态的 match 语句中：

WinningAndLosing/losing/src/main.rs

```
TurnState::GameOver => {
    self.game_over(ctx);
}
```

现在运行游戏程序，并尽力让玩家角色快点死亡。当怪兽最终杀死玩家角色时，你将看到一个如图 9-3 所示的游戏结束画面。

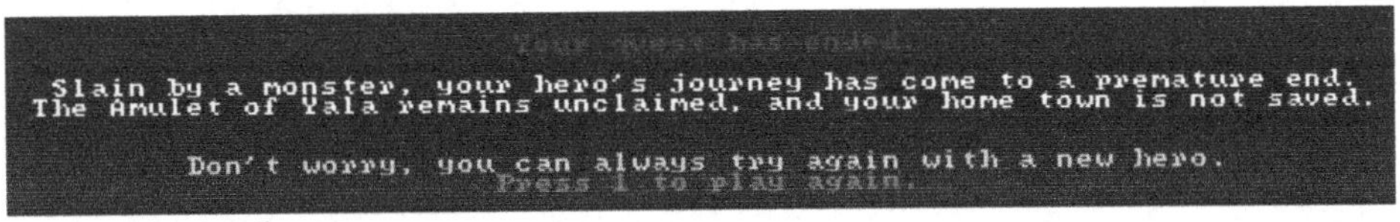

图 9-3

Dwarf Fortress 中的塔恩·"癞蛤蟆"·亚当斯（Tarn "Toady" Adams）有一句名言："失败是一件有趣的事"。也有很多人认为，获胜是同样有趣的一件事——所以，接下来要做的是把胜利选项加进来。

9.3 寻找亚拉的护身符

玩家通过捡到**亚拉的护身符**（Amulet of Yala）来赢得游戏。Yala 是 "yet another lost amulet（又一个失落的护身符）" 的缩写，这是对 Nethack（以及许多衍生故事情节）的一种戏谑。

9.3.1 构建护身符

你将需要两个新的用作标签的组件来表示护身符。

WinningAndLosing/winning/src/components.rs

```
#[derive(Clone, Copy, Debug, PartialEq)]
pub struct Item;

#[derive(Clone, Copy, Debug, PartialEq)]
pub struct AmuletOfYala;
```

Item 组件用来表示一个实体是一件物品,物品不会移动,也没有生命值,但仍然要被渲染出现在地图上。在第 13 章中,你需要增加更多与物品相关的功能。AmuletOfYala 标签表示被标记的物品是用来赢得游戏的那个物品。

护身符同样需要与其他实体共享一些组件,它需要名字、用于渲染的图形,以及在地图上的位置。打开 spawner.rs,然后添加一个函数用于产生护身符:

WinningAndLosing/winning/src/spawner.rs

```
pub fn spawn_amulet_of_yala(ecs : &mut World, pos : Point) {
    ecs.push(
        (Item, AmuletOfYala,
            pos,
            Render{
                color: ColorPair::new(WHITE, BLACK),
                glyph : to_cp437('|')
            },
            Name("Amulet of Yala".to_string())
        )
    );
}
```

和其他创建物品的函数非常相似,这个函数创建了一个具有 Item 和 AmuletOfYala 这两个标签的实体,还创建了与位置、渲染信息和名称相关的组件。护身符在 dungeonfont.png 中被定义为 | 字形。

现在你可以创建护身符了,并需要决定把它放在哪里。

9.3.2 安放护身符

开发者希望护身符应该是难以获得的,以免游戏太过简单。这就引申出了迪杰斯特拉图的另一种用法:找到地图上距离最远的一点。

打开 map_builder.rs,为 MapBuilder 类型添加第二个 Point 类型的字段,用来存储护身符的位置:

WinningAndLosing/winning/src/map_builder.rs

```
pub struct MapBuilder {
```

```
    pub map : Map,
    pub rooms : Vec<Rect>,
    pub player_start : Point,
➤   pub amulet_start : Point
}
```

你还需要在构造函数中初始化 amulet_start 变量：

WinningAndLosing/winning/src/map_builder.rs

```
pub fn new(rng: &mut RandomNumberGenerator) -> Self {

    let mut mb = MapBuilder{
        map : Map::new(),
        rooms : Vec::new(),
        player_start : Point::zero(),
➤       amulet_start : Point::zero()
    };
```

现在，你有了一个用于存放目标位置的变量，随后要计算出护身符究竟应该放在哪里。

找到 new() 函数的结尾。在返回 mb 变量之前，创建一个迪杰斯特拉图，并且以玩家角色的起始坐标作为这张图的起点：

WinningAndLosing/winning/src/map_builder.rs

```
let dijkstra_map = DijkstraMap::new(
    SCREEN_WIDTH,
    SCREEN_HEIGHT,
    &vec![mb.map.point2d_to_index(mb.player_start)],
    &mb.map,
    1024.0
);
```

这和之前创建的用来追杀玩家的迪杰斯特拉图是一样的。但不同于前面的例子，你将直接访问图的内部数据。这张图中的每个成员代表了对应图块和玩家角色之间距离的数值。开发者希望找到一个远离玩家角色的图块，以期让玩家角色穿越地下城的绝大部分区域才能取得胜利。各个图块距离玩家角色的数值被存储在 dijkstra_map.map 这个向量中，同时，每个图块的索引编号是以它们在这个向量中的位置来表示的[①]。Rust 的迭代器中有一个名为 enumerate 的函数，可以在这种场景下起到一些帮助：

WinningAndLosing/winning/src/map_builder.rs

```
❶  const UNREACHABLE : &f32 = &f32::MAX;
❷  mb.amulet_start = mb.map.index_to_point2d
```

---

① 迪杰斯特拉图里面的索引编号和地图向量的索引编号是一一对应的。——译者注

```
(
    dijkstra_map.map
        .iter()
❸       .enumerate()
❹       .filter(|(_,dist)| *dist < UNREACHABLE)
❺       .max_by(|a,b| a.1.partial_cmp(b.1).unwrap())
❻       .unwrap().0
);
```

❶ 在迪杰斯特拉图中，为了表示一个图块不可达，你可以在图块对应的位置上存储 32 位浮点数的最大值。你可以通过 std::typename::MAX 的方式来获得 Rust 中类型的最大值，在这个例子中是获取 f32 的最大值。将值存储到常量中，使代码的意图更加清晰。

❷ 用 index_to_point2d() 函数来包裹整个迭代器，从而把迭代器的结果转换成地图中的坐标。

❸ 迭代迪杰斯特拉图中存储在.map 字段中的内容。调用 enumerate 方法可以为每一个条目附带一个索引编号。到这一步，迭代器的返回值是一个包含（index, distance）的元组。

❹ filter() 函数会过滤掉所有距离等于 UNREACHABLE 的图块，从而使得迭代器仅保留下能够到达的图块。

❺ 你要找的是距离最远的图块，所以要找到数值最大的图块。普通的 max 迭代器函数不能胜任这个工作，因为迭代器的每个元素同时包含图块的索引编号和距离数值。max_by() 允许开发者指定一个闭包——这个闭包给出比较的方法。

浮点数之间并不总是能直接比较的。它们的取值可以是"无穷大（Infinity）"或者"不是一个数（Not a Number，NaN）"（例如除以 0 得到的结果）。Rust 要求开发者使用 partial_cmp() 函数（partial compare 的简写）来比较 f32 类型。这会返回一个 Option 类型的值，所以你需要调用 unwrap() 来获得结果。假使你尝试除以 0，或者尝试计数到无穷大，将会导致程序崩溃。

❻ max_by() 函数返回一个 Option 类型，如果集合是空的，那么可能没有最大值。因为知道在当前程序中永远不会发生这种情况，所以你可以调用 unwrap()，得到一个同时包含图块索引编号和玩家角色距离的元组。因为此处不需要关心具体的距离数值，所以返回.0，也就是元组中的第一个元素。

迭代器链最终会找出地图上距离玩家角色最远的（而且是玩家角色可以到达的）图块的索引编号。当游戏程序调用地图建造器的 new() 函数时，该函数会返回护身符的位置。打开 main.rs，有两处创建玩家角色的代码，在这两处代码的下面都加上创建护身符的代码：

WinningAndLosing/winning/src/main.rs

```
spawn_player(&mut self.ecs, map_builder.player_start);
spawn_amulet_of_yala(&mut self.ecs, map_builder.amulet_start);
```

注意，在两处需要修改的代码中，new()函数使用的是&mut ecs，而game_over 函数使用的是&mut self.ecs。

现在运行游戏，玩家角色可以在地下城中找到护身符了，如图 9-4 所示。

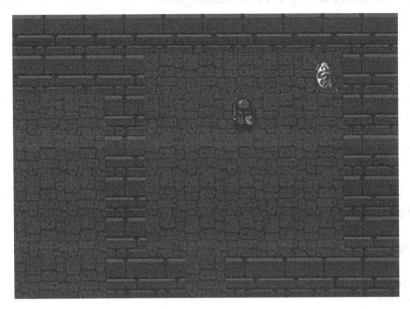

图 9-4

最后一步是要检测玩家何时捡到护身符，并在捡到护身符后恭喜他们赢得了游戏。

9.3.3 判断玩家是否胜利

你曾在 end_turn 系统中做过失败条件的检查，因此将胜利条件的判断逻辑也写在这里非常合理。

打开 turn_state.rs 文件，并向其中添加另一个回合状态：

```
WinningAndLosing/winning/src/turn_state.rs
#[derive(Copy, Clone, Debug, PartialEq)]
pub enum TurnState {
    AwaitingInput,
    PlayerTurn,
    MonsterTurn,
    GameOver,
    Victory
}
```

Victory 状态代表着玩家已经赢得了游戏。你需要更新 systems/end_turn.rs 来检测玩家是否赢得了游戏。修改玩家角色对应的查询，使之额外返回一个玩家角色的位置组件，然后新建一个查询用来获取护身符的位置信息：

WinningAndLosing/winning/src/systems/end_turn.rs

```
#[system]
#[read_component(Health)]
#[read_component(Point)]
#[read_component(Player)]
#[read_component(AmuletOfYala)]
pub fn end_turn(ecs: &SubWorld, #[resource] turn_state: &mut TurnState) {
    let mut player_hp = <(&Health, &Point)>::query()
        .filter(component::<Player>());
    let mut amulet = <&Point>::query()
        .filter(component::<AmuletOfYala>());
```

在执行玩家角色的查询之前，首先要确定护身符的位置。为了实现这个功能，你可以使用迭代器提供的 nth 方法来返回第一个结果（应该有且仅有一个护身符）：

WinningAndLosing/winning/src/systems/end_turn.rs

```
let amulet_pos = amulet
    .iter(ecs)
    .nth(0)
    .unwrap();
```

现在，你知道护身符的位置了，可以修改原来用于获取玩家角色生命值的查询，让它顺便检查一下玩家角色和护身符之间的相对位置：

WinningAndLosing/winning/src/systems/end_turn.rs

```
player_hp.iter(ecs).for_each(|(hp, pos)| {
    if hp.current < 1 {
        new_state = TurnState::GameOver;
    }
    if pos == amulet_pos {
        new_state = TurnState::Victory;
    }
});
```

当玩家角色的位置与护身符重合时，请将回合状态设置为 Victory。这代表玩家获胜，接下来要将胜利的消息告知玩家。

9.3.4　恭贺玩家取得胜利

游戏胜利以后也要重置游戏的状态，就像在游戏失败时一样。坚持"不要重复你自己（Don't

Repeat Yourself，DRY）"原则是一个好主意，所以请将重置游戏状态的功能放到一个函数里面吧。创建一个新的函数，将其作为 State 类型的一个实现函数：

不要重复你自己

对于开发者的一个常见建议是"不要重复你自己"，这就是 DRY 原则。当发现自己在重复编写一段代码时，最好将其封装为一个函数。这样，当发现缺陷时，只需要修改一个地方即可。

但有些时候，重复也是可以的。如果一些代码虽然在本质上是相同的，但是在不同的情况下可能有少许不一样的操作，那么重复编写的代码反而可能会更加清晰易懂——特别是在用一个函数来处理所有不同情况的组合从而导致函数变得混乱时。DRYUYNT（除非需要，否则不要重复你自己，Do Not Repeat Yourself Unless You Need To），这是一个不太容易记住的名字。

WinningAndLosing/winning/src/main.rs

```rust
fn reset_game_state(&mut self) {
    self.ecs = World::default();
    self.resources = Resources::default();
    let mut rng = RandomNumberGenerator::new();
    let map_builder = MapBuilder::new(&mut rng);
    spawn_player(&mut self.ecs, map_builder.player_start);
    spawn_amulet_of_yala(&mut self.ecs, map_builder.amulet_start);
    map_builder.rooms
        .iter()
        .skip(1)
        .map(|r| r.center())
        .for_each(|pos| spawn_monster(&mut self.ecs, &mut rng, pos));
    self.resources.insert(map_builder.map);
    self.resources.insert(Camera::new(map_builder.player_start));
    self.resources.insert(TurnState::AwaitingInput);
}
```

这和之前为 game_over 函数实现的代码一样。打开 game_over()函数，用新的函数调用来替换掉重复的代码：

WinningAndLosing/winning/src/main.rs

```rust
fn game_over(&mut self, ctx: &mut BTerm) {
    ctx.set_active_console(2);
    ctx.print_color_centered(2, RED, BLACK, "Your quest has ended.");
    ctx.print_color_centered(4, WHITE, BLACK,
    "Slain by a monster, your hero's journey has come to a \
        premature end.");
    ctx.print_color_centered(5, WHITE, BLACK,
    "The Amulet of Yala remains unclaimed, and your home town \
        is not saved.");
    ctx.print_color_centered(8, YELLOW, BLACK,
        "Don't worry, you can always try again with a new hero.");
```

```
    ctx.print_color_centered(9, GREEN, BLACK, "Press 1 to play \
        again.");
    if let Some(VirtualKeyCode::Key1) = ctx.key {
        self.reset_game_state();
    }
}
```

在 main.rs 中，将另一个新的函数添加到 State 的方法实现中。它和你早先编写的
game_over() 函数非常类似：

WinningAndLosing/winning/src/main.rs

```
fn victory(&mut self, ctx: &mut BTerm) {
    ctx.set_active_console(2);
    ctx.print_color_centered(2, GREEN, BLACK, "You have won!");
    ctx.print_color_centered(4, WHITE, BLACK,
    "You put on the Amulet of Yala and feel its power course through \
        your veins.");
    ctx.print_color_centered(5, WHITE, BLACK,
        "Your town is saved, and you can return to your normal life.");
    ctx.print_color_centered(7, GREEN, BLACK, "Press 1 to \
        play again.");
    if let Some(VirtualKeyCode::Key1) = ctx.key {
        self.reset_game_state();
    }
}
```

最后，在 tick() 函数对应的匹配分支中添加对这个新函数的调用：

WinningAndLosing/winning/src/main.rs

```
    TurnState::GameOver => self.game_over(ctx),
➤   TurnState::Victory => self.victory(ctx),
```

这个函数提示玩家已经取得了胜利，并邀请他们再玩一局。现在运行游戏，一旦玩家角色
找到了护身符，就取得了游戏的胜利，如图 9-5 和图 9-6 所示。

图 9-5

图 9-6

玩家找到了亚拉的护身符！恭喜，你赢了！

9.4　小结

在本章中，你让怪兽变聪明了一些——但可能太过聪明了，因为它们现在对玩家角色的位置了如指掌，能够准确无误地追捕玩家角色。不用担心，在第 10 章中，我们会对怪兽的追捕能力加以限制。

你还为玩家提供了失败的可能。在这一点上，你添加了游戏结束画面来告知玩家他们失败了，并且提供了再玩一次的机会。与此同时，你还添加了神秘的亚拉的护身符，并特意将其放在了尽可能远离玩家角色起始位置的地方。玩家角色在拿到护身符时，会得到奖励（出现奖励画面），同时也会获得再玩一次的选择。

在添加这些功能的同时，你可以掌握很多重要的概念，例如迪杰斯特拉图、寻路，以及 Rust 中 trait 的实现细节。

第 10 章　视场

在前方的黑暗中，英雄隐约看到了兽人的影子。他贴着房间的墙壁前行，希望能悄悄地溜过去——突然间，兽人转身冲了过来。眼看兽人就要追上了，英雄冲出大厅，拐进了旁边的一条小走廊并躲了起来。他这次十分幸运——兽人放弃了追击。

上述情形要求玩家和怪兽在看到对方之前，都不能知道对方的位置。怪兽仍然会追杀玩家角色，但只有当它能够看到要追杀的目标时才会这样做。玩家能够见机行事，躲开怪兽的视线并从怪兽手下逃走。在第 9 章中，各个实体实际上都是无所不知的——它们能够一下看到地图的全貌。本章要实现的新功能则要求每个实体只能知道它们所看到的东西，而且查询地图时也只能与被照亮区域内的目标交互。

对实体施加视野的限制可以为游戏引入 3 个不同维度的变化。

（1）玩家不再知道角色目前在地图中的确切位置，并且对下一个角落可能等待他的事物也知之甚少。

（2）受限的视野可以为游戏营造戏剧性的紧张氛围——任何一个角落都可能藏着可怕的怪兽。

（3）游戏将变得更具战术性，因为玩家可以选择先隐蔽起来躲开战斗，然后再自主选择出场应战。

在本章中，你将为玩家角色和怪兽添加与**视场**（Field of View）相关的组件和系统，它们会列出从当前位置可以看到的图块。随后，你将对渲染逻辑加以限制，使之仅渲染当前对玩家角色可见的范围。下一步，你将替换掉怪兽原来的类似"红外制导"的 AI 追踪逻辑——取而代之的逻辑会让怪兽仅在看到玩家角色时才会开始追杀，如果玩家角色逃出了它的视线，则怪兽停止追逐。最后，你将为玩家角色添加关于已经探索过的地图区域的记忆，并让记忆中的地图呈灰色显示。在此过程中，你还将学到 Rust 里的一种新集合类型：HashSet。

10.1　定义实体的视场

你需要通过几个步骤才能计算出怪兽和玩家角色在地图上任意一点时可以看到的图块。首先，需要指明哪些图块是透明的，哪些是不透明的。其次，需要准备好用来存储可见性数据的组件。最后，需要一个系统来运行视场相关的算法，并将计算结果存储到新的组件类型中。

10.1.1　图块的透明度

实现可见性的第一步是定义出哪些图块是透明的、哪些是不透明的。对此，bracket-lib 定义了一个名为 is_opaque 的 trait。本书中游戏的地图很简单，图块除了墙壁就是地板，因此你可以将墙定义为不透明的，将地板定义为透明（或者称之为非不透明）的。为了体现这一点，bracket-lib 要求开发者在为地图实现 BaseMap 这个 trait 时增加一个函数，即 is_opaque：

WhatCanISee/fov/src/map.rs

```
impl BaseMap for Map {
    fn is_opaque(&self, idx: usize) -> bool {
        self.tiles[idx as usize] != TileType::Floor
    }
```

不透明和阻挡不是一回事

is_blocked 和 is_opaque 给出的结果是比较相似的，但是在更复杂的游戏中，它们两个的作用并不一样。一扇关上的窗户是不透明的，同时它可以阻止实体穿过它。同样，箭缝也有阻止穿越的作用，但的确是一种从城堡内部窥探外面的绝佳方式。

一旦实现了 trait 中的函数，你就可以通过 field_of_view_set(START, radius, map reference) 这样的函数调用来向 bracket-lib 请求一个视场。这个函数的返回值是一个 HashSet，这值得我们多花一点篇幅来介绍一下。

10.1.2　用 HashSet 来整理数据

到目前为止，你用向量存储了游戏中的绝大部分数据。Rust 在 std::collections 命名空间下还提供了其他几种集合类型，其中 HashSet 很适合用来存储视场计算的结果。不同于向量，HashSet 具有以下 3 个特点。

（1）它只包含不重复的条目。若向其中添加一个重复的条目，则会替换掉之前已经存在的条目。

（2）检索一个条目的速度非常快。如果是用向量来检索数据，则需要依次检查每一个条目，但 HashSet 会使用索引来检索。

（3）添加数据的速度会比向量慢，因为除了存储这个条目，HashSet 还需要计算该条目的**哈希值**（hash），并更新索引。

HashSet 自带了很多功能，在这一章中，你只需把注意力集中在最常用的操作上。

在使用 insert 函数向 HashSet 中插入条目时，这个容器会首先计算要存储数据的哈希值。开发者可以自己指定**哈希函数**（hash function），但默认的哈希函数已经能够满足绝大多数的使用场景——它很快，而且很准确。

哈希函数的工作原理是这样的：它会先迭代输入的数据，在每一个输入的元素上进行一些数学计算，然后输出一个已知大小的哈希值（哈希值通常会比输入的数据小很多）。一个好的哈希函数能够保证当输入数据发生很微小的变化时，输出结果会产生明显改变。对于一个产生 64 比特哈希值的哈希函数而言，无论是计算一个整数的哈希值，还是计算整本《战争与和平》的哈希值，其计算出的哈希值的尺寸都是一样的。如果有人修改了《战争与和平》中的任何一个字母，那么哈希值就会改变，但它的长度仍然是 64 比特，而不是整本《战争与和平》的大小（大约 3MB）。利用这些特性，你就可以制作出非常高效的索引了：你可以在 HashSet 中存储大量的数据，但索引可保持紧凑且高效。

在向 HaseSet 中添加条目时（使用 insert 函数），首先要做的是计算新条目的哈希值。如果集合中没有任何条目的哈希值与它相同，那么这个条目就被插入集合中，并且更新集合的索引使之包含这个新哈希值。如果集合中已有这个哈希值，那么新的条目会替换掉旧的条目。为 HashSet 添加条目的内部过程如图 10-1 所示。

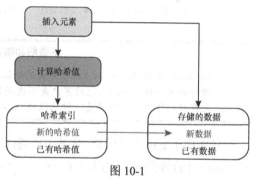

图 10-1

现在你已经知道什么是 HashSet 了，下面可以添加一个新的组件，并用它来存储图块的可见性信息。

10.1.3　用组件来存储可见图块的集合

你应该对接下来的步骤很熟悉了：如果要为实体添加新的功能，就添加一个组件，以存储系统所需的数据。打开 components.rs，从 std::collections 中导入 HashSet：

WhatCanISee/fov/src/components.rs

```
use std::collections::HashSet;
```

现在 Rust 已经知道去哪里寻找 HashSet 的定义了，接下来你可以在模块的其余地方使用它。添加一个新的名为 FieldOfView 的组件：

WhatCanISee/fov/src/components.rs

❶ #[derive(Clone, Debug, PartialEq)]

```
     pub struct FieldOfView{
❷        pub visible_tiles : HashSet<Point>,
❸        pub radius: i32,
❹        pub is_dirty: bool
     }
```

这个组件包含了一些新的功能和概念。

❶ 此处没有派生 Copy 功能，这是因为 HashSet 类型没有实现 Copy，所以开发者也不能自动派生 Copy 功能。对于一个组件来说，这几乎不会带来什么影响——通常情况下，开发者只是原地访问它，而不是把它四处移动。但是，如果开发者尝试把一个已经存在的 FIeldOfView 类型变量赋值给另一个新变量（例如 let my_comp = old_comp;），那么原有组件中的数据就会被移动（move）。old_comp 变量中的内容将会变为无效，原来的数据将会只存在于 my_comp 变量中。如果开发者在数据移动以后仍然尝试访问原来的数据，那么编译器和 Clippy 都会给出警告。

❷ 组件类型可以包含其他的复杂类型。我们之前用到的组件都尽力保持简洁，但构成组件的结构体和任何普通结构体一样——开发者可以在里面存储任何想要的东西。在这个例子中，你为组件添加了一个 HashSet，用来存放实体在地图上可以看到的位置。

❸ radius 字段定义了实体在每个方向上可以看到多少个图块。

❹ 生成**可视图**（visibility graph）是一项耗时的工作，因此你应该仅仅在必要的时候再去重新计算它们。常用的做法是在数据需要更新时，将其标记为"脏数据"。在本节中，你将学习如何实现这种优化模式。

组件就是普通的结构体，因此没必要担心其背后另有"玄机"。组件可以实现或者关联一些函数，并且可以持有复杂的数据（例如可以包含其他的子结构体）。一旦某个结构体过于复杂，开发者需要努力思考"如何才能初始化它"，就应该为它添加一个构造函数了。此外，你需要快速复制出一个视场组件，因此需要添加两个函数：

WhatCanISee/fov/src/components.rs

```
  impl FieldOfView {
    pub fn new(radius: i32) -> Self {
        Self{
❶            visible_tiles: HashSet::new(),
             radius,
❷            is_dirty: true
        }
    }
❸    pub fn clone_dirty(&self) -> Self {
        Self {
            visible_tiles: HashSet::new(),
            radius: self.radius,
```

```
                is_dirty: true,
            }
        }
    }
```

❶ 使用 new() 来创建一个空的 HashSet，就像创建向量一样。

❷ 将新的视场数据标记为脏数据——这样它就会在与之相关的系统第一次运行时被更新。

❸ 稍后，你需要为这个类型的组件创建多个副本，并给新复制出的组件设置脏标记。由于开发者并不需要已经无效的视场数据，因此会新建一个 HashSet，并且将 dirty 设置为 true。

你将在 10.1.7 节中使用 clone_dirty 函数。虽然你也可以把这一段代码直接嵌入真正要进行复制的地方，但是将其抽离为一个函数可以更清晰地表明代码的意图。

> **脏数据**
>
> 将需要更新的数据称为 "脏数据" 是一种习惯说法，在缓存系统、渲染系统以及其他很多地方都能遇到。有些情况下，计算过程足够快，因此你可以在需要数据的时候现场计算。但如果计算过程比较慢，比较好的做法是只在输入数据发生改变时才更新计算结果。你可以在互联网上找到很多与脏数据有关的算法，虽然算法的名字可能听起来不太好，但它们通常都是可以放心使用的。

现在，组件已经定义好了。打开 spawner.rs，将组件添加到玩家角色的创建函数中：

WhatCanISee/fov/src/spawner.rs

```
pub fn spawn_player(ecs : &mut World, pos : Point) {
    ecs.push(
        (Player,
            pos,
            Render{
                color: ColorPair::new(WHITE, BLACK),
                glyph : to_cp437('@')
            },
            Health{ current: 10, max: 10 },
➤           FieldOfView::new(8)
        )
    );
}
```

现在，玩家角色已经能够存储一系列可见的图块了。除此之外，你需要让怪兽也拥有视场，所以将 FieldOfView 组件也添加到它们的创建函数中：

WhatCanISee/fov/src/spawner.rs

```
ecs.push(
    (Enemy,
        pos,
```

```
    Render{
        color: ColorPair::new(WHITE, BLACK),
        glyph,
    },
    ChasingPlayer{},
    Health{current: hp, max: hp},
    Name(name),
    FieldOfView::new(6)
    )
);
```

现在，你已经有了用于存储视场的组件，接下来需要创建一个系统来填充组件里的数据。

10.1.4　计算视场

这个世界上有各种各样不同的视场算法实现可供选择，它们针对不同的游戏进行专门的优化。bracket-lib 内置了一个比较简单的、基于**路径追踪**（path tracing）的实现。它的工作原理是在起点周围绘制一个想象出来的圆形，然后从起点出发，向圆形轮廓所经过的每一个图块引出一条直线。直线遇到的每一个图块都被认为是可见的，如果直线遇到了一个不透明的图块，这条直线的绘制就结束了，如图 10-2 所示。

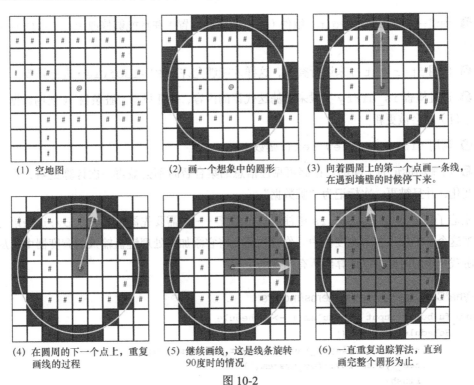

(1) 空地图　　(2) 画一个想象中的圆形　　(3) 向着圆周上的第一个点画一条线，在遇到墙壁的时候停下来。

(4) 在圆周的下一个点上，重复画线的过程　　(5) 继续画线，这是线条旋转90度时的情况　　(6) 一直重复追踪算法，直到画完整个圆形为止

图 10-2

你需要创建一个系统来实现与视场计算相关的算法，该系统与 FieldOfView 组件搭配使用。创建一个新的名为 systems/fov.rs 的文件，并写入下列代码：

WhatCanISee/fov/src/systems/fov.rs

```
use crate::prelude::*;
#[system]
#[read_component(Point)]
#[write_component(FieldOfView)]
pub fn fov(
    ecs: &mut SubWorld,
    #[resource] map: &Map,
) {
❶  let mut views = <(&Point, &mut FieldOfView)>::query();
    views
❷      .iter_mut(ecs)
❸      .filter(|(_, fov)| fov.is_dirty)
        .for_each(|(pos, mut fov)| {
❹          fov.visible_tiles = field_of_view_set(*pos, fov.radius, map);
❺          fov.is_dirty = false;
        }
    );
}
```

❶ 创建一个能够读取 Point 组件（代表实体的位置）并且能够修改 FieldOfView 组件的查询。

❷ 使用 iter_mut() 来运行查询，这样才能够允许对 FieldOfView 进行修改。

❸ 通过检查 is_dirty 字段来过滤迭代器的内容，保证只有"脏条目"（视场数据需要更新的条目）才会被更新。

❹ 调用 field_of_view_set() 函数。

❺ 将视场标记为干净的。存储可见性信息的集合暂时不会被再一次计算更新，除非它发生了变化，并且被再一次标记为"脏数据"。

别忘了在 systems/mod.rs 中注册这个系统——你需要先添加 mod fov;这条语句，然后再把这个系统加入各个调度器中。你首先需要将它添加到处理键盘输入的调度器中（从而保证在游戏开始的时候可以计算出所有的视场）：

WhatCanISee/fov/src/systems/mod.rs

```
pub fn build_input_scheduler() -> Schedule {
    Schedule::builder()
        .add_system(player_input::player_input_system())
        .add_system(fov::fov_system())
        .flush()
```

视场系统也需要包含在玩家角色的调度器中：

WhatCanISee/fov/src/systems/mod.rs

```
pub fn build_player_scheduler() -> Schedule {
    Schedule::builder()
        .add_system(combat::combat_system())
        .flush()
        .add_system(movement::movement_system())
        .flush()
        .add_system(fov::fov_system())
        .flush()
```

最后，将系统添加到怪兽的调度器中：

WhatCanISee/fov/src/systems/mod.rs

```
pub fn build_monster_scheduler() -> Schedule {
    Schedule::builder()
        .add_system(random_move::random_move_system())
        .add_system(chasing::chasing_system())
        .flush()
        .add_system(combat::combat_system())
        .flush()
        .add_system(movement::movement_system())
        .flush()
        .add_system(fov::fov_system())
        .flush()
```

以上这些修改可以为每一个有视场限制需求的实体添加视场限制。你现在已经有了与视场相关的数据，是时候在渲染代码中使用这些数据了。

10.1.5 渲染视场

为了将地图渲染的区域限制为当前玩家角色可见的区域，你需要稍微调整当前的地图渲染函数。打开 systems/map_render.rs。首先要做的是修改系统的定义，使之具有获取玩家角色的视场信息的权限：

WhatCanISee/fov/src/systems/map_render.rs

```
#[system]
#[read_component(FieldOfView)]
#[read_component(Player)]
pub fn map_render(
    ecs: &SubWorld,
    #[resource] map: &Map,
    #[resource] camera:&Camera
```

```
  ) {
❶      let mut fov = <&FieldOfView>::query().filter(component::<Player>());
```

❶ 创建一个读取 FieldOfVIew 的查询，然后用过滤器使之仅包含玩家角色的信息。

在开始迭代要渲染的图块之前，先添加一行代码，用于获取玩家角色的视场：

WhatCanISee/fov/src/systems/map_render.rs
```
let player_fov = fov.iter(ecs).nth(0).unwrap();
```

这里采用 nth 和 unwrap 组合使用的模式，和之前 8.2.2 节使用的模式一样。使用这个模式来运行查询，查询被过滤到只剩玩家角色这一个结果，然后将这个结果中包含的视场信息抽取出来。

找到 if map.inbound... 这一行，然后扩展它的判断条件，使它能够检查图块是否在玩家角色的视场之中：

WhatCanISee/fov/src/systems/map_render.rs
```
if map.in_bounds(pt) && player_fov.visible_tiles.contains(&pt) {
```

HashSet 实现了一个名为 contains 的函数，它可以快速检测一个值是否包含在集合中。通过将图块的位置在可见图块集合中进行比较，你可以快速判断一个图块是否对玩家可见。仅当图块可见时渲染这个图块。

如果现在运行游戏，你只能看到玩家角色周边有限的范围——但是怪兽仍然是可见的。此外，可见区域并不会跟着玩家角色移动，如图 10-3 所示。

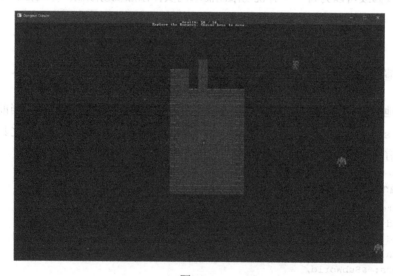

图 10-3

现在，玩家角色已经看不到视野之外的地图了，接下来要做的是把视野之外的怪兽也隐藏掉。

10.1.6 隐藏实体

打开 `systems/entity_render.rs`。接下来，你将进行一个和前面调整地图渲染逻辑非常相似的改动。首先给系统增加和前面一模一样的可见性查询：

WhatCanISee/fov/src/systems/entity_render.rs

```
#[system]
#[read_component(Point)]
#[read_component(Render)]
#[read_component(FieldOfView)]
#[read_component(Player)]
pub fn entity_render(
    #[resource] camera: &Camera,
    ecs: &SubWorld,
) {
    let mut renderables = <(&Point, &Render)>::query();
➤   let mut fov = <&FieldOfView>::query().filter(component::<Player>());
```

然后，使用和前面一样的方法来获取玩家角色的视场信息，用它来进行过滤，使得只有可见的实体被渲染出来：

WhatCanISee/fov/src/systems/entity_render.rs

```
    let player_fov = fov.iter(ecs).nth(0).unwrap();
    renderables.
        iter(ecs)
➤       .filter(|(pos, _)| player_fov.visible_tiles.contains(&pos))
        .for_each(|(pos, render)| {
            draw_batch.set(
                *pos - offset,
                render.color,
                render.glyph
            );
        }
    );
```

这一个微小的改动就足以将玩家角色视场之外的实体隐藏起来。如果多玩一会儿游戏，你会注意到玩家仍然可以通过鼠标搜索出隐藏的怪兽——当鼠标指针悬停在隐藏的怪兽上时，玩家还能看到显示名字的悬浮提示。可以使用同样的代码来修复这个问题。打开 `systems/tooltips.rs`，首先还是添加和之前一样的查询：

WhatCanISee/fov/src/systems/tooltips.rs

```
#[system]
#[read_component(Point)]
```

```
    #[read_component(Name)]
➤   #[read_component(FieldOfView)]
➤   #[read_component(Player)]
    pub fn tooltips(
        ecs: &SubWorld,
        #[resource] mouse_pos: &Point,
        #[resource] camera: &Camera
    ) {
        let mut positions = <(Entity, &Point, &Name)>::query();
➤       let mut fov = <&FieldOfView>::query().filter(component::<Player>());
```

调整 filter 函数调用，使之检查鼠标的位置是否与实体位置匹配，同时也检查对应图块
位置的可见性：

WhatCanISee/fov/src/systems/tooltips.rs

```
    let player_fov = fov.iter(ecs).nth(0).unwrap();
    positions
        .iter(ecs)
➤       .filter(|(_, pos, _)|
➤           **pos == map_pos && player_fov.visible_tiles.contains(&pos)
➤       )
```

这段代码可以对实体的位置列表进行过滤。满足条件的实体既要位于当前鼠标所在的位
置，又要在玩家角色的视野范围内。

10.1.7　更新视场

在玩家角色移动时，对应的可见区域应该同时更新。同样，每个怪兽的可见区域也应该在
它们移动的时候更新。开发者不希望给没有移动的实体更新视场，因为这会浪费处理器的时间。
好消息是 movement 系统已经通过 dirty 字段存储了实体是否发生过移动的标记。打开
systems/movement.rs，然后添加一个查询到系统的头部：

WhatCanISee/fov/src/systems/movement.rs

```
    #[system(for_each)]
    #[read_component(Player)]
❶   #[read_component(FieldOfView)]
    pub fn movement(
```

❶ 用于创建新的读取 FieldOfView 的查询。

添加一个和之前用来判断一个实体是否为玩家角色类似的判断条件，只不过这次要判断的
是一个实体是否包含 FieldOfView 组件：

WhatCanISee/fov/src/systems/movement.rs

```
❶  if let Ok(entry) = ecs.entry_ref(want_move.entity) {
        if let Ok(fov) = entry.get_component::<FieldOfView>() {
❷          commands.add_component(want_move.entity, fov.clone_dirty());
        }
        if entry.get_component::<Player>().is_ok()
        {
            camera.on_player_move(want_move.destination);
        }
    }
```

❶ 使用 if let 判断目标实体是否有效，如果有效，则将其放到 entry 变量中。

❷ 如果目标实体有效，则使用另一个 if let 语句来检查该实体是否包含有效的 FieldOfView 组件。如果包含，则通过命令列表将原来的可见区域的集合替换为其副本，同时把副本的 dirty 标记设置为 true。

现在运行游戏，你可以看到视场被限制在了玩家角色的周围。玩家看不到隐藏起来的怪兽，而且可见区域会随着玩家角色的走动而更新。但是如果在原地等待几个回合，就会发现具备红外制导能力的怪兽仍然会给玩家角色带来严峻的挑战。让我们修复这个问题。

10.2 限制怪兽的视场

可以让怪兽只有在看到目标时才进行追杀，以此来显著提升游戏的可玩性。这样做可以引入新的战术——如果玩家角色能够逃出怪兽的视线，就不会再受到追杀，还能消除"只要在原地等待足够长的时间，就能消灭关卡中所有敌人"这样的确定性玩法，并能为游戏增加一些不确定性——玩家并不知道下一个转角处会出现什么。

幸运的是，你已经完成了大多数的困难工作：怪兽和玩家角色一样，也具有 FieldOfView 组件。通过实现具有泛化能力的系统，限制视野的游戏机制可以被应用到任何具有 FieldOfView 组件的实体上。你也了解了如何用 contains 来判断一个图块在给定的集合中是否可见。

打开 systems/chasing.rs。你需要修改其中的第一个查询，使之包含实体的视场信息：

WhatCanISee/eyesight/src/systems/chasing.rs

```
    #[system]
    #[read_component(Point)]
    #[read_component(ChasingPlayer)]
➤   #[read_component(FieldOfView)]
    #[read_component(Health)]
    #[read_component(Player)]
    pub fn chasing(
```

```
        #[resource] map: &Map,
        ecs: &SubWorld,
        commands: &mut CommandBuffer
    ) {
➤       let mut movers= <(Entity, &Point, &ChasingPlayer, &FieldOfView)>::query();
        let mut positions = <(Entity, &Point, &Health)>::query();
        let mut player = <(&Point, &Player)>::query();
```

现在已经可以确定玩家角色的位置，再结合怪兽的 FieldOfView 组件，你就能掌握判断怪兽是否能够看到玩家角色所需要的全部数据了。将查询迭代器修改如下：

WhatCanISee/eyesight/src/systems/chasing.rs
```
movers.iter(ecs).for_each(| (entity, pos, _, fov) | {
  if !fov.visible_tiles.contains(&player_pos) {
    return;
  }
```

对每一个实体，这个系统会检查当前实体的视场是否包含玩家角色的位置。如果玩家角色不在视场中，就调用 return。你曾使用 return 语句为函数返回一个值。实际上，你也可以使用 return 语句来跳出一个函数——当在函数中间调用它时，会立即退出这个函数。

如果怪兽看不见玩家，那么怪兽什么也不会做；如果它能看到玩家，就会和之前一样追杀玩家。

现在运行游戏，你会发现玩家角色不会再像以前那样被怪兽包围，相反，怪兽会在原地等待，并且在玩家角色靠近时才开始追杀，如图 10-4 所示。

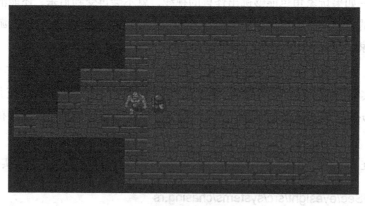

图 10-4

你可能注意到了，怪兽的视场半径要比玩家角色的视场半径小。这是有意为之的——玩家可以比怪兽提前一个回合看到对方，这可以让玩家角色有机会后退。

随着后续更多怪兽类型的加入，你的工具箱里又会多出来一件工具，用来为不同的怪兽指定或好或坏的视力。

10.3　添加空间记忆

无论探险家是在穿越弥诺陶洛斯迷宫时边走边放松线轴[①]，还是一边探索一边草草绘制地图，让探险家能够记住他们所去过的地方是一个很合理的需求。这还可以给玩家提供非常有价值的线索，告诉他们地下城的哪些部分还没有探索过，从而减轻玩家的挫败感。在本节中，你将为玩家角色添加它们曾经去过的地方的记忆，同时学习如何渲染曾经去过但当前不可见的区域。

10.3.1　逐步揭示地图

打开 map.rs，添加一个新的名为 revealed_tiles 的向量，它包含了每个图块是否已经被揭示出来的状态。如果玩家角色看到过某个图块，那么该图块编号在 revealed_tiles 向量中对应的位置就会被置为 true；如果还没有看到，就保留为 false。创建一个新的向量，并将其全部成员设置为 false：

WhatCanISee/memory/src/map.rs

```rust
pub struct Map {
    pub tiles: Vec<TileType>,
    pub revealed_tiles: Vec<bool>
}
impl Map {
    pub fn new() -> Self {
        Self {
            tiles: vec![TileType::Floor; NUM_TILES],
            revealed_tiles: vec![false; NUM_TILES]
        }
    }
}
```

把结构体放在数组中，还是把数组放在结构体中

一个在游戏开发者社区经常被争论的问题是：应该把关于一个图块的所有维度的信息放到一个结构体中，然后用一个数组或向量来存储整个地图；还是应该将图块不同维度的信息放到不同的数组容器中。

 这两种观点都有很好的论据支撑。将数据聚集到一起便于开发者思考——所有要用到的信息都在一起。如果要在代码的不同位置使用不同的数据（就像存储地图中已揭示区域那样），则将数据分开存储通常会更有优势。区分维度独立存储的方式还会带来一些性能上的优势。CPU 的缓存中通常可以完整地容纳下由 bool 类型组成的数组。从缓存访问数据非常快，可供开发者轻松地为游戏带来性能提升。

现在，你有地方用来存储玩家角色关于地图的记忆了，下面需要做的是为 revealed_tiles 向量填充有价值的记忆。

[①] 希腊神话中的典故，通过线轴拉出一条连接到出口的线，从而避免在迷宫中迷路。——译者注

10.3.2 更新地图

当玩家角色行走时，你需要更新 revealed_tiles 列表。可以直接把每一个可见图块的对应项设置为 true。因为你不会在游戏中清空这个列表，所以这是一个逐渐累积的过程——随着玩家的走动，越来越多的地图区域显现出来。这个逻辑可以通过再次对 movement 系统进行简单的修改来实现。打开 systems/movement.rs 文件，然后对 movement 函数做以下修改：

```
WhatCanISee/memory/src/systems/movement.rs
    if let Ok(entry) = ecs.entry_ref(want_move.entity) {
        if let Ok(fov) = entry.get_component::<FieldOfView>() {
            commands.add_component(want_move.entity, fov.clone_dirty());

❶          if entry.get_component::<Player>().is_ok()
            {
                camera.on_player_move(want_move.destination);
❷              fov.visible_tiles.iter().for_each(|pos| {
                    map.revealed_tiles[map_idx(pos.x, pos.y)] = true;
                });
            }
        }
    }
```

❶ 这里调整了代码的顺序，这样做是为了在检查实体是否为玩家角色的判断逻辑中，可以使用外层 if let 语句获取到的视场信息。

❷ 对于处在玩家可见区域列表中的每一个图块，设置 revealed_tiles 里面对应的条目为 true。注意，这里并没有每次都清空 revealed_tiles 变量，因此每次执行的效果是叠加的，从而使得玩家能够在探索的过程中逐渐看到整个地图。

你还需要在函数的签名中通过添加一个 mut 关键字将 map 改为可变的，即 #[resource] map: &mut Map。

现在，你能知道玩家角色去过哪里，下一步需要调整地图的渲染逻辑，以展现玩家角色记忆中的地图。

10.3.3 渲染记忆中的地图

打开 systems/map_render.rs。通过调整代码的顺序，你可以判断一个图块是否已经被探索过但是当前不可见，进而用不同的形式将它们渲染出来。

```
WhatCanISee/memory/src/systems/map_render.rs
    let idx = map_idx(x, y);
```

```
     if map.in_bounds(pt) && (player_fov.visible_tiles.contains(&pt)
❶       | map.revealed_tiles[idx]) {
❷       let tint = if player_fov.visible_tiles.contains(&pt) {
            WHITE
        } else {
            DARK_GRAY
        };
        match map.tiles[idx] {
            TileType::Floor => {
                draw_batch.set(
                    pt - offset,
                    ColorPair::new(
❸                       tint,
                        BLACK
                    ),
                    to_cp437('.')
                );
            }
            TileType::Wall => {
                draw_batch.set(
                    pt - offset,
                    ColorPair::new(
                        tint,
                        BLACK
                    ),
                    to_cp437('#')
                );
            }
        }
    }
```

❶ 如果当前图块是有效的，并且是在玩家角色的视场内，或者是在玩家角色的记忆中，就执行它的渲染逻辑。可以使用括号来组合 && 和 |（与逻辑和或逻辑），从而形成更复杂的条件[①]。

❷ 如果玩家当前可以看到图块（因为它在玩家角色的 visible_tiles 列表中），则将 tint 设置为 WHITE，否则将 tint 设置为 DARK_GREY。

❸ bracket-lib 在渲染字符时，会把 sprite（字体图案）的颜色和指定的 tint 相乘。与 WHITE 相乘不会改变任何东西，与 DARK_GREY 相乘则会减小颜色的红、绿、蓝分量，从而显示出一个更暗的图块。

现在运行游戏，你可以观察到之前访问过的区域是如何变暗的，如图 10-5 所示。

---

① 此处使用的单一竖线符号（|）而不是双竖线符号（||），前者表示按位或（Bitwise OR），后者表示逻辑或（logical OR）。由于此处参与逻辑运算的两侧是 bool 类型，因此使用两种写法都可以。但从一致性上考虑，译者认为此处应该使用双竖线表示逻辑或运算。——译者注

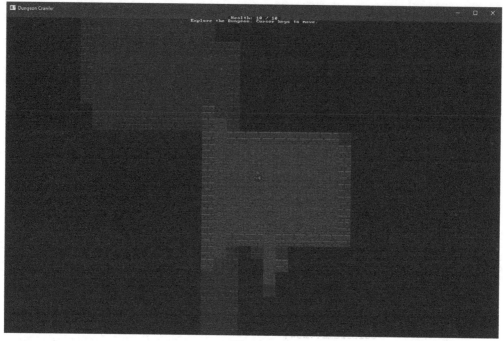

图 10-5

10.3.4 视场的其他用途

视场系统是一个非常厉害的工具。你可以把视场的核心思想应用到很多不同的场景下,从而实现具有独自特色的游戏。下面是一些值得思考的想法。

● 现在你已经知道如何检查两点之间视线是否可以通过了。如果希望实现远距离战斗的功能,它可以帮你解决最困难的问题之一:判断射手是否能够看到目标。

● 如果想实现战争迷雾的效果,则可以计算两个大小不一样的视场,然后为每一个视场采取不同的渲染效果。

● 可以添加能够改变玩家可见区域大小的物品,例如魔法眼镜或者夜视仪。

● 在使用渲染着色系统时,不一定要为某些区域使用灰色。绿色的着色可以呈现夜视仪的效果,在一个充满悬念的"杀虫"游戏中,红色可能代表着热信号。你可以充分发挥想象力。

● 可以引入魔法地图卷轴之类的物品,玩家角色捡到它可以得到奖励,例如看到整个地图。

● 爆炸通常会影响到爆炸中心周围的一切。以爆炸点为中心计算一个可见区域集合,这样就可以得到一个会被爆炸影响到的所有目标的列表。

10.4 小结

在本章中，你为玩家和怪兽实现了视场限制。你将地图渲染的区域限制为玩家角色可以看到的区域，并且限制怪兽只有在看到玩家角色的时候才能进行追杀。这增强了游戏的战略性，使得逃跑和躲藏成了玩家的可选项。你还为玩家角色添加了对之前探索过的区域的记忆，并了解了如何使用不同的颜色来为渲染结果**着色**（tint）。

在第 11 章中，你将通过进一步提高生成怪兽的随机性来增加游戏难度。然后，你会把新的怪兽和新的地图生成算法相结合，从而创作出一个在战术上更具多样性的游戏。你还会了解到如何为地图设置主题风格，从而改变地下城的外观以及带给玩家的感觉。

第 11 章　更具可玩性的地下城

　　这是英雄第 20 次进入地下城去寻找神话中的亚拉的护身符。不出所料，玩家和英雄都感到很无聊。在对游戏的绝望之中，英雄生气地大喊道："我就知道！每一个地下城都是一堆矩形的房间和弯弯曲曲的走廊！"

　　到目前为止，所有地下城都使用了你在第 5 章中编写的基于房间的地图生成系统。这个系统可以正常运行，但它所生成的地图是完全可预测的，甚至可以说是无聊的。那么，如何才能生成一张地图，使得玩家能够在里面探索布局错综复杂的城市或者幽暗的森林呢？实际上，在游戏开发中有一个很大的领域，叫作**程序化生成**（procedural generation），该领域的研究内容就是如何用算法来生成这些令人兴奋的环境。游戏开发者们从 20 世纪 80 年代就开始研究并使用这些算法了。

　　使用不同的程序化生成算法可以为游戏引入多样性。地图中有些房间和走廊看起来是精心设计过的，这意味着算法的背后有人为的干预。还有一些算法可以生成看起来很自然的地图。地图的多样性可以让玩家保持对游戏的兴趣。

　　在本章中，你将学习如何通过 trait 来把之前基于房间的地图建造器轻松地替换为其他地图建造器，会学习两种更流行的地图生成算法——元胞自动机（Cellular Automata）和醉鬼的脚步（Drunkard's Walk），还会学习如何在没有明显房间边界的情况下放置怪兽。最后，你还会学到如何手工设计一部分（或者全部）地图并将这些地图数据存储起来，从而使它能够与计算机生成的地图融合在一起。

11.1　创建 trait

　　你在前面的章节中多次用到了 trait。你在 9.1.2 节中实现 BaseMap 和 Algorithm2D 时，已经用过了有关的 trait。现在，是时候自己编写一个 trait 来了解它是如何工作的了。

　　trait 提供了一个接口，并且表述了 trait 的使用者必须实现的函数。trait 也可以指定一些约束，从而保证尝试实现 trait 的类型和它们的预期用途相符。

　　trait 非常强大，特别是在团队工作中或者发布一个软件库的时候。通过要求 trait 的所有使用者提供一个已知的接口，开发者可以在不修改 trait 调用者的任何代码的情况下，流畅地切换到不同的 trait 实现上。你将把地图的构建功能抽象为一个 trait，并用它来发现一些设计地图的算法。这将为你带来可互换性的地图建造器，以便能添加更多地图建造器，或者改变地图的设计。

接下来，你要做的第一步是把 map_builder 模块转换为一个支持子模块的基于目录的模块。相比把所有地图建造器塞进一个 map_builder.rs 文件，将它们分散到不同的模块中会使得翻阅每个建造器的代码更容易。

11.1.1　拆分地图建造器

map_builder.rs 是一个单文件模块。随着新的地图架构不断加入，如果能让每一位架构"稳居"在它们各自的文件中，那么追踪维护它们就会更容易些。这里使用和 systems 模块类似的策略。将一个基于文件的模块转换为基于目录的模块需要 3 个步骤。

（1）创建一个和现有模块同名的目录，目录的名字里不要包含原来模块文件的扩展名。本例中就是创建 src/map_builder 这个目录。

（2）在新的目录中，创建一个名为 mod.rs 的文件，然后把原有模块（map_builder.rs）中的所有内容复制到新建的 mod.rs 中。

（3）删除老的 map_builder.rs 文件。

遵循上面的步骤，你就把 map_builder 模块从单一的文件转换成了一个目录，如图 11-1 所示。

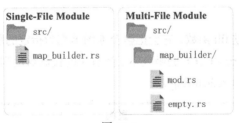

图 11-1

游戏还是会像之前一样正常运行，但是你现在有了一个可以插入各种和 map_builder 相关的子模块的目录。

下面你需要把基于房间的建造器拆分为可复用的 trait。

11.1.2　用 MapBuilder 来提供地图建造服务

MapArchitect 这个 trait 的所有实现类型都会返回一个 MapBuilder 类型的变量。这就使得开发者可以把一些常用的代码放到 MapBuilder 里面，从而简化这些 trait 实现类型的工作。

MapBuilder 已经包含了一些用于创建房间的代码，可以把它们留在原地。但是，你需要为其添加两个常用的函数：fill 和 find_most_distant。你曾在房间建造器中用过这两个函数。打开 map_builder/mod.rs，在其中实现这两个函数的通用版本：

MoreInterestingDungeons/trait/src/map_builder/mod.rs

```
fn fill(&mut self, tile : TileType) {
    self.map.tiles.iter_mut().for_each(|t| *t = tile);
}
fn find_most_distant(&self) -> Point {
    let dijkstra_map = DijkstraMap::new(
        SCREEN_WIDTH,
        SCREEN_HEIGHT,
        &vec![self.map.point2d_to_index(self.player_start)],
        &self.map,
        1024.0
    );
    const UNREACHABLE : &f32 = &f32::MAX;
    self.map.index_to_point2d
    (
        dijkstra_map.map
            .iter()
            .enumerate()
            .filter(|(_,dist)| *dist < UNREACHABLE)
            .max_by(|a,b| a.1.partial_cmp(b.1).unwrap())
            .unwrap().0
    )
}
```

你在 5.5.2 节中编写过 fill 函数，它会把整个地图填充为指定的图块类型。此外，你在 9.3.2 节中编写过 find_most_distant 的函数体。把有用的代码移动到函数中是一个很好的主意，这个整理过程被称为**重构**（refactoring）。

重构

随着程序变得越来越复杂，开发者经常会发现有些功能被重复实现了多次，或者发现可以优化程序的结构。通过重新组织代码来解决这些问题的过程被称为重构。重构背后的核心思想是：为了使用新的程序结构，开发者可以进行任何形式的语法改动，但必须保证修改后的程序的运行效果要和修改之前的程序一模一样。这可能从表面上看起来像是花费了很多精力却没有得到明显的收益，但如果它可以使得开发者在休息一段时间之后再次看到代码时，还能明白代码是如何运行的，那就足够了。

11.1.3　定义代表架构的 trait

在 map_builder/mod.rs 靠上的位置（紧挨着 use 语句的下方），定义一个新的 trait：

MoreInterestingDungeons/trait/src/map_builder/mod.rs

```
❶  trait MapArchitect {
❷      fn new(&mut self, rng: &mut RandomNumberGenerator) -> MapBuilder;
    }
```

❶ trait 的定义和结构体的定义是类似的。以 trait 关键字作为开头，后面跟着的是 trait 的名字。Rust 建议为 trait 的名字使用**驼峰命名法**（CamelCase）。如果需要把一个 trait 导出给程序的其他部分使用，则可以在前面加上 pub 关键字。

❷ 在 trait 中只需要定义函数的签名。列出想要实现这个 trait 的类型所必需的函数。

你在创建 trait 的时候并没有编写任何实际的功能实现。它只是创建了一个接口，或者说是**契约**（contract）。trait 保证任何实现了这个 trait 的结构都要提供该 trait 中所定义的函数。因为接口和函数签名相同，所以开发者可以互换使用 trait 的各种实现。

你所定义的 MapArchitect 这个 trait 要求它的实现者编写一个名为 new 的函数，该函数要接收一个 RandomNumberGenerator 作为参数，然后返回一个经过初始化的 MapBuilder 来给游戏程序使用。

> **默认实现**
>
> 你也可以在 trait 的定义中纳入完整的函数实现。它们扮演了默认实现（default implementation）的角色。trait 的使用者没必要去定义这些函数，但是在需要的时候可以覆写这些函数。这可以节省很多的代码量。你用过的 BaseMap 这个 trait 就提供了一些函数的默认实现。

11.1.4　用参考实现来测试 trait

通过编写一个**参考实现**（reference implementation）来验证 trait 是否可以正常工作是一个很好的想法。参考实现只会包含使用这个 trait 所需的最小代码，除此以外什么都没有。现在你定义的这个 trait 需要接收一个随机数生成器作为参数，并返回一个可以使用的 MapBuilder，其中存储了能够让当前游戏关卡可玩的必要数据。

创建一个新的名为 map_builder/empty.rs 的文件，然后添加如下代码：

MoreInterestingDungeons/trait/src/map_builder/empty.rs

```
    use crate::prelude::*;
❶  use super::MapArchitect;

❷  pub struct EmptyArchitect {}

❸  impl MapArchitect for EmptyArchitect {
❹      fn new(&mut self, rng: &mut RandomNumberGenerator) -> MapBuilder {
❺          let mut mb = MapBuilder{
                map : Map::new(),
```

```
                rooms: Vec::new(),
                monster_spawns : Vec::new(),
                player_start : Point::zero(),
                amulet_start : Point::zero()
            };
            mb.fill(TileType::Floor);
            mb.player_start = Point::new(SCREEN_WIDTH/2, SCREEN_HEIGHT/2);
❻          mb.amulet_start = mb.find_most_distant();
❼          for _ in 0..50 {
                mb.monster_spawns.push(
                    Point::new(
                        rng.range(1, SCREEN_WIDTH),
                        rng.range(1, SCREEN_HEIGHT)
                    )
                )
            }
            mb
        }
    }
```

❶ 通过 super 来从直接亲属中导入内容。这一行导入了你定义的 MapArchitect 这个 trait。

❷ 定义一个名为 EmptyArchitect 的空结构体。你需要先定义一个新的类型，然后可以在它上面实现 trait。

❸ 实现 MapArchitect 这个 trait。这一行告诉 Rust 编译器 EmptyArchitect 这个结构体支持 MapArchitect 这个 trait 中所要求实现的接口。

❹ new() 函数的签名必须和 trait 定义中所给出的函数签名一模一样。

❺ 这个函数剩下的部分使用极少的代码来创建一个可用的地图：它创建了地图，并将其用地板填满，最后添加了玩家角色和护身符的起始坐标。

❻ 使用前面编写的 find_most_distant() 函数来放置亚拉的护身符。

❼ 这个架构还会在随机的位置创建出 50 个怪兽。_告诉 Rust 编译器这段程序并不关心 for 循环的当前迭代值，开发者只是希望把循环运行 50 遍。

你还需要打开 map_builder/mod.rs 文件，然后把 monster_spawners 添加到 MapBuilder 结构体中：

MoreInterestingDungeons/trait/src/map_builder/mod.rs

```
    pub struct MapBuilder {
    pub map : Map,
        pub rooms : Vec<Rect>,
➤       pub monster_spawns : Vec<Point>,
        pub player_start : Point,
        pub amulet_start : Point
    }
```

当然，这并不是一个让人眼前一亮的地图生成器——因为它只是生成了一个巨大的但几乎都是空地的地图，但是它确实展示了这个新 trait 的使用方法，也验证了这个 trait 的定义对于实现一个游戏关卡来说是够用的。

> **测试工具**
>
> 在调试程序化生成的内容时，编写对应的测试工具（test harness）是很有用处的。测试工具是与游戏相关的一个部件，它包含一些与可视化显示相关的代码，可用于展示生成器所产生出来的结果。你可以在本书提供的可下载的源代码中找到作者在本章中所使用的测试工具，它位于 MoreInterestingDungeons/output_harness 目录下。它的大部分代码和正常的游戏程序代码没有区别，但是额外多出了一些与显示相关的代码，用来生成本章中用到的屏幕截图。

11.1.5　调用空地图的架构

现在，你相当于有了一位能够创建空地图的初级架构师，接下来需要调整 MapBuilder，使之能够使用这位设计师。打开 map_builder/mod.rs，别忘了把 mod empty; 和 use empty::EmptyArchitect; 添加到文件的顶部，从而将新的架构加入项目中。将 new() 函数替换为下面的代码：

MoreInterestingDungeons/trait/src/map_builder/mod.rs

```
pub fn new(rng: &mut RandomNumberGenerator) -> Self {
    let mut architect = EmptyArchitect{};
    architect.new(rng)
}
```

new() 函数的功能非常简单：创建了一个 EmptyArchitect 对象，然后调用了它提供的 new() 函数。最后，更新 main.rs 来产生怪兽。将下列代码添加到 State 的构造函数中：

MoreInterestingDungeons/trait/src/main.rs

```
    spawn_amulet_of_yala(&mut ecs, map_builder.amulet_start);
➤   map_builder.monster_spawns
➤       .iter()
➤       .for_each(|pos| spawn_monster(&mut ecs, &mut rng, *pos));
    resources.insert(map_builder.map);
```

此外，你还需要把怪兽的生成逻辑添加到 reset_game_state 中：

MoreInterestingDungeons/trait/src/main.rs

```
    spawn_amulet_of_yala(&mut self.ecs, map_builder.amulet_start);
➤   map_builder.monster_spawns
➤       .iter()
➤       .for_each(|pos| spawn_monster(&mut self.ecs, &mut rng, *pos));
```

现在运行游戏，你可以看到玩家角色处于空旷的地图之中，周边有怪兽出没，如图 11-2 所示。

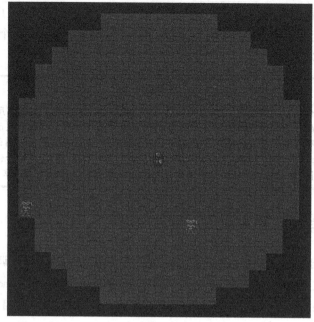

图 11-2

11.1.6　修改房间生成器

接下来，你将编写第一个有实用价值的 MapArchitect 实现，把原来基于房间的生成器改造为使用 trait 的方式。你在 5.5 节中实现过房间生成逻辑，因此本节不会再重复介绍这个算法。事实上，你将修改原来的代码，使之运行在 MapArchitect 这个 trait 的框架内。

你可以将原有基于房间的地图建造器改造为使用 trait 的方式，以编写第一个有实用价值的 MapArchitect 实现。创建一个新的名为 map_builder/rooms.rs 的文件，添加下列代码到新文件中：

MoreInterestingDungeons/trait_rooms/src/map_builder/rooms.rs

```
use crate::prelude::*;
use super::MapArchitect;

pub struct RoomsArchitect {}

impl MapArchitect for RoomsArchitect {
❶    fn new(&mut self, rng: &mut RandomNumberGenerator) -> MapBuilder {
        let mut mb = MapBuilder{
            map : Map::new(),
            rooms: Vec::new(),
            monster_spawns : Vec::new(),
            player_start : Point::zero(),
```

```
            amulet_start : Point::zero()
        };
        mb.fill(TileType::Wall);
        mb.build_random_rooms(rng);
        mb.build_corridors(rng);
        mb.player_start = mb.rooms[0].center();
        mb.amulet_start = mb.find_most_distant();
        for room in mb.rooms.iter().skip(1) {
            mb.monster_spawns.push(room.center());
        }
        mb
    }
}
```

❶ 实现 MapArchitect trait 的时候，请使用和该 trait 定义中一样的函数签名。注意，这里真正用来建造房间的代码和之前用于建造房间的代码是一模一样的。

不要忘了激活这个模块：打开 map_builder/mod.rs 文件，然后编写导入并使用该模块的代码(mod rooms; use rooms::RoomsArchitect;)。此外，你还需要在 map_builder/mod.rs 中调整 new() 函数，以调用这个基于房间的建造器：

MoreInterestingDungeons/trait_rooms/src/map_builder/mod.rs

```
pub fn new(rng: &mut RandomNumberGenerator) -> Self {
    let mut architect = RoomsArchitect{};
    architect.new(rng)
}
```

现在，你已经编写了一个空地图的建造器，还移植了之前编写的基于房间的建造器，并且这两个建造器都使用了 trait。是时候探索一些更有趣的地下城地图生成器了。

11.2 用元胞自动机算法来创建地图

元胞自动机是一个有趣的算法。它从完全随机的混乱中开始，不断重复地应用某些规则，逐步建立某种秩序。这个算法非常适合产生看起来像是自然形成的关卡，例如有空地的森林，纵横密布、交错相连的古老洞穴。这一算法最初是在《康威生命游戏》(《Conway's Game of Life》) 中流行起来的。

11.2.1 元胞自动机理论

元胞自动机最初是用来模拟有机生命的。地图上的每个图块都独立地根据相邻图块的数量来决定是存活 (将成为墙壁) 还是死亡 (将成为空地)，不停地运行迭代，直至得到可用的地图为止。图 11-3 所示为应用在每个图块上的算法。

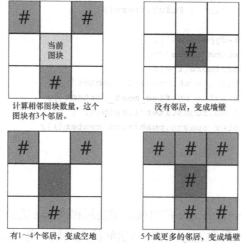

计算相邻图块数量，这个 图块有3个邻居。　　　　　没有邻居，变成墙壁

有1~4个邻居，变成空地　　　5个或更多的邻居，变成墙壁

图 11-3

现在，你已经了解了这个地图生成算法背后的理论知识，接下来就可以开始编写基于元胞自动机的地图生成器了。

11.2.2　实现元胞自动机

创建一个新文件 map_builder/automata.rs，在 map_builder/mod.rs 中添加 mod automata;，以将新文件加入项目。

首先，用最小样板代码来创建一个简单的结构体，以此承载元胞自动机的算法。此外，你需要添加一些实现 trait 所需的最小样板代码：

```
use crate::prelude::*;
use super::MapArchitect;

pub struct CellularAutomataArchitect {}

impl MapArchitect for CellularAutomataArchitect {
  fn new(&mut self, rng: &mut RandomNumberGenerator) -> MapBuilder {
    let mut mb = MapBuilder{
      map : Map::new(),
      rooms : Vec::new(),
      monster_spawns : Vec::new(),
      player_start : Point::zero(),
      amulet_start : Point::zero()
    };
    mb
  }
}
```

这段代码现在还无法生成出可用的地图，但它是后续开发的起点。

11.2.3　生成一些随机噪声

元胞自动机的工作原理是把纯粹的混乱逐步演化为有用的地图，因此你首先要创造出一些混乱。如果该算法在随机生成混乱的地图时能生成更多表示墙壁的图块，就可以更快地生成可用的地图。创建一个函数，并将其作为 CellularAutomataArchitect 实现的一部分：

MoreInterestingDungeons/cellular/src/map_builder/automata.rs

```
   fn random_noise_map(
       &mut self,
       rng: &mut RandomNumberGenerator,
       map: &mut Map)
   {
❶      map.tiles.iter_mut().for_each(|t| {
❷          let roll = rng.range(0, 100);
❸          if roll > 55 {
❹              *t = TileType::Floor;
           } else {
               *t = TileType::Wall;
           }
       });
   }
```

❶ 对所有图块进行可变的迭代。

❷ 生成 0 到 99 的随机数。

❸ 检查随机数是否大于 55。这样做会为随机决策引入一个偏置量，因为随机数小于 55 的概率要比大于 55 的概率大一些。

❹ 如果随机数大于 55，就创建地板；否则，就创建墙壁。

这个函数会生成混乱、随机的地图，大概率无法满足游戏需求。地图中大约 55% 的图块是墙壁，剩下的 45% 是地板。图 11-4 所示的是充满随机噪声的地图的一部分。

正如预期的那样，这是一张近乎完美的混乱且不具备可玩性的地图。下面你可以尝试引入秩序，让地图变得有趣且具备可玩性。

图 11-4

11.2.4　计算邻居的数量

元胞自动机的工作原理是计算每个图块的邻居

的数量。你需要编写一个函数来实现这个功能，将其作为 CellularAutomataArchitect 实现的一部分：

MoreInterestingDungeons/cellular/src/map_builder/automata.rs

```
    fn count_neighbors(&self, x: i32, y: i32, map: &Map) -> usize {
        let mut neighbors = 0;
        for iy in -1 ..= 1 {
            for ix in -1 ..= 1 {
❶              if !(ix==0 && iy == 0) &&
                    map.tiles[map_idx(x+ix, y+iy)] == TileType::Wall
                {
                    neighbors += 1;
                }
            }
        }
        neighbors
    }
```

❶ 不要计算当前图块，只计算它的邻居。

这个函数没有涉及新的概念：检查每一个相邻的图块，如果邻居是墙壁，那么在邻居计数中累加 1。注意，计算过程考虑到了对角线位置的图块。

11.2.5 用迭代消除混乱

现在，你能够计算邻居的数量了，接下来需要编写一个函数，用其在地图上执行元胞自动机算法的迭代逻辑。为 CellularAutomataArchitect 添加另一个函数：

MoreInterestingDungeons/cellular/src/map_builder/automata.rs

```
    fn iteration(&mut self, map: &mut Map) {
❶      let mut new_tiles = map.tiles.clone();
❷      for y in 1 .. SCREEN_HEIGHT -1 {
            for x in 1 .. SCREEN_WIDTH -1 {
❸              let neighbors = self.count_neighbors(x, y, map);
                let idx = map_idx(x, y);
❹              if neighbors > 4 || neighbors == 0 {
                    new_tiles[idx] = TileType::Wall;
                } else {
                    new_tiles[idx] = TileType::Floor;
                }
            }
        }
        map.tiles = new_tiles;
    }
```

❶ 创建一份地图的备份文件。不能在当前被调整的地图上进行计数，若是如此，前面做出的改动就会对后面的计数结果产生干扰，从而导致算法最终得到古怪的结果。

❷ 迭代除位于边框位置以外的所有图块。邻居数量表示当前图块周围的邻居（墙壁）图块的数量。如果让边框位置的图块也参与计算，游戏程序会因越界检查而崩溃，因为计算过程会尝试访问地图之外的位置。即便程序不崩溃，得到的计算结果也是无效的，因为地图之外没有任何图块可以用来计数。

❸ 使用刚才编写的函数来计算与当前图块相邻的邻居图块数量。

❹ 如果有 0 个或者多于 4 个邻居，就把当前图块变为墙壁；否则，就把当前图块变为空地。

这个函数为地图中的所有图块应用了元胞自动机算法。这个算法堪称魔法，因为只经过了一次迭代就得到了一张很有趣的地图，如图 11-5 所示。

图 11-5

仅通过一轮迭代，秩序就开始从混乱中浮现：空地变得更开阔，墙壁更集中。

11.2.6　放置玩家角色

在基于房间的地图架构下，放置玩家角色是很简单的——只需要把它放在第一个房间里就好了。但目前的问题是，新的算法并没有明确定义的房间，所以需要使用另一种方法来确定玩家角色的初始位置。为了解决这个问题，你需要先找出所有代表空地的图块，然后计算出它们与地图中心的距离，最后把玩家角色放在距离地图中心最近的一块空地上。为 CellularAutomataArchitect 添加另一个函数：

MoreInterestingDungeons/cellular/src/map_builder/automata.rs

```
fn find_start(&self, map: &Map) -> Point {
```

```
❶      let center = Point::new(SCREEN_WIDTH/2, SCREEN_HEIGHT/2);
       let closest_point = map.tiles
❷          .iter()
❸          .enumerate()
❹          .filter(|(_, t)| **t == TileType::Floor)
❺          .map(|(idx, _)| (idx, DistanceAlg::Pythagoras.distance2d(
               center,
                 map.index_to_point2d(idx)
           )))
           .min_by(|(_, distance), (_, distance2)|
❻              distance.partial_cmp(&distance2).unwrap()
           )
❼          .map(|(idx, _)| idx)
❽          .unwrap();
❾      map.index_to_point2d(closest_point)
   }
```

❶ 先把地图的中心位置坐标存储到一个 Point 类型的变量中。

❷ 迭代地图中的所有图块。

❸ 调用 enumerate()，把图块向量中每个图块的索引编号加入迭代结果中。这一行代码将每个迭代结果变成了由(index, tiletype)组成的元组。

❹ 使用 filter()来删除所有不是空地类型的图块。图块的索引编号还会被保留下来。现在你有了一个包含索引编号和图块类型的列表，并且列表中的图块类型都是空地。

❺ 计算过滤后留下的每一个图块和地图中心之间的毕达哥拉斯距离。

❻ min_by()函数会寻找迭代集合中最小的元素，它使用闭包来确定如何计算最小值。这里使用的方法是比较距离地图中心点的远近。

❼ 使用map()来把(index, type)形式的结果转化为地图中的索引编号。

❽ min_by()从迭代器所迭代的数据集中找出最小的值，并且允许开发者指定比较大小时所采用的技术方案。距离是一个浮点数，不能和另一个浮点数进行精确的比较。NaN（Not a Number，不是一个数）和 Infinity（无穷大）都是有效的浮点数，但这两种特殊的数字和其他数字的比较是未定义的。因此，在比较浮点数时可以使用 parital_cmp()。

min_by()返回一个 Option 类型，因为并不能保证被迭代的数据集里一定有最小值。计算毕达哥拉斯距离时不会返回无穷大或者无效数字，因此你可以放心地使用 unwrap()来获得 Option 中存储的结果。

❾ 将地图中图块的索引编号转换为 x、y 坐标点并返回。

现在，你已经知道应该把玩家角色放在什么位置了，接下来需要把各个组件组合在一起，完成整个地图生成算法。

11.2.7 在没有房间的情况下生成怪兽

基于元胞自动机的地图生成器和之前基于房间的地图生成器，这两者最大的区别就是，元胞自动机里没有房间的概念，因此不可能在每个房间中放置怪兽。除此之外，其他算法中也不会有房间的概念。因此，你需要为 MapBuilder 编写一个帮助函数，用其在可用的空地上生成怪兽，而且不让怪兽离玩家角色太近：

MoreInterestingDungeons/cellular/src/map_builder/mod.rs

```
fn spawn_monsters(
    &self,
    start: &Point,
    rng: &mut RandomNumberGenerator
) -> Vec<Point> {
    const NUM_MONSTERS : usize = 50;
    let mut spawnable_tiles : Vec<Point> = self.map.tiles
        .iter()
        .enumerate()
❶      .filter(|(idx, t)|
            **t == TileType::Floor &&
                DistanceAlg::Pythagoras.distance2d(
                    *start,
                    self.map.index_to_point2d(*idx)
                ) > 10.0
        )
        .map(|(idx, _)| self.map.index_to_point2d(idx))
        .collect();

    let mut spawns = Vec::new();
    for _ in 0 .. NUM_MONSTERS {
❷      let target_index = rng.random_slice_index(&spawnable_tiles)
            .unwrap();
        spawns.push(spawnable_tiles[target_index].clone());
❸      spawnable_tiles.remove(target_index);
    }
    spawns
}
```

❶ 创建一个迭代器，使之包含所有图块的索引编号（来自 enumerate 方法）和图块类型。借助过滤器，仅保留类型是空地并且与玩家角色起始位置的距离大于 10 个图块的结果。

❷ random_slice_index() 用于从一个切片中随机选择一个条目。本例选择的是存放怪兽出生点的向量。

❸ 一旦目标图块使用完毕，其将被从列表中删除。若非如此，你可能会看到怪兽重叠在一起。

上述代码扫描了地图上所有能放置怪兽的位置，并在其中随机挑选的 50 个位置放上了怪兽。

11.2.8 建造地图

回到 new() 函数，现在你需要把前几步中编写的所有东西集成到地图建造器中：

MoreInterestingDungeons/cellular/src/map_builder/automata.rs

```
fn new(&mut self, rng: &mut RandomNumberGenerator) -> MapBuilder {
    let mut mb = MapBuilder{
        map : Map::new(),
        rooms: Vec::new(),
        monster_spawns : Vec::new(),
        player_start : Point::zero(),
        amulet_start : Point::zero()
    };
    self.random_noise_map(rng, &mut mb.map);
    for _ in 0..10 {
        self.iteration(&mut mb.map);
    }
    let start = self.find_start(&mb.map);
    mb.monster_spawns = mb.spawn_monsters(&start, rng);
    mb.player_start = start;
    mb.amulet_start = mb.find_most_distant();
    mb
}
```

可以看到，这里使用了之前开发的工具函数来为地图添加边界、放置护身符，以及生成怪兽。

11.2.9 调用基于元胞自动机的地图架构

还差一步没有做：在程序中调用新的地图建造器。打开 map_builder/mod.rs，然后调整 new() 函数，以调用新的算法：

MoreInterestingDungeons/cellular/src/map_builder/mod.rs

```
impl MapBuilder {
    pub fn new(rng: &mut RandomNumberGenerator) -> Self {
        let mut architect = CellularAutomataArchitect{};
        architect.new(rng)
    }
}
```

现在运行程序，玩家有了一个可供探索的开阔洞穴网络。图 11-6 由测试工具生成，展示了地图的全貌。

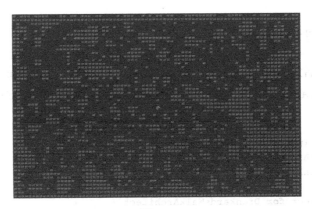

图 11-6

下面你可以尝试另一种地图生成算法。

11.3 用 Drunkard's Walk 算法来创建地图

Drunkard's Walk 算法可用于创建出看起来非常自然的，经常年雨水冲刷形成的洞穴。它的工作原理是在石墙遍布的地图中随机安放一名醉酒的矿工。矿工会随机挖掘，在地图上开凿出路径。最终，矿工要么昏睡过去（达到了行走的最大步数限制），要么走出了地图。随后，程序会通过统计地图上表示空地的图块的数量来判定地图是否生成好了，如果还没有生成好，那么再生成一个醉酒的矿工，如此重复，直到地图足够开阔。这个算法的名字来自于醉鬼走路的随机性，如图 11-7 所示。

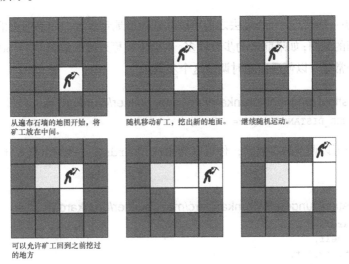

图 11-7

下面你可以使用 Drunkard's Walk 算法来生成地图。

11.3.1 编写初始代码

创建一个新的名为 map_builder/drunkard.rs 的文件。在 map_builder/mod.rs 中使用 mod drunkard;把它加入项目中。你需要再次编写实现 MapArchitect trait 需要的最小样板代码:

```
use crate::prelude::*;
use super::MapArchitect;
pub struct DrunkardsWalkArchitect {}

impl MapArchitect for DrunkardsWalkArchitect {
  fn new(&mut self, rng: &mut RandomNumberGenerator) -> MapBuilder {
    let mut mb = MapBuilder{
      map : Map::new(),
      rooms : Vec::new(),
      monster_spawns : Vec::new(),
      player_start : Point::zero(),
      amulet_start : Point::zero()
    };
      mb
  }
}
```

基础的结构已经准备妥当,接下来要做的是引入醉酒的矿工。

11.3.2 用喝醉的矿工开凿洞穴

你需要决定一个矿工在昏睡过去之前可以跌跌撞撞地走多远。如果前进的步数较少,则会生成不那么开阔的地图;如果前进的步数较多,则会生成更开阔的地图。在 mod/drunkard.rs 的顶部添加一个常量,以便后面随时调整这个步数:

MoreInterestingDungeons/drunkard/src/map_builder/drunkard.rs

```
const STAGGER_DISTANCE: usize = 400;
```

准备好一个可以调整的参数后,你可以为 DrunkardsWalkArchitect 添加一个新的实现函数:

MoreInterestingDungeons/drunkard/src/map_builder/drunkard.rs

```
  fn drunkard(
    &mut self,
    start: &Point,
    rng: &mut RandomNumberGenerator,
    map: &mut Map
  ) {
❶    let mut drunkard_pos = start.clone();
```

```
❷      let mut distance_staggered = 0;
❸      loop {
           let drunk_idx = map.point2d_to_index(drunkard_pos);
❹          map.tiles[drunk_idx] = TileType::Floor;
❺          match rng.range(0, 4) {
               0 => drunkard_pos.x -= 1,
               1 => drunkard_pos.x += 1,
               2 => drunkard_pos.y -= 1,
               _ => drunkard_pos.y += 1,
           }
❻          if !map.in_bounds(drunkard_pos) {
               break;
           }
❼          distance_staggered += 1;
           if distance_staggered > STAGGER_DISTANCE {
               break;
           }
       }
   }
```

❶ 复制起点的位置，将其作为矿工当前的位置。

❷ 将矿工已经走过的距离设置为 0。

❸ loop 语句会不停地运行其语句块中的内容，直至遇到 break 语句为止。

❹ 将矿工当前所在位置的图块设置为地板。

❺ 随机选择一个方向，然后按照这个方向调整矿工的位置。

❻ 如果矿工走出了地图，就跳出循环。

❼ 把矿工已经走过的距离计数器的值加 1。如果距离计数器的值超出了 STAGGER_DISTANCE 常量限定的值，就退出循环。

这个算法可以快速地在石墙遍布的平面中生成一张地图。矿工随机行走的轨迹可能会生成一张如图 11-8 所示的地图。

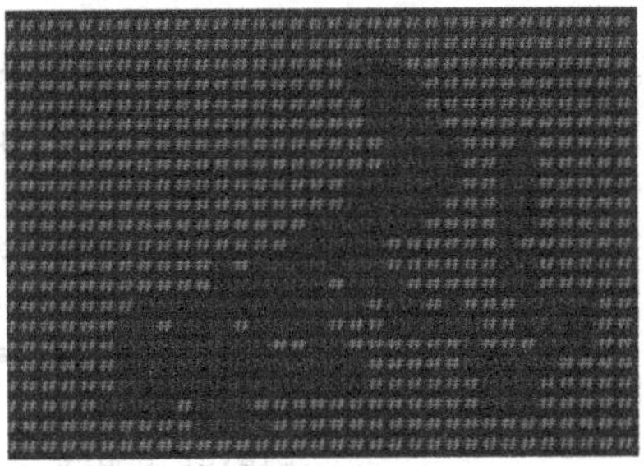

接下来，你将实现 Drunkard's Walk 算法的另一半逻辑：程序需要知道何时停止迭代。

图 11-8

11.3.3　评估地图建造的完成度

不同于醉酒的矮人①，对于醉酒的矿工，你应该为他的挖掘工作设定一个终点。你可以根

---

① 这是一个来自《矮人要塞》中的角色。——译者注

据所期望地图中表示空地的图块数量来决定何时停止。不同于元胞自动机,此处你可以确信从起点出发,所有的空地图块都是能够到达的,因为醉醺醺的矿工必须先走到这个位置,才能把这里变成空地。这样就允许你先计算出空地图块的数量,然后除以图块的总数量,从而计算出地图上有多少比例的空间是开放的。你可以在 mod/drunkard.rs 的顶部添加一个常量,用其表示所期望的地图中的空地数量:

MoreInterestingDungeons/drunkard/src/map_builder/drunkard.rs

```
const NUM_TILES: usize = (SCREEN_WIDTH * SCREEN_HEIGHT) as usize;
const DESIRED_FLOOR : usize = NUM_TILES / 3;
```

这段代码计算了地图中图块的总数量,然后将其除以 3 来得到你所期望的空地图块数量。你可以使用一个简单的计算空地图块数量的迭代器,用其判断生成的地图是否满足开放性的约束条件:

```
self.map.tiles.iter().filter(|t| **t == TileType::Floor).count() < DESIRED_FLOOR
```

11.3.4 一直挖到地图生成完毕

你可以不断新增矿工,直到满足设定的覆盖率为止。每次都让矿工从同一个位置开始挖掘的话,生成的地图很可能是毫无新意的——它最终会变成一个圆形,因为矿工走到这个圆形的边缘时就昏睡过去了。让矿工以随机位置作为起点可以优化所生成的地图的外观。但是,这样做会引入一个问题:无法保证从起点出发可以到达每一片空地了。对于这个问题,你可以使用迪杰斯特拉图来修剪掉不可达的位置。

完成对 new() 函数的编写,再加入上述这些新特性,你就能够完成 DrunkardsWalkArchitect 这个地图架构了:

MoreInterestingDungeons/drunkard/src/map_builder/drunkard.rs

```
impl MapArchitect for DrunkardsWalkArchitect {
    fn new(&mut self, rng: &mut RandomNumberGenerator) -> MapBuilder {
        let mut mb = MapBuilder{
            map : Map::new(),
            rooms : Vec::new(),
            monster_spawns : Vec::new(),
            player_start : Point::zero(),
            amulet_start : Point::zero()
        };

        mb.fill(TileType::Wall);
        let center = Point::new(SCREEN_WIDTH /2, SCREEN_HEIGHT/2);
        self.drunkard(&center, rng, &mut mb.map);
```

```
          while mb.map.tiles.iter()
❶             .filter(|t| **t == TileType::Floor).count() < DESIRED_FLOOR
          {
              self.drunkard(
                  &Point::new(
                      rng.range(0, SCREEN_WIDTH),
                      rng.range(0, SCREEN_HEIGHT)
                  ),
                  rng,
                  &mut mb.map
❷             );
❸             let dijkstra_map = DijkstraMap::new(
                  SCREEN_WIDTH,
                  SCREEN_HEIGHT,
                  &vec![mb.map.point2d_to_index(center)],
                  &mb.map,
                  1024.0
              );
❹             dijkstra_map.map
                  .iter()
❺                 .enumerate()
❻                 .filter(|(_, distance)| *distance > &2000.0)
❼                 .for_each(|(idx, _)| mb.map.tiles[idx] = TileType::Wall);
          }
          mb.monster_spawns = mb.spawn_monsters(&center, rng);
          mb.player_start = center;
          mb.amulet_start = mb.find_most_distant();
          mb
      }
  }
```

❶ 使用地图评估迭代器来判断是否应该继续挖掘。如果地图还没有构建完，就继续找更多的矿工来挖掘。

❷ 从地图上的一个随机位置开始挖掘。

❸ 构建一个迪杰斯特拉图，这和之前用来确定护身符应该放在哪里的代码一模一样。

❹ 迭代迪杰斯特拉图的结果。

❺ 用 enumerate() 来为迭代器中的每一个条目增加图块的索引编号。

❻ 用 filter() 来保留距离玩家起始点超过 2000 个距离单位的图块。这些图块是不可达的。

❼ 将每个留在迭代器中的条目都转化为墙壁类型。

现在，这个算法将会重复执行，直到地图中有足够多的空地为止；每个矿工都会从随机的起点开始挖掘。最后，你需要告诉地图架构师使用这个新的地图类型。

11.3.5　激活新的地图类型

打开 map_builder/mod.rs，然后修改 new() 函数，以调用新的地图架构：

MoreInterestingDungeons/drunkard/src/map_builder/mod.rs

```
impl MapBuilder {
    pub fn new(rng: &mut RandomNumberGenerator) -> Self {
        let mut architect = DrunkardsWalkArchitect{};
        architect.new(rng)
    }
}
```

现在运行游戏程序，你会发现自己身处于一个看起来非常自然的地图之中，如图 11-9 所示。

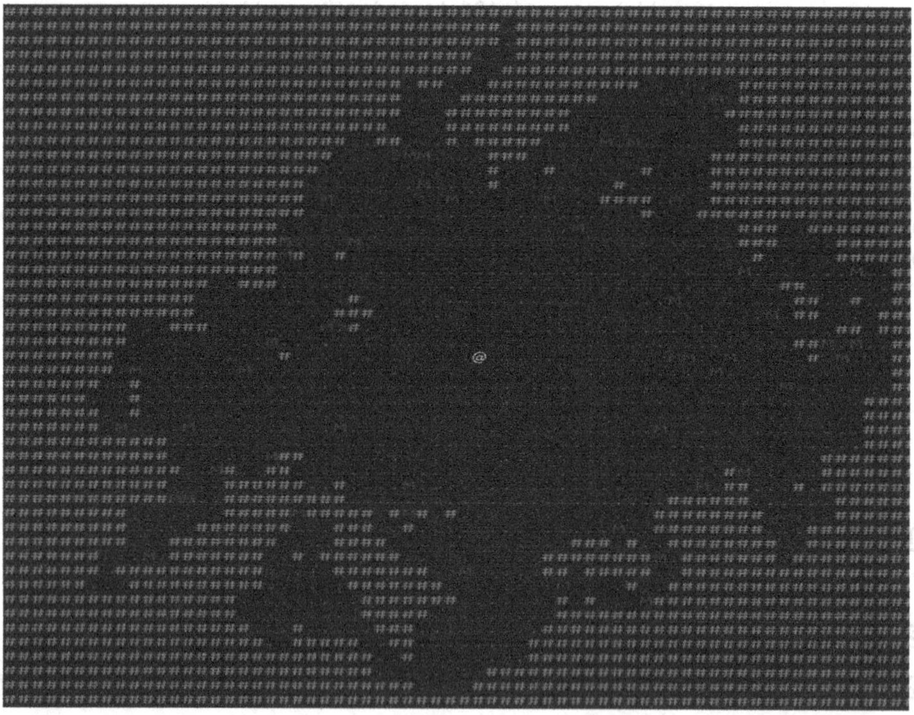

图 11-9

11.3.6　随机挑选架构

现在你已经知道了如何实现基于房间和基于元胞自动机的地图架构，以及基于 Drunkard's Walk 算法的地图架构，并且都是用 trait 实现的，因此可以在运行时实现互换。下面你可以在创建地图时随机选择一位设计师，为游戏添加一些多样性。

打开 map_builder/mod.rs 文件，用下面的代码替换 new() 函数：

```
pub fn new(rng: &mut RandomNumberGenerator) -> Self {
    let mut architect : Box<dyn MapArchitect> = match rng.range(0, 3) {
        0 => Box::new(DrunkardsWalkArchitect{}),
        1 => Box::new(RoomsArchitect{}),
        _ => Box::new(CellularAutomataArchitect{})
    };
    let mut mb = architect.new(rng);
    mb
}
```

这里有两个新的概念：Box 和 dyn。

当开发者仅使用单一类型的地图架构时，Rust 明确知道使用的是哪一个类型。然而，如果开发者希望在变量中存储任意一种实现了 MapArchitect trait 的类型，Rust 就很难确定它的具体类型和大小。因此，不同于之前仅需要创建类型的实例，现在你还需要把创建出来的实例进行**装箱**（box）操作。Box 是一个**智能指针**（smart pointer），它会按照开发者的请求创建出指定地图架构的实例对象，并且持有一个指向它的指针。当 Box 被销毁时，它会负责把其中包含的对象销毁掉。

开发者可以把（几乎）任何东西进行装箱。由于 Box 的内容会有变化，因此这个类型需要用 dyn 关键字来标注。dyn 是"**动态分发**（dynamic dispatch）"的简写。Rust 允许开发者将任何实现了指定 trait 的类型放到 Box 中，而且开发者可以像使用普通变量那样调用放在 Box 里面的 trait 的各种功能。在内部实现原理上，Rust 自动创建了一个表格，可用于查询到 Box 里面的实际类型，并且运行该类型对应的代码。

现在，你可以和团队合作编写地图生成器了。只要团队成员遵循 trait 的规范，就可以随时在这些生成器之间切换。

11.4　在地图中使用预制区域

随机生成地下城虽然很好，但有时开发者需要表达一些特定的东西，抑或对地图的某一部分（甚至是整个地图）有更好的创意——这种做法很多游戏中多有体现并取得了很好的效果。诸如 *Diablo* 和 *Dungeon Crawl Stone Soup* 等游戏都用程序自动生成了绝大部分的地图，并用了一小部分预制的地图，例如游戏中的"金库"区域。

11.4.1　手工打造的地下城

创建一个名为 map_builder/prefab.rs 的新文件，添加 use crate::prelude::*,

然后定义第一个预制的地图区域：

MoreInterestingDungeons/prefab/src/map_builder/prefab.rs

```
use crate::prelude::*;
const FORTRESS : (&str, i32, i32) = ("
    ------------
    ---######---
    ---#----#---
    ---#-M--#---
    -###----###-
    --M------M--
    -###----###-
    ---#----#---
    ---#----#---
    ---######---
    ------------
", 12, 11);
```

其中的两个数值代表地图区域的尺寸。真正的魔法来自 FORTRESS 字符串。你在这里用字符串常量来表示期望的地图。-表示空地，#表示墙壁，M 表示怪兽的出现点。开发者可以设计自己想要的任意形状的地图区域，只需要记住正确设置这个区域的尺寸就好。

不要使用空格来表示地板

你可以在地图字符串中使用空格从而使它看起来更美观，但是这会让开发者难以分辨哪些图块是有意留空的、哪些是不小心输入的多余空格。这种混淆有可能会导致开发者在不经意间破坏掉金库。

11.4.2　放置金库

除非你打算让某个关卡全部采用预设计的地图（对于最终关卡来说这是很棒的主意），否则就需要将金库放置到已经存在的地图中，而且应该放在玩家角色可以到达的地方。此外，如果你在某个关卡的地图中实在找不到适合的位置，也可以不在这个关卡中放置金库。

首先在 map_builder/prefab.rs 中创建一个新的函数：

MoreInterestingDungeons/prefab/src/map_builder/prefab.rs

```
pub fn apply_prefab(mb: &mut MapBuilder, rng: &mut RandomNumberGenerator) {
```

现在你已经知道了如何使用迪杰斯特拉图在地图中寻找可以到达的区域。首先要做的是将一个代表金库位置的变量 placement 设置为 None，并构建一个迪杰斯特拉图：

MoreInterestingDungeons/prefab/src/map_builder/prefab.rs

```
let mut placement = None;
let dijkstra_map = DijkstraMap::new(
    SCREEN_WIDTH,
    SCREEN_HEIGHT,
    &vec![mb.map.point2d_to_index(mb.player_start)],
    &mb.map,
    1024.0
);
```

随后，程序会重复尝试放置金库，直至找到合适的位置或者放弃尝试。将下列代码添加到函数中：

MoreInterestingDungeons/prefab/src/map_builder/prefab.rs

```
❶ let mut attempts = 0;
❷ while placement.is_none() && attempts < 10 {
❸     let dimensions = Rect::with_size(
           rng.range(0, SCREEN_WIDTH - FORTRESS.1),
           rng.range(0, SCREEN_HEIGHT - FORTRESS.2),
           FORTRESS.1,
           FORTRESS.2
       );

❹     let mut can_place = false;
❺     dimensions.for_each(|pt| {
           let idx = mb.map.point2d_to_index(pt);
           let distance = dijkstra_map.map[idx];
❻         if distance < 2000.0 && distance > 20.0 && mb.amulet_start != pt {
               can_place = true;
           }
       });

❼     if can_place {
           placement = Some(Point::new(dimensions.x1, dimensions.y1));
           let points = dimensions.point_set();
❽         mb.monster_spawns.retain(|pt| !points.contains(pt) );
       }
       attempts += 1;
   }
```

❶ 创建一个名为 attempts 的可变变量，并将其设置为 0。

❷ 如果 placement 为空并且 attempts 小于 10，就继续循环。

❸ 创建一个 Rect 类型，使其位于地图上的随机位置，且令其长和宽与金库的尺寸一致。

❹ 创建一个名为 can_place 的变量，并将其设置为 false。

❺ 用 Rect 提供的 for_each() 函数来迭代矩形区域中的每一个图块。

❻ 如果图块在迪杰斯特拉图中的距离小于 2000，则表示这个图块是可以到达的。你还需要检查这个图块距离玩家角色的初始位置是否大于 20 个图块单位，从而保证玩家角色不会从金库中开始游戏。最后，检查这个图块不包含护身符，这样可以保证不会覆写掉护身符从而剥夺玩家赢得游戏的机会。如果所有检查都通过了，则将 can_place 设置为 true。

❼ 如果 can_place 为 true，矩形区域就代表了一个可行的金库位置。将 placement 变量设置为 Some(position)。

❽ 开发者不希望将金库创建在怪兽上面。用 point_set() 来获取位于金库矩形区域内部的点的集合，然后用向量类型提供的 retain() 函数来删除出生点位于矩形区域内的所有怪兽。retain() 函数接收一个闭包作为参数。如果闭包返回 true，那么保留对应的元素；否则，就将其从向量中删除。这将删除所有出现点位于金库边界内部的怪兽，否则金库里可能时不时会有怪兽出现，甚至会有怪兽被卡在墙里。

你已经知道在哪里放置金库了，接下来要把它添加到关卡中。添加下列代码，完成 apply_prefab 函数的编写：

MoreInterestingDungeons/prefab/src/map_builder/prefab.rs

```
❶   if let Some(placement) = placement {
        let string_vec : Vec<char> = FORTRESS.0
            .chars().filter(|a| *a != '\r' && *a !='\n')
❷          .collect();
❸      let mut i = 0;
❹      for ty in placement.y .. placement.y + FORTRESS.2 {
            for tx in placement.x .. placement.x + FORTRESS.1 {
                let idx = map_idx(tx, ty);
❺              let c = string_vec[i];
❻              match c {
❼                  'M' => {
                        mb.map.tiles[idx] = TileType::Floor;
                        mb.monster_spawns.push(Point::new(tx, ty));
                    }
❽                  '-' => mb.map.tiles[idx] = TileType::Floor,
                    '#' => mb.map.tiles[idx] = TileType::Wall,
❾                  _ => println!("No idea what to do with [{}]", c)
                }
                i += 1;
            }
        }
    }
```

❶ 使用 if let 检查 placement 中是否有数据，如果有，则从中抽取出数据。

❷ 字符串常量中会有一些多出来的用于表示回车键的字符，可能包括\r 和\n 这两个字符，你可以使用迭代器来快速删除它们。你可以用 chars()把字符串转换为单个字符的迭代器，然后调用 filter()函数来过滤字符串，删除其中的特殊字符，最后调用 collect()来把它重新还原为一个字符串。

你可能还记得在[xxx](#sec.firststeps.trimming)中用过的 trim()函数。这个函数也可以用来删除特殊字符，但它的方式比较激进。如果开发者决定会在字符串中使用特殊字符，那么最好只删除那些确定不想要的字符。

❸ 相比每次都用地图坐标系下图块的坐标减去金库的位置坐标来计算偏移量，这里用变量 i 来在迭代的过程中记录当前图块在预制字符串中的位置。

❹ 迭代每一个将被预制地图覆盖的图块。

❺ 从字符串中检索位于位置 i 的字符，将其视为数组或者向量。

❻ 匹配金库定义模板中的字符。

❼ 有了空地，怪兽才能站在上面，所以你需要将图块设置为空地，然后将当前地图中的位置添加到 monster_spawns 向量中。

❽ 墙壁和空地所在的位置要设置成对应的图块类型。

❾ 如果游戏程序不知道某个字符的含义，那么应该给出警告，以帮助开发者找到地图定义字符串中的缺陷。

最后，你需要在 map_builder/mod.rs 的 new()函数中添加对 apply_prefab()函数的调用。不要忘了添加 mod prefab; use prefab::apply_prefab;来激活模块，并将 apply_prefab 引入当前的作用域中：

MoreInterestingDungeons/prefab/src/map_builder/mod.rs

```
pub fn new(rng: &mut RandomNumberGenerator) -> Self {
    let mut architect : Box<dyn MapArchitect> = match rng.range(0, 3) {
        0 => Box::new(DrunkardsWalkArchitect{}),
        1 => Box::new(RoomsArchitect{}),
        _ => Box::new(CellularAutomataArchitect{})
    };
    let mut mb = architect.new(rng);
    apply_prefab(&mut mb, rng);
    mb
}
```

现在运行游戏，你可以看到预制好的地图区域。这是一个通过测试工具生成的地图布局，如图 11-10 所示。

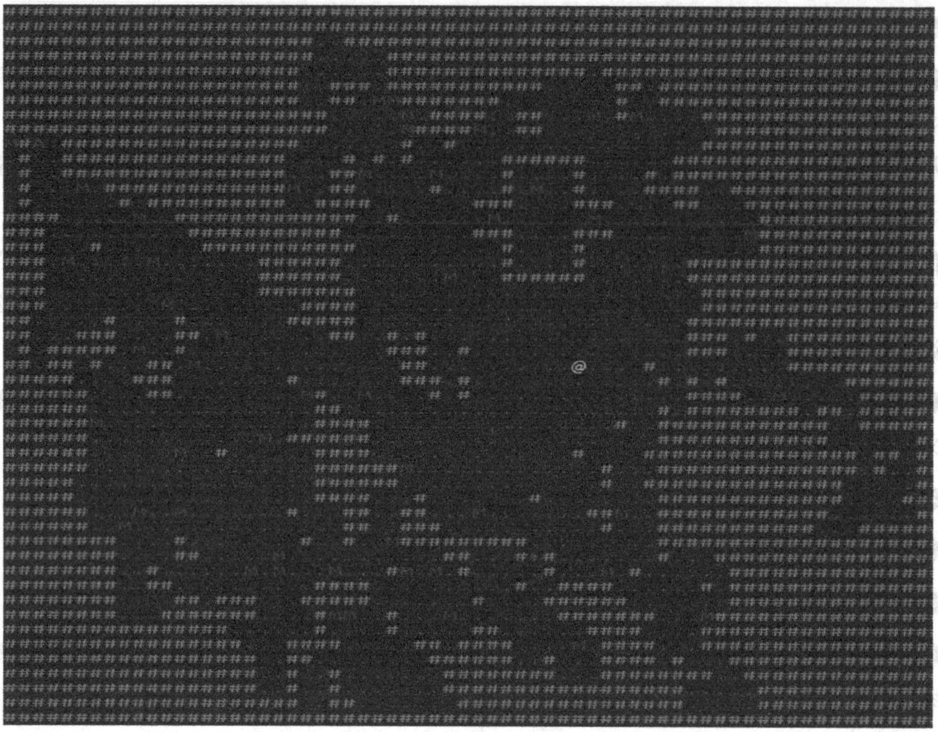

图 11-10

11.5 小结

在本章中，你学到了如何使用 Rust 中非常强大的 trait 特性，还扩展了游戏，使之能够通过元胞自动机算法和 Drunkard's Walk 算法生成各式各样的地图。在第 12 章中，我们将继续使用 trait——通过主题风格（theme）来让游戏的渲染更加多样化。

第 12 章　地图的主题风格

没有必要让探险家一直待在室内、没完没了地探索地下城，你也可以让探险家探索一片森林或者一座遭怪兽洗劫而被遗弃的城市——感谢**主题风格**（theme）。主题风格可以从根本上改变游戏的外观和感觉。

改变地图的主题风格是一个使得游戏与众不同的好办法。通过改变关卡的外观，开发者有机会为游戏打造强有力的视觉名片，包括科幻、奇幻、哥特式恐怖，以及其他迥异的风格。

在本章中，你将继续使用 trait，通过编写 trait 来处理与主题风格相关的工作，然后在玩家开始新的关卡时随机挑选一种外观。

12.1　为地下城引入主题风格

现在你已经知道如何用 trait 来实现可互换的组件了，就可以通过在游戏运行的过程中动态替换地图的主题风格来让游戏更具视觉冲击力。地下城可以变成森林或者任何开发者能够画出来的东西。各种各样的地图也可以帮助保持玩家的兴趣。

打开 map_builder/mod.rs，添加一个新的 trait，以定义地图的主题风格：

MapTheming/themed/src/map_builder/mod.rs

```
pub trait MapTheme : Sync + Send {
    fn tile_to_render(&self, tile_type: TileType) -> FontCharType;
}
```

这个 trait 所要求的函数签名要表达的含义应该是很清晰的：给定一个图块的类型，返回一个地图字体中对应的字符用来渲染。这是你第一次接触 Sync+Send 的写法。Rust 强调"无畏并发"，意味着开发者可以大胆编写多线程代码，不用担心会发生一些糟糕的事情。Rust 能够确保安全并发的一个重要手段就是使用 Sync 和 Send，这两个 trait 表达的含义如下。

- 如果一个对象实现了 Sync，你就可以从不同的线程安全访问它。

● 如果一个对象实现了 Send，你就可以在不同的线程之间共享①它。

大部分情况下，开发者不需要自己手动实现 Sync 和 Send。Rust 能够识别出一些可以在线程之间安全传递的类型。例如，**纯函数**（pure function）总是线程安全的——它们只会操作自己的输入数据，并不会影响任何长期存储的数据。

你可以给 trait 增加限定，使之只能被实现到满足特定要求的数据类型上。你可以要求一个具体的变量类型，也可以要求一个类型实现其他的 trait。Send+Sync 也是 trait。把 :Send+Sync 添加到 trait 的定义中，意味着当前这个 trait 只能被应用到自己实现了（或通过继承实现了）Send 和 Sync 这两个 trait 的类型上。换句话说，MapTheme 这个 trait 只能被已经满足 Sync+Send 的类型实现，因此能够安全地跨线程使用。

随后，你会在 Legion 的资源系统中使用 MapTheme。Legion 中的资源会被运行在不同线程内的系统访问，并且访问有可能是在同一时刻发生的。Legion 通过要求资源是 Sync+Send 来保证安全，并且符合 Rust 的安全要求。

竞态条件

Rust 使用 Sync+Send 机制来保证开发者免受**竞态条件**（race condition）的伤害。竞态条件可能在两个线程尝试在同一时间访问同一个数据的时候发生。如果两个线程都不对数据进行修改，那么一切都好。但是，如果一个线程在另一个线程读取数据的同时修改了这个数据，就可能会发生异常现象。例如，另一个线程可能会读取到不完整的或者被部分更新的甚至完全无效的数据。

同步机制可以避免这种情况的发生，它可以让一个线程阻塞（block）另一个线程，使之不能同时修改数据，这样就避免了竞态条件的出现。为了避免这种程序缺陷的出现，Rust 要求开发者要么保证结构体可以被安全共享，要么将这些数据封装到 Mutex、RwLock 或类似的同步源语中。

当前的渲染器使用了地下城的主题风格。接下来我们以它为例，将这个渲染器改造成 MapTheme 这个 trait 的一个参考实现。

12.1.1　用 trait 实现地下城主题风格

新建一个名为 map_builder/themes.rs 的文件：

---

① 更准确的表达应该是"可以在不同的线程之间传递、转移变量"。原文中"共享（share）"一词并没有精准地表达出"变量转移给新线程后，原来持有该变量的线程就无法再使用它了"这一层意思。——译者注

MapTheming/themed/src/map_builder/themes.rs

```
use crate::prelude::*;

pub struct DungeonTheme {}

impl DungeonTheme {
❶    pub fn new() -> Box<dyn MapTheme> {
❷        Box::new(Self{})
    }
}
impl MapTheme for DungeonTheme {
    fn tile_to_render(&self, tile_type: TileType) -> FontCharType {
        match tile_type {
            TileType::Floor => to_cp437('.'),
            TileType::Wall => to_cp437('#')
        }
    }
}
```

❶ 不同于之前在调用构造函数时手工将其放到 Box 里面的写法，这个构造函数直接返回已经装箱好的变量，这样便于使用。

❷ 在装箱时，你可以使用 Self 关键字。

这段代码和 6.5.5 节编写的渲染系统比较类似，它会匹配一个图块的类型，然后返回对应的字符——用于渲染地下城。使用这个主题风格渲染出来的地下城和前几章编写的地下城看起来是一样的，如图 12-1 所示。

接下来，你可以试着让勇敢的探险家晒晒太阳——实现一个户外主题风格。

图 12-1

12.1.2 创建一片森林

为了添加另一种主题风格，你需要定义一个实现了 MapTheme trait 的新类型。在 theme.rs 文件的底部添加如下代码：

MapTheming/themed/src/map_builder/themes.rs

```
pub struct ForestTheme {}

impl MapTheme for ForestTheme {
    fn tile_to_render(&self, tile_type: TileType) -> FontCharType {
        match tile_type {
            TileType::Floor => to_cp437(';'),
            TileType::Wall => to_cp437('"')
```

```
        }
    }
}
impl ForestTheme {
    pub fn new() -> Box<dyn MapTheme> {
        Box::new(Self{})
    }
}
```

你可能已经注意到了，这段代码和地下城风格的代码相差无几，只是为不同的图块类型返回了不同的字符。现在，你的代码可以为不同主题风格生成不同的图块类型了，接下来需要让负责渲染的代码使用这些风格。

纯函数

`tile_to_render()`是一个纯函数。纯函数是指那些只会依赖自己的输入参数来完成相关操作，而且不会存储任何状态的函数。纯函数一定能够在多线程环境下安全使用。因为它没有状态，所以没有需要同步的东西。纯函数不可能发生数据竞争问题，因为本来就没有需要竞争的外部数据。

如果你确实需要存储状态，那么应该考虑一下**同步原语**（synchronization primitive）。特别是Mutex 和 Rust 的 Atomic 类型，它们可以使线程之间的同步变得简单。很多基于引用计数的类型，以及基于原子引用计数的类型也有助于解决这些问题。

12.2　使用主题风格进行渲染

MapBuilder需要知道开发者想为新设计的地图使用哪种主题风格。打开map_builder/mod.rs，将一个代表主题风格的字段添加到 MapBuilder 中：

MapTheming/themed/src/map_builder/mod.rs

```
const NUM_ROOMS: usize = 20;
pub struct MapBuilder {
    pub map : Map,
    pub rooms : Vec<Rect>,
    pub monster_spawns : Vec<Point>,
    pub player_start : Point,
    pub amulet_start : Point,
    pub theme : Box<dyn MapTheme>
}
```

如果你正在使用 IDE 编写代码，那么有可能会看到与地图建造器相关的代码都被高亮提示编译错误。之所以出现这些错误，是因为你刚刚扩展了 MapBuilder，增加了一个字段。Rust 要求在创建结构体实例时必须指定所有字段的初始值——因为在其他编程语言中，未初始化的字段是导致很多软件缺陷的"罪魁祸首"。所以，你需要打开所有地图建造器的代码（automata.rs、 drunkard.rs、empty.rs 以及 rooms.rs），然后将下面这一行代码添加到每一个 MapBuilder 的初始化逻辑中：

```
theme: super::themes::DungeonTheme::new()
```

在每个地图建造器中都创建一个新的主题风格对象这种做法有点浪费，因为只有当前关卡用到的那个建造器的主题风格对象才会被使用，而其他建造器的主题风格对象被创建出来以后根本就不会被使用。如果你愿意的话，可以将其放在 Option 中，并使用 None 和 Some(x) 来修正这个小瑕疵。但是地图的渲染频率很低，完全没有必要纠结于地图生成时产生的微小开销。

追求完美可能是完成项目的劲敌

在代码中出现一些妥协的写法是很正常的。在努力实现一个最简可行产品时，你可以忽略一些细节。你可以先记笔记，或者写一条代码注释，以后再考虑如何解决这些小问题。完成项目比让项目变得完美更重要。

现在，游戏支持多个主题风格了，接下来你可以为游戏初始关卡随机选择一个主题风格。

12.2.1 挑选一个主题风格

虽然代码支持主题风格，但它总是会返回地下城风格的主题风格，因为地下城是开发者在地图建造器中指定的默认选项。打开 map_builder/mod.rs 文件，向文件的头部添加 mod themes;和 use themes::*这两行代码来激活主题风格模块，并将它导入当前的代码中。修改 new() 函数，以随机选择一个主题风格：

MapTheming/themed/src/map_builder/mod.rs

```
pub fn new(rng: &mut RandomNumberGenerator) -> Self {
    let mut architect : Box<dyn MapArchitect> = match rng.range(0, 3) {
        0 => Box::new(DrunkardsWalkArchitect{}),
        1 => Box::new(RoomsArchitect{}),
        _ => Box::new(CellularAutomataArchitect{})
    };
    let mut mb = architect.new(rng);
    apply_prefab(&mut mb, rng);

➤    mb.theme = match rng.range(0, 2) {
➤        0 => DungeonTheme::new(),
➤        _ => ForestTheme::new()
➤    };
    mb
}
```

在这个改动中，你随机生成了一个数字，然后通过匹配不同的数字来创建 DungeonTheme 或 ForestTheme。选好要使用的主题风格后，下一步就是用它来渲染地图。

12.2.2　使用选中的主题风格

在创建地图时，MapBuilder 会返回一个 MapTheme。现在，你希望将它变为 Legion 里面的资源，以便渲染系统使用。这里体现了满足 Sync+Send 是如此重要的另一个原因：Legion 里面的资源会被运行在不同线程中的系统所共享。

打开 main.rs，在创建游戏状态的时候，将主题风格作为资源添加到游戏引擎中：

MapTheming/themed/src/main.rs

```
impl State {
    fn new() -> Self {
        let mut ecs = World::default();
        let mut resources = Resources::default();
        let mut rng = RandomNumberGenerator::new();
        let map_builder = MapBuilder::new(&mut rng);
        spawn_player(&mut ecs, map_builder.player_start);
        spawn_amulet_of_yala(&mut ecs, map_builder.amulet_start);
        map_builder.monster_spawns
            .iter()
            .for_each(|pos| spawn_monster(&mut ecs, &mut rng, *pos));
        resources.insert(map_builder.map);
        resources.insert(Camera::new(map_builder.player_start));
        resources.insert(TurnState::AwaitingInput);
        resources.insert(map_builder.theme);
```

还需要将主题风格添加到 reset_game_state 函数中：

MapTheming/themed/src/main.rs

```
fn reset_game_state(&mut self) {
    self.ecs = World::default();
    self.resources = Resources::default();
    let mut rng = RandomNumberGenerator::new();
    let map_builder = MapBuilder::new(&mut rng);
    spawn_player(&mut self.ecs, map_builder.player_start);
    spawn_amulet_of_yala(&mut self.ecs, map_builder.amulet_start);
    map_builder.monster_spawns
        .iter()
        .for_each(|pos| spawn_monster(&mut self.ecs, &mut rng, *pos));
    self.resources.insert(map_builder.map);
    self.resources.insert(Camera::new(map_builder.player_start));
    self.resources.insert(TurnState::AwaitingInput);
    self.resources.insert(map_builder.theme);
}
```

你编写了主题风格的结构体，并将其插入了 Legion 的资源列表中。剩下的工作就是用新的主题风格对象来渲染地图了。

12.2.3 根据主题风格来渲染地图

你不需要全部重写地图渲染代码。绝大多数代码是一样的，只要将其修改为通过 MapTheme 对象来选择使用哪一个字符进行渲染就可以了。打开 systems/map_render.rs，因为渲染系统需要访问之前添加到 Legion 资源管理器中的 MapTheme 资源，所以可以通过把 MapTheme 资源添加到系统定义的方式来获取访问权限：

MapTheming/themed/src/systems/map_render.rs

```
#[system]
#[read_component(FieldOfView)]
#[read_component(Player)]
pub fn map_render(
    #[resource] map: &Map,
    #[resource] camera: &Camera,
    #[resource] theme: &Box<dyn MapTheme>,
    ecs: &SubWorld
) {
```

和其他资源一样，添加 #[resource] theme: &Box<dyn MapTheme> 可以告诉 Legion 引擎这个系统需要地图主题风格资源。

下一步，找到选择图块并渲染的那部分代码：

MoreInterestingDungeons/drunkard/src/systems/map_render.rs

```
match map.tiles[idx] {
    TileType::Floor => {
        draw_batch.set(
            pt - offset,
            ColorPair::new(
                tint,
                BLACK
            ),
            to_cp437('.')
        );
    }
    TileType::Wall => {
        draw_batch.set(
            pt - offset,
            ColorPair::new(
                tint,
                BLACK
```

```
    ),
        to_cp437('#')
    );
  }
}
```

将它替换为对 MapTheme 资源的调用：

MapTheming/themed/src/systems/map_render.rs

```
let glyph = theme.tile_to_render(map.tiles[idx]);
draw_batch.set(
    pt - offset,
    ColorPair::new(
        tint,
        BLACK
    ),
    glyph
);
```

运行上述程序，你将有 50%的概率发现玩家角色置身于森林风格的地图中，如图 12-2 所示。

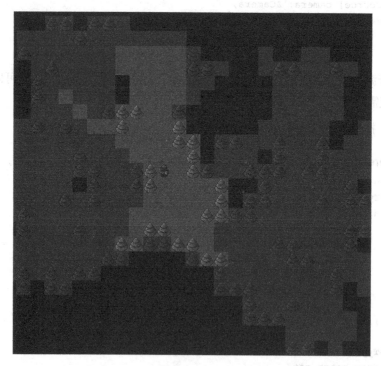

图 12-2

通过将主题风格加入游戏中，你打开了充满可能性的世界的大门。通过添加或者修改主题风格以及相关的图形资源，你可以创建多种游戏环境。

12.3 释放想象力

学完第 11 章和本章后, 你应该了解了游戏开发中的以下重要领域: 通过改变游戏地图的布局可以完全改变游戏的特性; 在由狭小的房间和逼仄的走廊组成的地下城中与怪兽作战需要精心谋划; 开发者要让玩家角色在战斗之间得以喘息并恢复体力; 更加开阔的地图会让玩家角色更容易陷入包围之中; 无论是自动生成地图, 还是手工绘制地图, 都是开发者展示自己实力的机会。

更改游戏的主题风格可以改变游戏带给玩家的感觉。灯火通明的地下城意味着玩家可以轻松取胜, 但是蜘蛛网遍布、黑暗吓人的地下城则会让人心生恐惧。将墙壁改为树木, 就会得到一片森林; 用机器取代墙壁并使用金属地板, 就会创建出蒸汽朋克风格的迷宫; 如果使用具有科幻效果的主题风格, 玩家就可以在太空飞船中战斗。

为关卡使用不同的图形素材会彻底改变游戏带给玩家的感觉, 以及玩家对游戏的期待。去寻找合适的图块并充分发挥自己的创造力吧! OpenGameArt 是一个寻找贴图素材的好地方。

12.4 小结

在本章中, 你使用 trait 机制编写了两个可以互相替换的关卡主题风格, 从而可以在地牢主题风格和森林主题风格之间切换。你还学到了一个很基础的技巧: 根据需要改变主题风格。这个技巧可以让开发者创造大量主题风格。

在第 13 章中, 你将学习如何添加物品和威力提升道具。威力提升道具可以提升游戏的策略性——玩家需要有意识地收集并管理资源。玩家会想: "那里有妖精守护, 我还要去拿药水吗? 我能在没有药水的情况下拿到护身符吗? " 这会促使玩家继续游戏, 并且不会感到游戏失败得太突然或者令人沮丧。

第 13 章　背包和道具

被妖精重伤后，英雄把手伸进了自己的背包，打开一瓶药水并喝了下去，随后伤口神奇地愈合了。英雄重新打起精神，准备迎接下一场恶战。

这是现代奇幻游戏中的重要场景：探险家在地图上找到了一件物品，将它放到自己的背包，然后在需要的时候使用它。如果将难闻的药水替换成由智能纳米机器人控制的治疗系统，你的游戏就具有了科幻游戏的元素。

借助物品和背包系统，你可以为游戏增加多样性。玩家现在可以根据物品的使用情况来调整自己的游戏战术——他们需要考虑是否无论有多少怪兽在守卫，都值得冒着受伤的风险去拿到一个物品。

想要探险家有物品可用，你首先需要设计并创建它们。

13.1　设计物品

设计物品是一件很有趣的事情，你可能已经有了一些相关想法。作为第 15 章的铺垫，本章将介绍如何向地图中添加物品，帮助你创造出具有独特体验的游戏。

在本章中，你将添加两件物品：疗伤药水和地下城地图。疗伤药水可以恢复玩家角色的生命值，地下城地图将为玩家展现出整个地图，从而让玩家可以精心规划寻找达亚拉护身符的路径。这些物品的图像保存在 dungeonfont.png 文件中。

首先要做的是给这些新物品定义一些组件。

13.1.1　用组件来描述物品

你已经有了描述疗伤药水和地下城地图所需的大多数组件——它们需要名字、外观以及在地图上的位置，这意味着你可以复用下列已有的组件。

（1）Item：药水或者卷轴。

（2）Name：出现在悬浮提示或者玩家背包列表中的名字。

（3）Point：物品在地图上的位置。

（4）Render：物品的视觉呈现组件。

你还需要一些新的组件，以描述每一个物品的用途。

疗伤药水会提升饮用者的生命值，但不会超过最大值，这可以通过创建一个 ProvidesHealing 组件来描述。打开 component.rs 并添加一个新的组件类型：

InventoryAndPowerUps/potions_and_scrolls/src/components.rs

```rust
#[derive(Clone, Copy, Debug, PartialEq)]
pub struct ProvidesHealing{
    pub amount: i32
}
```

amount 字段指定了一瓶药水可以恢复的生命值。你可以用这个数值来区分不同的疗伤药物，从而放置药效不同的药水。

地下城地图可以在激活时为玩家揭示整个关卡的地图。你需要创建一个组件，以表示这个物品处于激活状态并且正在发挥作用。

InventoryAndPowerUps/potions_and_scrolls/src/components.rs

```rust
#[derive(Clone, Copy, Debug, PartialEq)]
pub struct ProvidesDungeonMap;
```

为什么不使用枚举体

每个加入的物品只提供一种效果，因此创建一个通用的名为 UseEffect 的枚举类型组件似乎是不错的选择。实际上，枚举体只能表示一种取值，无法让一件物品产生多种不同的效果。因此，如果你希望一件物品有多种功效，那么最好用不同的组件来表示不同的效果。

现在你已经用组件描述了这些物品，接下来可以在地图上创建出这些物品了。

13.1.2 生成药水和地图

打开 spawner.rs，为两个物品添加各自的生成函数：

InventoryAndPowerUps/potions_and_scrolls/src/spawner.rs

```rust
pub fn spawn_healing_potion(ecs: &mut World, pos: Point) {
    ecs.push(
        (Item,
         pos,
         Render{
             color: ColorPair::new(WHITE, BLACK),
             glyph : to_cp437('!')
         },
```

```
            Name("Healing Potion".to_string()),
            ProvidesHealing{amount: 6}
        )
    );
}
pub fn spawn_magic_mapper(ecs: &mut World, pos: Point) {
    ecs.push(
        (Item,
            pos,
            Render{
                color: ColorPair::new(WHITE, BLACK),
                glyph : to_cp437('{')
            },
            Name("Dungeon Map".to_string()),
            ProvidesDungeonMap{}
        )
    );
}
```

生成物品的代码和 9.3.1 节中生成护身符的代码类似，但用的是不同的组件集合。

调用 spawn_healing_potion()，即可在地图中指定的位置摆放一瓶疗伤药水。类似地，调用 spawn_magic_mapper()，即可向游戏关卡中添加地下城地图。

现在你可以生成物品了，下一步需要将物品添加到随机生成物品的列表中，随机生成的物品会被放到指定的图块上。spawn_monster()函数已经为怪兽实现了上述功能。创建一个新的名为 spawn_entity()的函数，使其既可以生成新添加的物品，也可以生成怪兽：

InventoryAndPowerUps/potions_and_scrolls/src/spawner.rs

```
pub fn spawn_entity(
    ecs: &mut World,
    rng: &mut RandomNumberGenerator,
    pos: Point
) {
    let roll = rng.roll_dice(1, 6);
    match roll {
        1 => spawn_healing_potion(ecs, pos),
        2 => spawn_magic_mapper(ecs, pos),
        _ => spawn_monster(ecs, rng, pos)
    }
}
```

这个函数会抛出一个有 6 个面的骰子。如果掷骰子的结果是 1，就会生成疗伤药水；如果结果是 2，就会生成出地下城地图；否则，spawn_monster()函数就会被调用。

绝大多数物品是随机分布在游戏关卡中的。但在放置物品时，究竟是更随机一点好，还是更有规律一点好，这完全取决于开发者。调整各种物品生成的概率是平衡游戏关卡难度的一种好方法。你可以调整物品出现的频率，也可以调整怪兽出现的频率。第 15 章将会介绍如何按概率来生成物品。

打开 main.rs，然后把原来对 spawn_monster() 的调用改成对 spawn_entity() 的调用，使用编辑器的查找和替换功能来把所有的 spawn_monster 改为 spawn_entity。

现在运行游戏，你会看到药水和地下城地图散落在游戏关卡中，如图 13-1 所示。

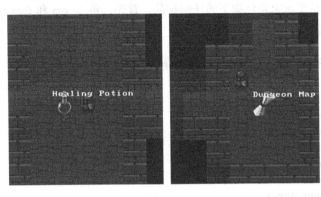

图 13-1

现在，物品已经出现在游戏中了，接下来要做的是让玩家能捡起这些物品。

13.2 管理背包

物品并不总是静置于地图上，等待玩家走到它们上面。同样，除非你是在设计一款吃豆人风格的游戏，否则让物品在玩家踩过它们时立即生效也是没有意义的。你需要让玩家角色把物品捡起来，装在背包里并继续前进，待到需要时再用掉它们。这会给游戏增添一些策略性，也就是说，玩家需要决定应该在什么时间使用这些宝贵的物品。

物品也是实体，它们之所以能够出现在地图上，是因为有 Point 组件指示它们在地图上的位置。实体渲染系统中的查询逻辑要求实体有一个用来绘制物品或者展示悬浮提示的 Point 组件。你可以在物品被捡起后就将其 Point 组件移除，这样就巧妙地利用了渲染系统的查询机制来实现捡起物品的效果。换句话说，物品被捡起以后，在地图上就没有其位置信息了。

捡起物品的行为要求开发者删除物品的 Point 组件，同时为物体添加一个 Carried 组件，该组件会存储一个 Entity 类型的数据指向携带该物品的实体。打开 components.rs，添加一个新的组件，以表示另一个实体携带着当前物品：

InventoryAndPowerUps/carrying_items/src/components.rs

```
#[derive(Clone, PartialEq)]
pub struct Carried(pub Entity);
```

下面你需要添加一些处理玩家输入的代码，以让玩家角色能捡起物品。

13.2.1 捡起物品

之前你是在 `systems/player_input.rs` 中处理玩家输入的。你需要将 G 按键的功能指定为获取（get）位于玩家角色脚下的任何物品。首先，将 `Item` 和 `Carried` 添加到该系统能够读取的组件列表中：

InventoryAndPowerUps/carrying_items/src/systems/player_input.rs

```
#[system]
#[read_component(Point)]
#[read_component(Player)]
#[read_component(Enemy)]
#[write_component(Health)]
➤  #[read_component(Item)]
➤  #[read_component(Carried)]
pub fn player_input(
```

上述代码表示允许该系统访问这些类型的数据。找到 `player_input()` 函数，然后找到以 `let delta = match key{` 开头的代码段，为 match 语句添加另一个判断选项：

InventoryAndPowerUps/carrying_items/src/systems/player_input.rs

```
❶ VirtualKeyCode::G => {
❷     let (player, player_pos) = players
           .iter(ecs)
❸         .find_map(|(entity, pos)| Some((*entity, *pos)))
           .unwrap();
❹     let mut items = <(Entity, &Item, &Point)>::query();
       items.iter(ecs)
❺         .filter(|(_entity, _item, &item_pos)| item_pos == player_pos)
           .for_each(|(entity, _item, _item_pos)| {
❻             commands.remove_component::<Point>(*entity);
❼             commands.add_component(*entity, Carried(player));
           }
       );
       Point::new(0, 0)
   },
```

❶ 如果玩家按下 G 键，就为其匹配这个分支。

❷ 创建一个查询及其迭代链，使其返回一个同时包含玩家角色实体（Entity 类型）和玩家角色位置的元组。

❸ `find_map` 返回迭代器中的第一个元素，并将结果映射为指定的字段。

❹ 创建一个查询，使其只返回同时具有 Item 标签和 Point 组件的实体所包含的这两个组件，以及持有这两个组件的 Entity 本身。

❺ 用 filter() 来保留位置与当前玩家所在位置相同的结果。

❻ 将 Point 组件从物品中移除。

❼ 添加 Carried 组件，并将玩家角色实体作为携带者。

现在运行游戏，玩家角色会找到一个药水或者卷轴，站到它的上面然后按 G 键，相应的物品会从地图上消失——因为这个物品正在被玩家角色"携带"。接下来要做的是为游戏加入一种查看玩家角色背包里物品的方式。

13.2.2 显示背包物品

物品被捡起以后，就不再需要用 Point 组件来描述它在地图上的位置了，随后会被从实体渲染系统中移除——因为渲染查询会寻找同时具备 Point 和 Render 这两个组件的实体。玩家需要知道游戏角色此刻携带着什么物品，这可以用平视显示区实现。

打开 systems/hud.rs，随后扩展这个系统的定义，使之包含 Item、Carried 和 Name 组件：

InventoryAndPowerUps/carrying_items/src/systems/hud.rs

```
    #[system]
    #[read_component(Health)]
    #[read_component(Player)]
➤   #[read_component(Item)]
➤   #[read_component(Carried)]
➤   #[read_component(Name)]
    pub fn hud(ecs: &SubWorld) {
```

现在该系统可以读取到 Carried 和 Name 组件类型了，接下来对其进行扩展，以实现显示物品的功能。此时，开发者希望在平视显示区主界面的下方列出玩家角色所携带的物品，同时让每个物品的旁边显示一个数字——与激活该物品的按键相对应。将下列代码插入调用 batch.submit 之前的位置：

InventoryAndPowerUps/carrying_items/src/systems/hud.rs

```
    let player = <(Entity, &Player)>::query()
                    .iter(ecs)
                    .find_map(|(entity, _player)| Some(*entity))
❶                  .unwrap();
❷   let mut item_query = <(&Item, &Name, &Carried)>::query();
❸   let mut y = 3;
    item_query
        .iter(ecs)
```

```
❹        .filter(|(_, _, carried)| carried.0 == player)
         .for_each(|(_, name, _)| {
❺            draw_batch.print(
                 Point::new(3, y),
                 format!("{} : {}", y-2, &name.0)
             );
             y += 1;
         }
    );
❻ if y > 3 {
        draw_batch.print_color(Point::new(3, 2), "Items carried",
            ColorPair::new(YELLOW, BLACK)
        );
    }
```

❶ 用和之前一样的代码来获取玩家角色的实体。

❷ 创建一个查询，以寻找玩家角色携带着的物品，并检索它们的 Item 标签、Name 组件和 Carried 组件。

❸ 创建一个名为 y 的变量，并将它的值设置为 3。这将作为渲染物品列表的开始位置。

❹ 过滤被携带的物品，使其只包含被玩家角色携带的物品。这个过滤可以保证如果某一天开发者决定让怪兽也可以携带物品，被怪兽携带的物品不会出现在玩家的平视显示区上。

❺ 在 (3, y) 这个位置上显示物品的名字，然后递增 y。

❻ 如果物品列表被渲染在屏幕上，那么添加一个标题，以解释为什么会有一些物品的名字出现在屏幕上。

现在运行游戏，玩家角色会找到一个药瓶或者卷轴，按 G 键捡起，然后这个物品就会出现在平视显示区中。如果玩家角色又找到另一个物品并将其捡起来，那么新的物品也会显示在玩家角色的背包列表中，如图 13-2 所示。

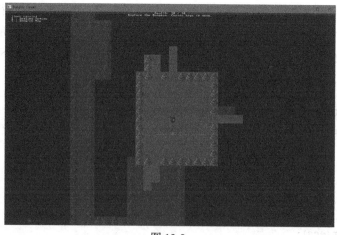

图 13-2

玩家的平视显示区显示收集到的物品，并且旁边有一个数字——用来提示激活对应物品的按键。接下来你需要编写让物品在被使用时产生相应效果的代码。

13.2.3　发送物品激活消息

在 7.3 节中，你引入了一种设计模式，在该模式中，系统发出执行某个动作的意图，真正的动作是在其他各自独立的系统中执行的。使用一个物品的逻辑和这种模式没有什么不同，用这种方式将意图和行为解耦可以使代码保持灵活性。如果你打算让一个强壮的怪兽也使用魔法物品，那么只需发送表示意图的消息即可，不用重复编写代码。

打开 components.rs，然后添加一个名为 ActivateItem 的组件：

InventoryAndPowerUps/carrying_items/src/components.rs

```rust
#[derive(Clone, Copy, Debug, PartialEq)]
pub struct ActivateItem {
    pub used_by : Entity,
    pub item : Entity
}
```

要想发送一个 ActivateItem 消息，玩家需要在键盘上按下与平视显示区中物品旁边的数字相同的按键。打开 player_input.rs，然后在文件的末尾添加一个新的函数：

InventoryAndPowerUps/carrying_items/src/systems/player_input.rs

```rust
    fn use_item(n: usize, ecs: &mut SubWorld, commands: &mut CommandBuffer)
❶  -> Point {
        let player_entity = <(Entity, &Player)>::query()
                            .iter(ecs)
                            .find_map(|(entity, _player)| Some(*entity))
❷                          .unwrap();
❸      let item_entity = <(Entity, &Item, &Carried)>::query()
            .iter(ecs)
            .filter(|(_, _, carried)| carried.0 == player_entity)
❹          .enumerate()
❺          .filter(|(item_count, (_, _, _))| *item_count == n)
❻          .find_map(|(_, (item_entity, _, _))| Some(*item_entity));
❼      if let Some(item_entity) = item_entity {
            commands
❽              .push(((), ActivateItem{
                    used_by: player_entity,
                    item: item_entity
                }));
        }
        Point::zero()
    }
```

❶ use_item()函数需要从父系统中访问 SubWorld 和 CommandBuffer。有了这些变量，开发者可以在系统中传递变量并在函数中使用它们。

❷ 使用查询来获取 Player 实体，这和之前做的一模一样。

❸ 使用和平视显示区用来查找物品类似的查询，迭代被携带的物品，并筛掉不是玩家角色持有的物品。

❹ enumerate()为每个结果添加一个从 0 开始递增的数字。这里有一些令人困惑，因为开发者得到了由两个元素形成的嵌套元组。外层元组的形式是（counter, other_tuple），前一个迭代步骤产生的元组被包含到了这一步所产生的元组里面，最终的结构是(counter, (Entity, Item, Carried)。嵌套的括号将这个嵌套的元组解构到具有易用名称的变量中。

❺ 过滤掉枚举计数值不等于传入的参数 n 的物品。例如，如果玩家按下了数字键 3，那就需要寻找一个枚举计数值等于 2 的物品。记住，枚举计数是从 0 开始的。列表中可能没有任何物品。

❻ find_map()返回一个 Option 类型。如果迭代器中有任一留下来的物品，那么其中的第一个将被以 Some(entity)的形式返回。如果没有物品能够和按键匹配，那么 find_map()会返回 None。

❼ 如果有匹配的物品，if let 语句会从 item_entity 这个 Option 类型中抽取出内容，并运行对应语句块中的代码。如果没有匹配的物品，if let 语句就不会做任何事情。

❽ 使用命令缓冲区来创建一个 ActivateItem 条目，就像之前为 WantsToMove 编写的逻辑一样。

随后在 player_input 系统中，再次找到 match 语句。为玩家键盘上的每个数字按键添加对应的匹配分支，并在每个分支中调用刚才编写的函数：

InventoryAndPowerUps/carrying_items/src/systems/player_input.rs

```
VirtualKeyCode::Key1 => use_item(0, ecs, commands),
VirtualKeyCode::Key2 => use_item(1, ecs, commands),
VirtualKeyCode::Key3 => use_item(2, ecs, commands),
VirtualKeyCode::Key4 => use_item(3, ecs, commands),
VirtualKeyCode::Key5 => use_item(4, ecs, commands),
VirtualKeyCode::Key6 => use_item(5, ecs, commands),
VirtualKeyCode::Key7 => use_item(6, ecs, commands),
VirtualKeyCode::Key8 => use_item(7, ecs, commands),
VirtualKeyCode::Key9 => use_item(8, ecs, commands),
```

现在，当玩家按下数字键时，系统会查找与按键关联的物品。如果能找到，系统会发送一个 ActivateItem 消息。接下来要做的是编写一个使用这些消息的系统。

13.2.4 激活物品

在大型游戏中，开发者可能希望为每种特效开发各自独立的系统（还要有一个系统在所有可能的特效执行完毕后删除激活这些特效的请求）。但对于当前的游戏来说，使用一个简单的单系统方案就够了。

创建一个新的文件 systems/use_item.rs，添加 mod use_item 到 systems/mod.rs 中，将该系统包含到程序的编译构建过程中。

你可以先添加创建系统所需的样板代码，然后授予对地图和相关组件的访问权限。这个系统需要对 ActivateItem、ProvidesHealing 和 ProvidesDungeonMap 的读权限，还需要对 Health 的写权限以实现治疗功能。将下列代码添加到 systems/use_item.rs 中：

InventoryAndPowerUps/carrying_items/src/systems/use_items.rs

```rust
use crate::prelude::*;

#[system]
#[read_component(ActivateItem)]
#[read_component(ProvidesHealing)]
#[write_component(Health)]
#[read_component(ProvidesDungeonMap)]
pub fn use_items(
    ecs: &mut SubWorld,
    commands: &mut CommandBuffer,
    #[resource] map: &mut Map
) {
```

现在，这个系统的样板代码应该看起来很眼熟了。这里没有涉及新的概念，让我们继续开发这个系统的其他功能。

13.2.5 应用治疗特效

创建一个向量，以存储一系列要应用的治疗特效：

InventoryAndPowerUps/carrying_items/src/systems/use_items.rs

```rust
let mut healing_to_apply = Vec::<(Entity, i32)>::new();
```

系统在迭代物品的特效时，会把治疗事件放到这个列表中，将其作为一个待办事项列表。直接在原地立即应用特效可能是一种逻辑更清晰的写法，但会使 Rust 的**借用检查器**（borrow checker）触发编译错误。

Rust 对借用有一些硬性规定。

（1）可以对一个变量进行任意多次的不可变借用。

（2）同一时刻只能对一个变量进行一次可变借用。

（3）不能同时以可变和不可变的形式借用一个变量。

如果在原地应用治疗特效，就会导致借用检查器报错。

（1）开发者需要借用 SubWorld 来执行查询。

（2）为了访问物品的实体和组件，开发者需要从 SubWorld 中借用它们。

（3）需要再次借用，以找到药水的 healing 属性。

（4）开发者尝试可变借用玩家角色的 Health 组件，然而此时仍在以不可变的形式借用 SubWorld。Rust 会拒绝编译代码，以防这个可变借用引入的数据修改导致 SubWorld 中的数据遭到破坏。

为了绕过借用检查器的限制，开发者需要保证在下一次借用 SubWorld 之前，上一次借用已经使用完毕。为了满足这个要求，最简单的方法是先提取出需要的东西，然后再进行治疗操作。

借用检查器

借用检查器是 Rust 最大的优点之一，但有时也是最令人恼火的特性。特别是对于写过 C++ 的开发者来说，他们有时想知道为什么需要调整代码的顺序以满足借用检查器的要求。

借用检查器是对开发者有益的。微软的报告指出，其软件中 70% 的安全漏洞来自内存安全问题。借用检查器以及 Rust 的其他安全特性可以帮助开发者避免大量此类型的漏洞。

将借用检查器想象为一名行事严谨的图书管理员，他对内存数据的借用情况了如指掌，并严格要求借用后要归还。这样的做法有时令人恼火，但可以保证整个图书馆①的正常运转。

现在你有地方存储治疗事件了，下一步要做的是解析并执行物品激活后的特效。

13.2.6 迭代物品并应用效果

每一个 ActivateItem 事件都包含被使用物品的实体对象和使用这个物品的实体对象。这样的设计有助于检索事件组件里面的实体列表，并检查这个事件包含哪些效果组件（ProvidesHeaaling 和 ProvidesDungeonMap）。向正在编写的函数中继续添加如下代码：

InventoryAndPowerUps/carrying_items/src/systems/use_items.rs
```
<(Entity, &ActivateItem)>::query().iter(ecs)
❶    .for_each(|(entity, activate)| {

❷        let item = ecs.entry_ref(activate.item);
```

---

① 此处"图书馆"一语双关，英文中 library 也有软件库的含义。——译者注

```
❸        if let Ok(item) = item {
❹            if let Ok(healing) = item.get_component::<ProvidesHealing>() {
❺                healing_to_apply.push((activate.used_by, healing.amount));
            }
❻            if let Ok(_mapper) = item.get_component::<ProvidesDungeonMap>() {
❼                map.revealed_tiles.iter_mut().for_each(|t| *t = true);
            }
        }
❽        commands.remove(activate.item);
❾        commands.remove(*entity);
    });
```

❶ 创建一个查询，返回 ActivateItem 组件以及它们关联的实体。

❷ entry_ref() 是 Legion 中用来在查询之外访问实体的一种手段，会返回指向单一实体的引用。通过这个实体，你可以在不使用查询的情况下，独立地访问这个实体所包含的组件。

❸ 你想要访问的实体有可能并不存在。对此，entry_ref() 会通过返回一个 Result 类型来解决这个问题。如果实体存在，那么 if let Ok(item) 的写法将会从 Result 中抽取出物品对应的实体。如果实体不存在，则 if let 语句不会运行其内部的任何代码。

❹ 实体的引用类型用一个 get_component() 函数来访问关联到这个实体的组件。实体可能并不包含指定的组件类型，这种情况下，该函数返回的 Result 类型就不会包含有效结果。只有该物品对应的实体包含所请求的组件时，才使用 if let 语句获取结果并运行语句块中的代码。

❺ 将本次疗伤的必要信息加入刚才创建的 healing_to_apply 向量中。

❻ 再次使用同样的 get_component() 调用来检查实体是否包含 ProvidesDungeonMap 组件。

❼ 如果物品实体具有 ProvidesDungeonMap 组件，则将当前关卡的 revealed_tiles 变量中的每一个元素都设置为 true，让地图的布局展现出来。

❽ 删除用过的物品，使其不能再被使用。

❾ 删除激活特效的命令，使其不再触发特效。

现在，use_item() 函数可以迭代所有的激活事件，并且在地下城地图被使用时展现整幅地图的轮廓。这个系统还会完成对自身的清理工作。最后一个任务是处理待办列表中的疗伤事件。

13.2.7 处理疗伤事件

你已经把一系列治疗目标和生命值的恢复数量存储在 healing_to_apply 里面了。接下来，迭代这个向量并应用其中的所有治疗请求：

InventoryAndPowerUps/carrying_items/src/systems/use_items.rs

```
        for heal in healing_to_apply.iter() {
❶           if let Ok(mut target) = ecs.entry_mut(heal.0) {
❷               if let Ok(health) = target.get_component_mut::<Health>() {
                    health.current = i32::min(
                        health.max,
                        health.current+heal.1
❸                   );
                }
            }
        }
    }
```

❶ 使用 entry_mut() 来获取指向一个实体的可变引用。和以前一样，使用 if let 语句可以保证仅当返回实体有效时才会执行对应的代码。

❷ 确保特效的作用目标具备 Health 组件。get_component_mut() 和 get_component() 很类似，只不过它返回指向组件的可变引用，让开发者在借用时可以修改组件的内容。

❸ 治疗回血后的生命值不能超过允许的最大生命值。将当前的生命值设置为最大生命值和当前生命值加上回血值后二者之中较小的那一个。

现在，use_item() 系统已经开发完了。下面要做的是将这个系统添加到调度器中，保证它能够运行。

13.2.8 添加到调度器

打开 systems/mod.rs，这个文件包含了游戏回合中每一部分的调度器的定义。你需要把 use_item 添加到玩家角色的调度器中：

InventoryAndPowerUps/carrying_items/src/systems/mod.rs

```
    pub fn build_player_scheduler() -> Schedule {
        Schedule::builder()
➤           .add_system(use_items::use_items_system())
            .add_system(combat::combat_system())
            .flush()
```

你或许想让怪兽也能使用物品，那么需要把 use_item 系统也添加到怪兽的调度器中：

InventoryAndPowerUps/carrying_items/src/systems/mod.rs

```
    pub fn build_monster_scheduler() -> Schedule {
        Schedule::builder()
```

```
    .add_system(random_move::random_move_system())
    .add_system(chasing::chasing_system())
    .flush()
➤   .add_system(use_items::use_items_system())
    .add_system(combat::combat_system())
    .flush()
```

现在运行程序，你就可以找到药水和卷轴了。喝下药水可以恢复生命值，浏览地图可以看到所有关卡。地下城地图的效果如图 13-3 所示。

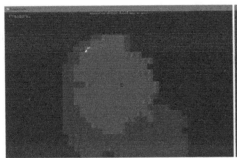 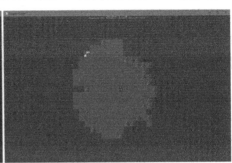

没有完全显现的地图，此时玩家角色　　　　　　　　按下l键来使用地图，你会看到所有关卡。
背包中有地下城地图。

图 13-3

13.2.9　去掉通过休息恢复生命值

现在玩家角色有了用来疗伤的物品，就没必要再通过用休息来恢复生命值的方式降低游戏难度了。玩家仍然可以选择跳过一个回合，在原地等待怪兽到达玩家预设的战场，但管理生命值现在变成了一个战略决策。"我能得到所需要的药水吗？"这样的紧迫感会为游戏增添更多的戏剧性。

打开 systems/player_input.rs，找到下面这一段代码，并将其从源代码文件中删除：

```
if !did_something {
    if let Ok(mut health) = ecs
        .entry_mut(player_entity)
        .unwrap()
        .get_component_mut::<Health>()
    {
        health.current = i32::min(health.max, health.current+1);
    }
}
```

你在 8.4 节中编写过这段代码。在此之前，如果玩家角色不做出动作，则游戏会把恢复一些生命值作为玩家角色原地等待的奖励。现在，玩家可以用药水来疗伤，如果还用原地等待的方式来恢复生命值，游戏就有些无趣了。

13.3 小结

在本章中，你学习了如何创建物品的威力提升道具。物品不再只会出现在地图上，现在它们还可以出现在一个实体的背包中。玩家可以看到角色当前所携带的物品，而且可以自己决定在什么时候使用它们。

至此，你已经在创建一个经典的地下城探险类游戏上取得了重大进展。在第 14 章中，你将通过为游戏增加更多关卡的形式来增加地下城的深度。

第 14 章　更深的地下城

小巧的游戏可能也会很好玩，例如，有一类游戏体裁叫作"茶歇类 Rogue"，玩家可以在 1 小时内通关。相比之下，大型的游戏往往会让玩家花费更长的时间。

增加游戏时长的一个方法是添加更多的关卡。通过更多的关卡，开发者可以在玩家闯关的过程中逐渐提升游戏的挑战难度。开发者也可以引入更丰富的游戏故事情节——但是不要添加太多的关卡。不要让游戏关卡的数量超过游戏故事情节所能承受的数量，因为游戏关卡一旦失去剧情的支撑，就会变得没那么有趣，从而让玩家丧失兴趣。

在本章中，你将为游戏的前两个关卡添加向下的楼梯，将玩家角色引向地下城更深的地方。当玩家到达楼梯时，游戏程序需要生成下一个关卡，这会要求重置游戏的一部分状态。

此外，你需要修改代码，让亚拉的护身符只在最后一关出现，促使玩家探索地下城的每一层。为了让玩家一直有动力玩下去，平视显示区需要展现当前的游戏进度。

首先要做的是给游戏地图添加楼梯。

14.1　为地图添加楼梯

楼梯是一种用来表示进入更深关卡的常用方式。楼梯可以独占一个图块，渲染起来也相对容易，并且遇到楼梯就走过去很符合人类的直觉。在本节中，你将把楼梯定义为一种新的地图图块，将其添加到地图的渲染系统和主题风格系统中，并更新导航系统，从而让玩家角色能走向楼梯。不同于在每一关中都生成亚拉的护身符，现在你只在最后一关中生成它，其他关卡中只会有通向下一级的出口。

14.1.1　生成并渲染楼梯

为了在地下城游戏中渲染出楼梯，你需要用到一种新类型的地图图块。打开 map.rs，然后找到 TileType 枚举体，添加一个新的 Exit 条目来代表楼梯：

DeeperDungeons/more_levels/src/map.rs

```
#[derive(Copy, Clone, PartialEq)]
pub enum TileType {
    Wall,
    Floor,
➤   Exit
}
```

如果此时你用的是一个具有实时错误检测功能的 IDE，就会发现所有关于 TileType 的 match 语句都被 IDE 标记为错误。这是因为 Rust 语言要求 match 语句块必须包含所有的分支选项，而你刚刚为 TileType 添加了一个新的选项。

TileType 在 map_builder/themes.rs 文件中被用于 match 语句，这是因为主题风格需要知道如何渲染每一个图块类型。打开 map_builder/themes.rs，然后添加一个 match 语句的匹配分支来绘制向下的楼梯（在字体文件中被映射为>符号）：

DeeperDungeons/more_levels/src/map_builder/themes.rs

```
impl MapTheme for DungeonTheme {
    fn tile_to_render(&self, tile_type: TileType) -> FontCharType {
        match tile_type {
            TileType::Floor => to_cp437('.'),
            TileType::Wall => to_cp437('#'),
➤           TileType::Exit => to_cp437('>'),
        }
    }
}
```

森林主题风格也需要绘制楼梯，所以在森林主题风格的渲染器中做同样的修改：

DeeperDungeons/more_levels/src/map_builder/themes.rs

```
impl MapTheme for ForestTheme {
    fn tile_to_render(&self, tile_type: TileType) -> FontCharType {
        match tile_type {
            TileType::Floor => to_cp437(';'),
            TileType::Wall => to_cp437('"'),
➤           TileType::Exit => to_cp437('>'),
        }
    }
}
```

现在，游戏可以渲染出口（楼梯）图块了，是时候让玩家角色走向楼梯了（或许怪兽也可以）。

14.1.2 更新地下城的行走逻辑

这个游戏用 map.rs 中的 can_enter_tile() 函数来判断玩家（或怪兽）是否可以踏入

特定类型的图块。当前，只有 Floor 类型的图块是可以踏入的。调整 can_enter_tile 函数，以便让玩家（或怪兽）也可以踏入出口所在的图块：

```
pub fn can_enter_tile(&self, point : Point) -> bool {
    self.in_bounds(point) && (
        self.tiles[map_idx(point.x, point.y)]==TileType::Floor ||
        self.tiles[map_idx(point.x, point.y)]==TileType::Exit
    )
}
```

行走相关的系统和迪杰斯特拉图相关的系统都会用到这个函数，因此只需修改这一个函数，就可以修改整个游戏中其他相关功能的行为。

现在，你可以渲染并让玩家角色（或怪兽）走向楼梯了，下面把这些楼梯添加到地图中。

14.1.3 生成楼梯并替代护身符

当前的计划是仅在游戏的最终关卡生成亚拉的护身符，不过你可以用护身符的放置系统来在其他的关卡中放置楼梯。

打开 main.rs 并找到两次对 spawn_amulet_of_yala 的调用，将它们注释掉，并添加下面的代码：

```
➤   let mut map_builder = MapBuilder::new(&mut rng);
    spawn_player(&mut self.ecs, map_builder.player_start);
➤   //spawn_amulet_of_yala(&mut self.ecs, map_builder.amulet_start);
➤   let exit_idx = map_builder.map.point2d_to_index(map_builder.amulet_start);
➤   map_builder.map.tiles[exit_idx] = TileType::Exit;
```

可以注意到，这里将地图的更新分成了两步操作。下面的这一行代码看起来也可以完成同样的事情：

```
map_builder.map.tiles
  [map_builder.map.point2d_to_index(map_builder.amulet_start)]
  = TileType::Exit;
```

然而，由于借用检查器的原因，这种单行代码的写法不能编译。这是为什么呢？因为对 point2d_to_index() 函数的调用借用了地图，而更新图块向量也借用了地图。将代码拆成两行就可以解决这个问题，第一行代码获取索引编号，第二行代码更新地图。这个例子展示了在一些情况下，虽然代码本身是安全的，但是借用检查器会坚持不同的意见。当这种情况发生时，开发者必须按照借用检查器的要求去做。

既然你可以用放置楼梯取代放置护身符了，那么现在需要修复之前的一个假设。在此之前，程序会假设每一关都会有亚拉的护身符，但现在这个假设不成立了，因此游戏会在 end_turn 系统查找护身符的位置并判断玩家是否获胜时崩溃。因为程序并没有找到护身符的位置，而随后又在 Option 类型上调用了 unwrap，所以程序会崩溃。下面要做的是修复这个缺陷。打开 systems/end_turn.rs，将查找护身符位置的代码修复成如下代码：

DeeperDungeons/more_levels/src/systems/end_turn.rs

```
let amulet_default = Point::new(-1, -1);
let amulet_pos = amulet
    .iter(ecs)
    .nth(0)
    .unwrap_or(&amulet_default);
```

上述代码涉及两个新概念。

（1）unwrap_or()是一个非常有用的函数。在 unwrap 一个 Option 的时候，程序不会崩溃，在 Option 的值是 None 时，unwrap_or()会返回在它的参数中指定的值。

（2）在调用迭代器之前，你先创建了一个新的变量 amulet_default。unwrap_or()把对变量的借用作为自己的参数。如果使用 unwrap_or(&Point::new(-1,-1))这样的写法，则无法通过编译。这样写之所以不行，是因为 Point 对象是在 unwrap_or 函数的调用过程中创建的一个临时对象，而程序随后借用了这个临时对象。这个临时的 Point 对象在当前函数的其他代码执行完成前就被销毁掉了，从而导致引用无效。在 C++中，程序有时会突然崩溃，或者出现怪异的行为。Rust 可以帮助开发者避免此类错误。你可以在调用 unwrap_or 之前先创建 amulet_default 变量，然后再取这个变量的引用，这样做就是安全的——amulet_default 变量在当前函数返回的时候才会被销毁。

生命周期带来的安全保障

生命周期（lifetime）是 Rust 的另一个重要安全特性。在其他系统级编程语言中，如果程序引用了已被销毁的变量，也仍然可以编译，但它们会在运行时导致程序崩溃。Rust 则不允许开发者这样做。

Rust 的早期版本会要求开发者使用生命周期标记来标注大多数借用引用。生命周期标记的语法看起来是这样的：&'lifetime variable。幸运的是，Rust 现在可以在大多数情况下自动推断出生命周期。如果开发者不是在编写用作软件库的代码，那么几乎不用担心生命周期的问题。

现在，地图系统可以理解并渲染楼梯图块了，如图 14-1 所示。

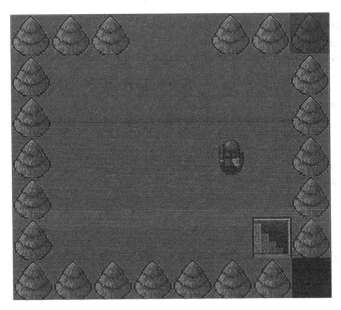

图 14-1

现在，游戏角色已经有了深入地下城的途径。下面需要实现的是追踪玩家的游戏进度。

14.2 追踪游戏关卡

能够在关卡之间切换是一个很好的开始，但是同时知道玩家角色当前位于哪一个关卡也很重要。开发者需要根据这个信息来决定是应该创建亚拉的护身符还是应该创建出口，还需要使用当前所处的地下城层级来告诉玩家穿越地下城的进度。第 15 章也会用到当前层级的信息：随着游戏进度的推进，更深的地下城中将出现更有挑战性的怪兽以及更好的宝剑。

首先要做的是把当前地下城的层级添加到 Player 组件中。玩家角色是唯一能在地下城中四处游走的实体，所以 Player 组件是一个存放当前地图层级的好地方。打开 component.rs，然后将 map_level 字段添加到 Player 组件中：

DeeperDungeons/more_levels/src/components.rs

```rust
#[derive(Clone, Copy, Debug, PartialEq)]
pub struct Player{
    pub map_level: u32
}
```

代码编辑器可能会把 spawner.rs 标记为错误的，因为开发者需要在创建结构体时初始化每一个字段。打开 spawner.rs 文件，然后更新 spawn_player 函数使玩家角色从第 0 级开始：

DeeperDungeons/more_levels/src/spawner.rs

```
    pub fn spawn_player(ecs : &mut World, pos : Point) {
        ecs.push(
➤           (Player{map_level: 0},
            pos,
            Render{
                color: ColorPair::new(WHITE, BLACK),
                glyph : to_cp437('@')
            },
            Health{ current: 10, max: 10 },
            FieldOfView::new(8)
        )
    );
}
```

把当前层级安全地存储在 Player 组件中以后，你就可以添加在玩家角色到达出口时切换关卡的功能了。

14.2.1 关卡切换状态

通过关卡对玩家而言非常重要，就像胜利和失败一样。打开 turn_state.rs，为 TurnState 枚举体添加一个新的成员：

DeeperDungeons/more_levels/src/turn_state.rs

```
    #[derive(Copy, Clone, Debug, PartialEq)]
    pub enum TurnState {
        AwaitingInput,
        PlayerTurn,
        MonsterTurn,
        GameOver,
        Victory,
➤       NextLevel
    }
```

你在 main.rs 中对 TurnState 使用了 match 语句，因此为枚举体添加内容会导致开发环境给出错误提示。打开 main.rs，找到 tick 函数中 match current_state 这段代码，然后添加一个新的匹配分支：

DeeperDungeons/more_levels/src/main.rs

```
TurnState::NextLevel => {
    self.advance_level();
}
```

在 State 的实现块中添加一个桩函数，以便程序编译通过：

```
impl Game State {
    ...
    fn advance_level(&mut self) {}
```

这是一个桩函数——除了充当占位符的角色从而使程序可以正常编译，它不做任何其他事情。在稍后阅读到 14.2.2 节时，你将补充具体的代码。通常，使用桩函数是很有用的，这样就可以继续编写将调用这个桩函数的其他上层代码，等到桩函数的输入数据都准备好以后，再开始编写桩函数的代码。

end_turn 系统会检测玩家何时拿到护身符，并在拿到时将游戏状态切换为 Victory。你可以轻松地扩展这个系统，使之在玩家到达出口时切换为 NextLevel 状态。打开 systems/end_turn.rs，然后将 Map 添加到该系统所请求的资源列表中：

DeeperDungeons/more_levels/src/systems/end_turn.rs

```
pub fn end_turn(
    ecs: &SubWorld,
    #[resource] turn_state: &mut TurnState,
    #[resource] map: &Map
) {
```

然后，你可以在回合结束时增加一个检查，以判断玩家角色是否到达了出口图块：

DeeperDungeons/more_levels/src/systems/end_turn.rs

```
    player_hp.iter(ecs).for_each(|(hp, pos)| {
        if hp.current < 1 {
            new_state = TurnState::GameOver;
        }
        if pos == amulet_pos {
            new_state = TurnState::Victory;
        }
➤       let idx = map.point2d_to_index(*pos);
➤       if map.tiles[idx] == TileType::Exit {
➤           new_state = TurnState::NextLevel;
➤       }
    });
```

你已经告诉了游戏的主循环需要进行关卡切换，接下来需要编写让玩家角色可以进入下一关的代码。

14.2.2　切换关卡

首先要做的是完成之前作为桩函数存在的 advance_level() 函数。进入下一关需要 5 个步骤。

（1）从 ECS 系统中删去除玩家角色以及玩家角色携带着的物品外的所有实体。

（2）设置玩家角色的 FieldOfView 的 is_dirty 标记，从而保证在下一回合中地图可以被正确渲染。

（3）像之前一样生成新的地图。

（4）检查当前的关卡级别：如果是 0 或 1 级，则创建作为出口的楼梯；如果是 2 级，则生成亚拉的护身符。

（5）和之前一样，放置生成出来的怪兽，并初始化资源。

这需要做大量的工作，让我们一步步来处理它们。注意，以下几节中的代码应该被添加到 main.rs 的 advance_level() 函数里。

14.2.3　找到玩家角色

首先，创建一个玩家角色实体的副本：

DeeperDungeons/more_levels/src/main.rs

```
let player_entity = *<Entity>::query()
    .filter(component::<Player>())
    .iter(&mut self.ecs)
    .nth(0)
    .unwrap();
```

你之所以需要玩家角色的实体，是因为通过它才能知道哪些其他的实体需要被保留下来。你需要保留玩家角色本身以及玩家角色携带着的任何物品。

14.2.4　标记需要保留的实体

创建一个 HashSet，以存储希望保留的实体，然后先把玩家角色添加进去：

DeeperDungeons/more_levels/src/main.rs

```
use std::collections::HashSet;
let mut entities_to_keep = HashSet::new();
entities_to_keep.insert(player_entity);
```

下一步，你需要知道玩家角色携带了哪些物品，这可以通过查询具有 Carried 组件的物品来实现。如果玩家正携带着某件物品，则将对应的实体放到 entities_to_keep 集合中：

DeeperDungeons/more_levels/src/main.rs

```
<(Entity, &Carried)>::query()
```

```
.iter(&self.ecs)
.filter(|(_e, carry)| carry.0 == player_entity)
.map(|(e, _carry)| *e)
.for_each(|e| { entities_to_keep.insert(e); });
```

现在, entities_to_keep 包含了所有你希望保留下来的实体。

14.2.5　删除其余的实体

创建一个 CommandBuffer, 以存储 ECS 框架的命令。采用批量更新的方式会比采用逐个更新的方式高效很多, 同时也能够避免借用检查器的问题。迭代游戏世界中的所有实体, 在缓存区中为不想保留的实体添加一条删除命令:

DeeperDungeons/more_levels/src/main.rs

```
❶  let mut cb = CommandBuffer::new(&mut self.ecs);
❷  for e in Entity::query().iter(&self.ecs) {
❸      if !entities_to_keep.contains(e) {
           cb.remove(*e);
       }
   }
❹  cb.flush(&mut self.ecs);
```

❶ 使用指向父级 ECS 世界的可变引用作为参数来调用 new()方法, 这样就可以在 ECS 的系统之外创建一个 CommandBuffer。

❷ Legion 允许通过 Entity 类型的关联函数 Entity::query()来查询所有实体。它的使用方法和其他查询的用法一样。

❸ 检查实体是否在 entities_to_keep 中。如果不在(感叹号表示"非"), 就将这个实体从 ECS 世界中移除。

❹ 如果在一个系统之外使用 CommandBuffer, 开发者需要通过调用 flush()来把更改应用到 ECS 世界中。

这段代码会迭代所有实体, 并且删除既不是玩家角色又不是玩家角色携带着的物品的所有实体。使用命令缓冲区会很高效, 也可以保证在迭代实体的同时不会修改它们。剩余要做的就是最后的清理工作了, 类似于在复位游戏状态时所需要执行的步骤。

14.2.6　将视场设置为脏

接下来要做的是设置玩家角色的 FieldOfView 组件中的 is_dirty 字段。如果不设置这个标记, 就会错误地保留上一关视场中的可见性信息, 直到下一次玩家角色移动时才会更新:

```
DeeperDungeons/more_levels/src/main.rs
```

```
<&mut FieldOfView>::query()
    .iter_mut(&mut self.ecs)
    .for_each(|fov| fov.is_dirty = true);
```

14.2.7 创建新地图

下一步，创建地图——这和之前做的完全一样：

```
DeeperDungeons/more_levels/src/main.rs
```

```
let mut rng = RandomNumberGenerator::new();
let mut map_builder = MapBuilder::new(&mut rng);
```

14.2.8 将玩家角色放置在新地图中

MapBuilder 会给出玩家角色的起始点位置。这里需要将玩家角色的位置更新为新关卡的起始位置，而不是再创建一个新的玩家角色。这也是顺便更新玩家角色的 map_level 字段的好机会，因为你稍后就会用到它。添加如下代码：

```
DeeperDungeons/more_levels/src/main.rs
```

```
let mut map_level = 0;
<(&mut Player, &mut Point)>::query()
    .iter_mut(&mut self.ecs)
    .for_each(|(player, pos)| {
        player.map_level += 1;
        map_level = player.map_level;
        pos.x = map_builder.player_start.x;
        pos.y = map_builder.player_start.y;
    }
);
```

14.2.9 创建亚拉的护身符或者楼梯

下一步，要么创建亚拉的护身符（如果玩家角色在最终关卡），要么创建一个出口：

```
DeeperDungeons/more_levels/src/main.rs
```

```
if map_level == 2 {
    spawn_amulet_of_yala(&mut self.ecs, map_builder.amulet_start);
} else {
    let exit_idx = map_builder.map.point2d_to_index(map_builder.amulet_start);
    map_builder.map.tiles[exit_idx] = TileType::Exit;
}
```

最后，使用和 `reset_game_state` 函数中一样的方法来更新资源：

DeeperDungeons/more_levels/src/main.rs

```
map_builder.monster_spawns
    .iter()
    .for_each(|pos| spawn_entity(&mut self.ecs, &mut rng, *pos));
self.resources.insert(map_builder.map);
self.resources.insert(Camera::new(map_builder.player_start));
self.resources.insert(TurnState::AwaitingInput);
self.resources.insert(map_builder.theme);
```

现在运行游戏，你就可以在关卡之间切换了。如果玩家角色在最后一关幸存下来，就可以赢得游戏。

下面通过在平视显示区中显示信息的方法，来让玩家了解游戏的进度。

14.3　在平视显示区中显示当前关卡

现在，平视显示区会显示玩家角色的生命值以及背包中的物品，但是并没有显示出玩家当前所在的关卡。将当前的关卡添加到平视显示区中，这样每当玩家看到数字增长时，就会有一些成就感。

`hud_system` 处理了平视显示相关的渲染功能。打开 `systems/hud.rs`，然后添加下列代码（在紧挨着显示玩家角色背包物品的代码之前的位置）：

DeeperDungeons/more_levels/src/systems/hud.rs

```
❶ let (player, map_level) = <(Entity, &Player)>::query()
        .iter(ecs)
        .find_map(|(entity, player)| Some((*entity, player.map_level)))
        .unwrap();
❷ draw_batch.print_color_right(
        Point::new(SCREEN_WIDTH*2, 1),
❸      format!("Dungeon Level: {}", map_level+1),
        ColorPair::new(YELLOW, BLACK)
    );
```

❶ 找到 `Player` 组件和玩家角色实体。

❷ `print_color_right()` 将输出右对齐的文本。所有文本将显示在指定坐标的左侧。

❸ `format!()` 是一个宏，能够很方便地把当前关卡编号添加到显示字符串中。注意，这里要把地图关卡编号加 1（Rust 语言倾向于从 0 开始计数，但大部分人喜欢从 1 开始计数）。

这段代码获取 `Player` 组件并读取存储在其中的当前地下城关卡编号，然后把关卡显示在

玩家的平视显示区中。现在运行游戏，玩家就可以在屏幕上看到关卡进度的指示器，如图 14-2
所示。

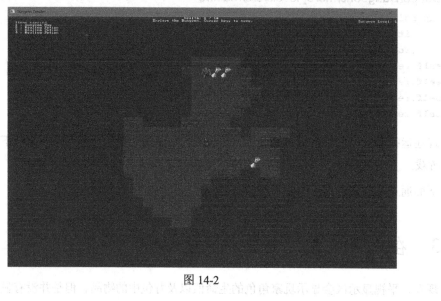

图 14-2

14.4 小结

在本章中，你为地下城地图添加了楼梯，即为玩家角色提供了一条进入下一关的途径。
在开发过程中，你学到了如何添加新的地图图块类型，以及如何检测玩家角色是否站在出口
图块上。

你已经知道了如何添加新的图块类型，现在可以想象一个充满可能性的新世界：你可以丰
富游戏中地板的图块，可以通过添加毛茸茸的装饰图块来营造一些风景，也可以引入全新的图
块作为死亡陷阱——英雄们会喜欢这些东西的。

在第 15 章中，你将在游戏中添加更多的物品，并使用它们来扩展战斗系统，给玩家提供
新的体验：选择不同的装备。你还会可以根据玩家角色穿越地下城的进度来调整游戏的难度
级别。

第 15 章　战斗系统和战利品

为每一件物品、每一种怪兽或者任意你想到的其他实体都单独写一个生成函数会花费很多时间，同时，为了测试一些新想法而等待游戏重新编译也会令人苦恼。但不要担心，有一种方法可以帮你解决这些问题：**数据驱动的设计**（data-driven design）。

不同于之前将各个实体硬编码到游戏中的做法，通过数据驱动的设计，你可以在一个数据文件中定义出这些实体，而这个数据文件会在游戏生成新关卡时被加载。这种设计模式也使得开发者可以快速测试新的想法。

术语时间

数据驱动的设计会从文件中加载尽可能多的数据，然后用这些数据来生成游戏中的各种实体。如果你在一个具备设计师和开发者的团队中工作，那么这将非常有用——让团队中的其他成员可以修改游戏而不需要学习 Rust 语言。

ECS 本身就是**面向数据**（data-oriented）的，因为它专注于将数据放在内存中，并提供对数据的高效访问。

在本章中，你将把之前的实体生成功能改为一个通用的函数，用其从一个文件中读取实体的定义，并使用这些数据创建出对应的组件。你还会为怪兽和武器增加不同的攻击力，并扩展战斗系统，使其能够使用这些新的数据——这最终会创造出一个更具多样性的游戏，它需要玩家做出更多的战略决策。

要实现数据驱动的设计，第一步是要创建出用于描述地下城的数据。

15.1　设计数据驱动的地下城

游戏中的实体具有很多的共性，例如，它们都有名字、初始位置、渲染信息，以及游戏的状态。不同于为游戏中的每一个实体使用自己的生成函数（这就是现在你所采用的方法），接下来你将编写一个通用的生成函数，这个函数会读取游戏的数据文件并使用文件中提供的参数来添加组件。但在此之前，你需要有一个数据文件以及合适的数据格式。

本书将使用 Rust 对象表示法（Rusty Object Notation，RON）文件来存储游戏的定义。RON和 JSON 以及其他的结构化数据格式类似，但它的语法看起来和 Rust 较为相似。

创建一个新的名为 `resources/template.ron` 的文件，并将下列的游戏定义粘贴到里面：

```
Templates(
    entities : [
        Template(
            entity_type: Item,
            name : "Healing Potion", glyph : '!', levels : [ 0, 1, 2 ],
            provides: Some([ ("Healing", 6) ]),
            frequency: 2
        ),
        Template(
            entity_type: Item,
            name : "Dungeon Map", glyph : '{', levels : [ 0, 1, 2 ],
            provides: Some([ ("MagicMap", 0) ]),
            frequency: 1
        ),
        Template(
            entity_type: Enemy,
            name : "Goblin", glyph : 'g', levels : [ 0, 1, 2 ],
            hp : Some(1),
            frequency: 3
        ),
        Template(
            entity_type: Enemy,
            name : "Orc", glyph : 'o', levels : [ 0, 1, 2 ],
            hp : Some(2),
            frequency: 2
        ),
    ],
)
```

你应该对这个模板文件的内容比较熟悉，因为这和之前一直使用的描述怪兽和物品的列表相同。但现在这里也有一些新的变化，例如不同的生命值。你应该对这个文件的格式也比较熟悉，因为 RON 的格式和 Rust 语言类似。

每个条目都遵循 `name:value` 的格式，集合数据遵循 `name:[..]` 的格式。这个数据文件包含了实体模板的定义，定义被存放在一个名为 `entities` 的数组中。数组中的每一个条目都是 `Template` 类型的，并且条目的内容采用了类似 Rust 结构体的形式列出。每一个实体具有如下的属性。

（1）`entity_type` 属性的取值是 `Item` 或者 `Enemy`。

（2）`name` 属性是实体显示出来的名字。

（3）glyph 属性定义了用来渲染这个实体的字符。

（4）provides 属性要么不出现在文件中，要么就是被一个 Option 所包裹着。这个属性描述了该物品所提供的一系列特殊效果，例如 Healing 或者 MagicMap。元组中的第二个数字代表着该物品或者敌人能够产生的效果的程度。（只有部分物品需要这个参数，例如，疗伤药水可以恢复 6 点生命值。）

（5）hp 属性也是一个 Option 类型，因为并不是每一个物品或敌人都有生命值。

这里还有两个新的字段。

（1）levels 属性是一个从 0 开始的关卡编号列表，表示该实体可以在哪些关卡中生成。

（2）frequency 属性用来指示一个物品出现的频率。数字越大，则生成这个物品的频率越高。

template.ron 文件描述了游戏中所有的怪兽和物品，但是不包含玩家角色和亚拉的护身符。你将使用不同的方式来处理这两个实体，所以它们并没有被包含在生成列表中。开发者不会希望地图中有多个玩家角色或者多个代表胜利的物品，因为那样会使玩家感到困惑，甚至有可能毁掉整个游戏。

先定义数据还是先定义结构

可能很难决定首先应该做什么：是先定义数据格式，还是先定义数据。是应该先写好数据的格式，然后按照数据格式填充数据；还是先创建好数据，然后再根据数据制定对应的数据格式？两种途径都是正确的，选择适合自己的方法就行。无论开发者选择哪种方式，在创建新的数据格式时，总会经历几次调整，直到所有数据都能够顺利放进某种数据格式中，就像把手套戴到手上那样合适为止。

你已经定义了游戏实体的数据，是时候将数据读取到程序中了。Rust 为读取和解析文件提供了很好的工具。

15.1.1 读取地下城的数据

Rust 的 crate 库提供了一个名为 Serde 的 crate 来帮助处理数据的**序列化**（serializing）和**反序列化**（deserializing）。序列化是指将数据结构写入文件，反序列化是指将这些数据从文件读出到数据结构中。

为了使用 Serde，你需要将其作为一个依赖项添加到项目中。因为 Serde 可以支持很多种不同的数据格式，因此还需要添加 ron 这个 crate 来帮助 Serde 理解 RON 数据格式。打开项目的 Cargo.toml 文件，然后添加两个新的依赖项：

```
[dependencies]
bracket-lib = "~0.8.1"
```

```
    legion = "=0.3.1"
➤   serde = { version = "=1.0.115" }
➤   ron = "=0.6.1"
```

你已经把读取 RON 文件并将其反序列化到结构体所需的 crate 导入项目中了，现在需要定义与之前创建的数据文件相匹配的数据类型。你还需要创建一个函数来从磁盘读取模板文件，并在发生错误时给出警告。

15.1.2 扩展 Spawner 模块

此刻正在处理生成实体的问题，因此你应该在 spawner 模块中寻找代码。首先从把 spawner 模块变为一个多文件模块开始，就像在 6.5.1 节和 11.1.1 节中所做的那样。遵循和之前一样的步骤。

（1）创建一个新的名为 spawner 的文件夹。

（2）将 spawner.rs 移动到新的文件夹中。

（3）将 spawner.rs 重命名为 mod.rs。

模块已经准备好了，接下来要做的是添加一些和反序列化有关的代码。

15.1.3 映射并加载模板

这里你需要在新的 spawner 文件夹中创建一个新的名为 template.rs 的文件。注意，不要忘记在 spawner/mod.rs 的顶部添加 mod template，以将这个文件加入项目。

在 template.rs 的开头添加一些 use 语句来导入需要的功能：

Loot/loot_tables/src/spawner/template.rs

```
    use crate::prelude::*;
❶   use serde::Deserialize;
❷   use ron::de::from_reader;
❸   use std::fs::File;
    use std::collections::HashSet;
    use legion::systems::CommandBuffer;
```

❶ serde::Deserialize 将 Deserialize 这个过程宏导入模块。这将允许开发者在自己定义的结构体和枚举体上添加 #[derive(Deserialize)]，从而使得它们可以从文件中被加载。

❷ ron::de::from_reader 是一个函数，用于读取 RON 文件并返回由反序列化而得到的结构体。

❸ `std::fs::File` 是一个表示磁盘上的文件的类型，和 `std::io` 类似，只不过它和文件系统有关，而不是和控制台。

下一步，定义与 `template.ron` 文件中的数据格式相匹配的数据结构：

Loot/loot_tables/src/spawner/template.rs

```
❶ #[derive(Clone, Deserialize, Debug)]
❷ pub struct Template {
❸     pub entity_type : EntityType,
❹     pub levels : HashSet<usize>,
       pub frequency : i32,
       pub name : String,
       pub glyph : char,
❺     pub provides : Option<Vec<(String, i32)>>,
       pub hp : Option<i32>
   }
❻ #[derive(Clone, Deserialize, Debug, PartialEq)]
   pub enum EntityType {
       Enemy, Item
   }
   #[derive(Clone, Deserialize, Debug)]
❼ pub struct Templates {
       pub entities : Vec<Template>,
   }
```

❶ `Deserialize` 派生指令允许从文件中加载类型。为了使之正常工作，结构体或枚举体内部的所有字段也必须支持反序列化。Serde 能够自动支持绝大多数 Rust 的内置类型。

❷ 这个结构体与游戏 RON 文件中的 `Template` 类型相匹配。

❸ `EntityType` 是一个枚举体。Serde 允许开发者使用和对其他数据类型一样的方式来对枚举体进行序列化和反序列化。

❹ `levels` 是一个 `HashSet` 类型，其中存储了表示实体可以在哪些关卡中出现的关卡编号。在 RON 中，指定集合元素的方法和指定数组元素是一样的。

❺ 注意，这里的 `provides` 是一个 `Option` 类型，因此，如果没有与这个类型相对应的数据，就可以在 RON 文件中彻底省略掉这个字段；如果有，则需要在 RON 中用 `Some()` 将其包裹住，就像 Rust 代码里面的 `Option` 一样。

❻ 可以使用与结构体相同的方式，为枚举体添加序列化和反序列化的支持。

❼ 这是最外层的表示整个文件的集合，它包含了一个存储 `Template` 实例的向量。

你已经定义好了数据类型，接下来从磁盘加载它们。为 `Template` 结构体创建一个新的名为 `load` 的构造函数：

Loot/loot_tables/src/spawner/template.rs

```
impl Templates {
    pub fn load() -> Self {
❶       let file = File::open("resources/template.ron")
                    .expect("Failed opening file");
❷       from_reader(file).expect("Unable to load templates")
    }
```

❶ File::open 返回一个 Result 类型。因为文件可能不存在，也可能没有权限访问这个文件，所以开发者需要处理这些错误。无法加载游戏数据是一个能够直接导致游戏结束的错误，所以使用 expect() 来读出 Result 里面所存储的文件句柄，如果文件打开失败，则在给出指定的错误信息后让程序崩溃。

❷ from_reader 调用 Serde 来读取打开的文件。如果 Serde 不能读取文件中的内容，这个函数就会返回一个错误，所以需要再一次使用 expect 来读取出其中的内容。

现在，模板类型已经能够加载游戏的所有数据了，下一步可以使用这些数据来生成一些实体。

15.1.4 用数据驱动的方式生成实体

使用数据驱动生成实体的过程就是一个先读取游戏定义数据，然后输出游戏中各种对象的过程。例如，疗伤药水最初只是一个模板里面的数据，但最终它会出现在地图上并等待着被玩家角色发现，如图 15-1 所示。

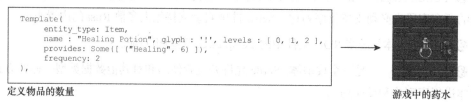

图 15-1

接下来，定义一个新的函数，以此作为 Templates 的一个实现函数。首先定义函数的签名：

```
impl Templates {
    ..
    pub fn spawn_entities(
        &self,
        ecs: &mut World,
        rng: &mut RandomNumberGenerator,
        level: usize,
        spawn_points: &[Point]
    ) {
```

这个函数的参数列表和你已经在 mod.rs 里面写好的各种创建实体的函数是类似的。它接收一个 ECS 世界对象和一个 RandomNumberGenerator 类型对象的可变借用引用。开发者还需要写出当前的游戏关卡级别和可以生成实体的点位列表。

下一节，为当前关卡建立一张生成表。将下列代码添加到新的函数中：

Loot/loot_tables/src/spawner/template.rs

```
❶   let mut available_entities = Vec::new();
    self.entities
❷       .iter()
❸       .filter(|e| e.levels.contains(&level))
        .for_each(|t| {
❹           for _ in 0 .. t.frequency {
                available_entities.push(t);
            }
        }
    );
```

❶ 创建一个可变的向量，用其存储一系列可以在当前关卡中生成的实体。

❷ 迭代在构造函数中加载的实体模板列表。

❸ 用过滤器找出那些 levels 列表中包含当前关卡的实体。

❹ 按照当前模板中指定的 frequency 参数来生成指定数量的实体。

available_entities 列表包含对 entities 集合中成员的引用。不同于复制所有条目的做法，这里的做法是存储指向原始数据的指针，这样做可以节省很多内存空间。每一个可能出现的实体类型在 avaliable_entities 列表中出现的次数和该类型的模板中 frequency 字段指定的数值相同。这使得按照权重来选择算法变得简单了很多：开发者可以生成一个位于 0 和 available_entities 列表长度之间的随机数来从中随机选择一个结果，因为各个类型的权重已经被嵌入这个列表。操作如图 15-2 所示。

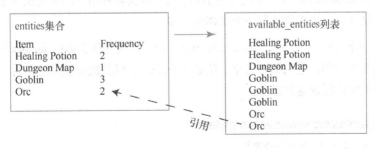

图 15-2

你已经知道了可以生成哪些实体，接下来需要决定在哪里生成这些实体。将下列代码添加到函数中：

Loot/loot_tables/src/spawner/template.rs

```
❶    let mut commands = CommandBuffer::new(ecs);
❷    spawn_points.iter().for_each(|pt| {
❸      if let Some(entity) = rng.random_slice_entry(&available_entities) {
❹        self.spawn_entity(pt, entity, &mut commands);
        }
    });
    commands.flush(ecs);
}
```

❶ 创建一个 CommandBuffer，供开发者把所有的创建命令放入其中。这会比单独运行每一条指令高效得多，并且绕开了借用检查器的问题。

❷ 迭代传入该函数的生成点位列表。

❸ random_slice_entry()是一个工具函数，可以用来在一个集合中随机选出一个条目。

❹ 这是稍后要编写的一个函数。

这段代码迭代所有可用的生成点位，并且为每一个点位随机选择一个要生产的实体。

下一步，定义 spawn_entity 函数，将如下的函数签名添加到 Templates 的实现中：

```
impl Templates {
  ..
  fn spawn_entity(
      &self,
      pt: &Point,
      template: &Template,
      commands: &mut legion::systems::CommandBuffer
  ) {
```

请从刚才创建的 spawn_entities()函数调用这个函数。因为外层程序在依次迭代每一个点位并调用这个新的函数，所以它会接收一个 Point 类型作为参数，还会接收一个指向在父级函数中创建的 CommandBuffer 的可变引用。将所有实体和组件的创建指令集中到同一个命令缓冲区中，这样会比单独创建每一个实体快很多。

如果回看一下 orc、spawn_healing_potion，以及其他实体的 factory 构造函数，你就会发现很多重复的代码。它们都有名字、位置（Point）以及渲染相关的信息。你可以为正在创建的所有模板实体添加这些组件：

Loot/loot_tables/src/spawner/template.rs

```
❶  let entity = commands.push((
❷      pt.clone(),
        Render{
          color: ColorPair::new(WHITE, BLACK),
❸        glyph: to_cp437(template.glyph)
```

```
        },
❹      Name(template.name.clone())
    ));
```

❶ 通过 push() 函数来创建新的实体。由于开发者需要把以元组形式存在的一系列描述实体的组件添加到命令中，因此这里有两个括号。push() 函数会返回新创建的实体，这样你就可以通过它来修改这个新创建的实体了。

❷ 从 pt 变量克隆位置信息，这样就可以把它当作一个独立的新的组件来使用了。

❸ 使用模板中提供的字形。

❹ 从模板中创建名字的备份。如果不这样做，Rust 就会尝试将模板中的名字移动到你新建的组件中，从而导致编译失败。

现在，新建的实体已经具备了所有实体所共有的功能，下一步是添加每个实体的可选组件。

怪兽需要 Enemy、FieldOfView、ChasingPlayer 以及 Health 组件。物品只需要一个 Item 标签。你可以通过在模板的 entity_type 字段上使用 match 语句来决定哪些实体需要哪些组件，从而为实体添加适合的组件：

Loot/loot_tables/src/spawner/template.rs

```rust
match template.entity_type {
    EntityType::Item => commands.add_component(entity, Item{}),
    EntityType::Enemy => {
        commands.add_component(entity, Enemy{});
        commands.add_component(entity, FieldOfView::new(6));
        commands.add_component(entity, ChasingPlayer{});
        commands.add_component(entity, Health{
            current: template.hp.unwrap(),
            max: template.hp.unwrap()
        });
    }
}
```

每个组件详细内容的处理逻辑和之前已有的生成函数里的逻辑是一样的，但每个字段具体的数值来自数据文件。此处开发者采用了添加命令到 CommandBuffer 的方式来批量添加组件，而不是使用 entry_ref 获取每一个实体并单独添加组件。使用一个命令缓冲区能够让代码保持既简洁又高效。

数据文件中的 Effects 字段是可选的，因为不是所有东西都具有特殊效果。使用 if let 和 match 语句来读取特殊效果的列表：

Loot/loot_tables/src/spawner/template.rs

```rust
if let Some(effects) = &template.provides {
    effects.iter().for_each(|(provides, n)| {
        match provides.as_str() {
```

```
            "Healing" => commands.add_component(entity,
                ProvidesHealing{ amount: *n}),
            "MagicMap" => commands.add_component(entity,
                ProvidesDungeonMap{}),
            _ => {
                println!("Warning: we don't know how to provide {}"
                    , provides);
            }
        }
    });
    }
}
```

如果具有特殊效果，就迭代特效列表并创建对应的组件。此处 Healing 和 MagicMap 的处理方式和第 13 章中 spawn_healing_potion 和 spawn_magic_mapper 两个函数的处理方式一致。

你可能会好奇为什么要用列表来存储特殊效果。这是因为列表可以使游戏程序具有更强的灵活性。例如，开发者可能希望有一件物品可以在为玩家角色疗伤的同时告诉玩家关于地图的信息，也可能会希望有一种药水在疗伤的同时使得玩家角色神志不清。使用特效列表可以避免开发者为每一种特效的组合编写单独的代码。

你已经编写了一个通用的 spawn_entity 函数，是时候清理之前的函数并用新函数替代它们了。

15.1.5　新春大扫除

你已经替换掉了位于 spawner/mod.rs 中的很多功能，接下来可以删除下列不再需要的函数。

- spawn_entity
- spawn_monster
- goblin
- orc
- spawn_healing_potion
- spawn_magic_mapper

接下来，你需要提供一个接口，以便让 main 函数能够调用你编写的新代码。打开 spawner/ mod.rs，然后将 use template::Template;添加到顶部的导入列表中。创建一个新的名为 spawn_level 的函数，以此作为新版生成函数的接入点：

Loot/loot_tables/src/spawner/mod.rs

```
pub fn spawn_level(
    ecs: &mut World,
    rng: &mut RandomNumberGenerator,
    level: usize,
    spawn_points: &[Point]
) {
    let template = Templates::load();
    template.spawn_entities(ecs, rng, level, spawn_points);
}
```

上述代码从磁盘加载模板，并将模板数据传递给新写的生成函数。准备好接入函数后，你就可以使用这个接入函数了。

打开 main.rs，这里有 3 个地方会调用到 spawn_entity。旧版本的生成代码看起来是这样的：

```
map_builder.monster_spawns
  .iter()
  .for_each(|pos| spawn_entity(&mut ecs, &mut rng, *pos));
```

找到 new() 函数，然后用以下代码替换掉上述代码：

```
spawn_level(
  &mut self.ecs,
  &mut rng,
  0,
  &map_builder.monster_spawns
);
```

你可以对 reset_game_level() 做同样的修改。在重新开始新的一局游戏时，开发者知道玩家角色应该从 0 级地图开始。

在 advance_level() 函数中的修改稍有不同，因为你需要包含当前的地图等级：

```
spawn_level(&mut self.ecs, &mut rng, map_level as usize,
  &map_builder.monster_spawns);
```

现在运行游戏，你会看到一系列熟悉的怪兽和玩家，但是这一次没有冗余的实体生成代码。现在，你已经拥有了一个数据驱动的地下城。

你还可以添加新的怪兽，并且修改它们可以出现的关卡，而这一切都只需要修改数据文件，并不需要任何编程技能。现在不妨来尝试一下吧。打开 resources/template.ron 文件，并添加另一种疗伤药物：

```
Template(
    entity_type: Item,
```

```
        name : "Weak Healing Potion", glyph : '!', levels : [ 0, 1, 2 ],
        provides: Some([ ("Healing", 2) ]),
        frequency: 2
    ),
```

现在运行游戏，你可以看到有一些药水写着"Weak Healing Potion"。这就是数据驱动的设计的强大威力：让修改游戏变得非常容易。

15.2　扩展战斗系统

当前的战斗系统比较简单，一个实体攻击另一个实体，然后总是产生 1 点的伤害。这样的战斗系统并不能在探险家穿越地下城的过程中提供变化的难度曲线。

你将通过让不同的实体产生不同的破坏力来修复这个问题。具体来说，你将调整游戏，使得玩家角色可以在找到更好的武器之后具有更强的攻击力，同时让一些怪兽对玩家造成更多的伤害——因为它们的爪子更大。

15.2.1　由武器和爪子造成的伤害

打开 spawner/template.rs，为 Template 结构体添加一个 base_damage 字段：

Loot/better_combat/src/spawner/template.rs

```
    #[derive(Clone, Deserialize, Debug)]
    pub struct Template {
        pub entity_type : EntityType,
        pub levels : HashSet<usize>,
        pub frequency : i32,
        pub name : String,
        pub glyph : char,
        pub provides : Option<Vec<(String, i32)>>,
        pub hp : Option<i32>,
➤       pub base_damage : Option<i32>
    }
```

现在你更新了数据格式，打开 resources/template.ron 文件，为怪兽添加攻击力数据。

首先添加更多的怪兽，并且调整怪兽的关卡分布，让更危险的怪兽出现在更靠后的关卡中：

Loot/better_combat/resources/template.ron

```
Template(
    entity_type: Enemy,
    name : "Goblin", glyph : 'g', levels : [ 0 ],
```

```
        hp : Some(1),
        frequency: 3,
        base_damage: Some(1)
    ),
    Template(
        entity_type: Enemy,
        name : "Orc", glyph : 'o', levels : [ 0, 1, 2 ],
        hp : Some(2),
        frequency: 2,
        base_damage: Some(1)
    ),
    Template(
        entity_type: Enemy,
        name : "Ogre", glyph : 'O', levels : [ 1, 2 ],
        hp : Some(5),
        frequency: 1,
        base_damage: Some(2)
    ),
    Template(
        entity_type: Enemy,
        name : "Ettin", glyph : 'E', levels : [ 2 ],
        hp : Some(10),
        frequency: 1,
        base_damage: Some(3)
    ),
```

这样就实现了难度曲线的变化。随着探险家去往更深的地下城，遇到的怪兽也会变得更危险，如图 15-3 所示。

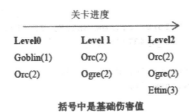

图 15-3

接下来，将武器添加到实体列表中。武器是可以造成伤害的物品，因此可以像添加其他物品那样来添加武器，但是需要新增一个 base_damage 字段：

```
Template(
    entity_type: Item,
    name : "Rusty Sword", glyph: '/', levels: [ 0, 1, 2 ],
    frequency: 1,
    base_damage: Some(1)
```

```
),
```

下一步，你需要添加一个新的组件类型，以存储实体可以造成的伤害值。

15.2.2　伤害值组件

打开 components.rs 并添加一个新的组件类型：

Loot/better_combat/src/components.rs

```
#[derive(Clone, Copy, Debug, PartialEq)]
pub struct Damage(pub i32);
```

有些物品可以造成伤害，但它们并不是怪兽，这就需要你用一种方式来标明其是一个物品还是一件武器。添加另一个组件到 components.rs 文件中：

Loot/better_combat/src/components.rs

```
#[derive(Clone, Copy, Debug, PartialEq)]
pub struct Weapon;
```

玩家角色本身应该也具有输出伤害的能力。打开 spawner/mod.rs，然后在 spawn_player 函数创建玩家角色时为其添加一个 Damage 组件：

Loot/better_combat/src/spawner/mod.rs

```
pub fn spawn_player(ecs : &mut World, pos : Point) {
    ecs.push(
        (Player{map_level: 0},
            pos,
            Render{
                color: ColorPair::new(WHITE, BLACK),
                glyph : to_cp437('@')
            },
            Health{ current: 10, max: 10 },
            FieldOfView::new(8),
➤           Damage(1)
        )
    );
}
```

接下来，你需要扩展 spawn_entity 函数来处理新加入的攻击力信息。打开 spawner/template.rs 文件，找到 spawn_entity 函数，在紧接着产生特殊效果的代码后面插入如下的代码：

Loot/better_combat/src/spawner/template.rs

```
if let Some(damage) = &template.base_damage {
    commands.add_component(entity, Damage(*damage));
```

```
    if template.entity_type == EntityType::Item {
        commands.add_component(entity, Weapon{});
    }
}
```

上述函数用 if let 来判断是否有攻击力数值，如果有，该函数就会将它添加到组件列表中。然后，它会检查这个实体是否为物品，如果是物品，那么添加新引入的 Weapon 组件。

现在，你知道了一件武器或者物品的攻击力，接下来在战斗系统中使用这些数据。

15.2.3 产生一些伤害

打开 systems/combat.rs。战斗系统需要读取 Damage 和 Carried 组件的权限：

Loot/better_combat/src/systems/combat.rs
```
    #[system]
    #[read_component(WantsToAttack)]
    #[read_component(Player)]
    #[write_component(Health)]
➤   #[read_component(Damage)]
➤   #[read_component(Carried)]
```

因为你需要根据攻击者的信息来计算它们产生的破坏力输出，所以需要扩展 victims 列表的计算逻辑使之同时返回代表攻击者的实体：

Loot/better_combat/src/systems/combat.rs
```
➤   let victims : Vec<(Entity, Entity, Entity)> = attackers
        .iter(ecs)
➤       .map(|(entity, attack)| (*entity, attack.attacker, attack.victim) )
        .collect();
➤   victims.iter().for_each(|(message, attacker, victim)| {
```

这里把攻击者添加到元组中，同时也把它加到 victims 列表的循环中。

在此之前，开发者会将受害者的生命值减少 1 个点。现在，你需要检查攻击者的信息，并计算出攻击者输出了多少点的伤害：

Loot/better_combat/src/systems/combat.rs
```
❶ let base_damage = if let Ok(v) = ecs.entry_ref(*attacker) {
        if let Ok(dmg) = v.get_component::<Damage>() {
            dmg.0
        } else {
            0
        }
```

```
        } else {
            0
        };
    let weapon_damage : i32 = <(&Carried, &Damage)>::query().iter(ecs)
        .filter(|(carried, _)| carried.0 == *attacker)
        .map(|(_, dmg)| dmg.0)
❷      .sum();
    let final_damage = base_damage + weapon_damage;
    if let Ok(mut health) = ecs
        .entry_mut(*victim)
        .unwrap()
        .get_component_mut::<Health>()
    {
        health.current -= final_damage;
```

❶ 这里的一系列代码计算了攻击者所具有的基础攻击力。它首先使用 entry_ref() 来直接访问实体的组件，然后检查 Damage 组件是否存在。如果存在，则这个函数返回武器的攻击力；如果访问实体失败，或者没有找到 Damage 组件，那么这个函数会返回 0。

❷ 这里使用迭代器链查找所有同时具备 Carried 和 Damage 组件的实体，使用过滤器仅保留下攻击者所持有的实体，随后使用迭代器的 sum() 函数计算出所有玩家角色携带的武器的总攻击力。

现在运行游戏，然后在地下城中找到一把生锈的宝剑，将它捡起来，玩家角色就可以输出 2 点伤害，而不是之前的 1 点伤害了。同时也要注意，现在怪兽也会对玩家产生不同的伤害，这使得玩家与怪兽的战斗变得更加有趣。

15.2.4　探险家不是八爪鱼

当探险家捡到一把生锈的宝剑时，他会使用这把宝剑。当探险家又找到第二把生锈的宝剑时，他也会使用这把宝剑。现在开发者还可以狡辩说探险者每只手都拿了一把剑，但是，如果当玩家捡到第三把宝剑时，应该怎么解释呢？最终开发者会发现探险家变成了一个狂野的、像章鱼一般的怪物，挥动的宝剑比他们的手还要多。显然，这是一个问题。

你需要调整物品收集系统，使它在同一时间只能保留一件武器装备。打开 systems/player_input.rs，添加 #[read_component(Weapon)] 到系统的组件声明中，然后按照下面的方式来调整捡起物品的代码：

Loot/better_combat/src/systems/player_input.rs

```
let mut items = <(Entity, &Item, &Point)>::query();
items.iter(ecs)
    .filter(|(_entity, _item, &item_pos)| item_pos == player_pos)
```

```
        .for_each(|(entity, _item, _item_pos)| {
            commands.remove_component::<Point>(*entity);
            commands.add_component(*entity, Carried(player));
            if let Ok(e) = ecs.entry_ref(*entity) {
❶              if e.get_component::<Weapon>().is_ok() {
                    <(Entity, &Carried, &Weapon)>::query()
                    .iter(ecs)
                    .filter(|(_, c, _)| c.0 == player)
                    .for_each(|(e, c, w)| {
❷                      commands.remove(*e);
                    })
                }
            }
        }
    );
```

❶ 检查选中的物品是不是一件武器。

❷ 如果选中的物品是一件武器，就将它从游戏世界中删除。玩家角色在同一时间只能持有一件武器。

现在，游戏支持多种武器类型了。你需要添加一些图形，用于在地图上表示这些武器。

15.3 添加更多宝剑

生锈的宝剑拿着很顺手，闪露锋芒的宝剑很好看，还有一把巨大的宝剑可以把敌人切成碎块——好了，这就是传说记载的内容。

现在你有了向游戏中添加更多武器所需的全部工具。

打开 resources/template.ron，然后向其中添加更多的宝剑种类：

Loot/better_combat/resources/template.ron

```
Template(
    entity_type: Item,
    name : "Rusty Sword", glyph: 's', levels: [ 0, 1, 2 ],
    frequency: 1,
    base_damage: Some(1)
),
Template(
    entity_type: Item,
    name : "Shiny Sword", glyph: 'S', levels: [ 0, 1, 2 ],
    frequency: 1,
    base_damage: Some(2)
),
```

```
Template(
    entity_type: Item,
    name : "Huge Sword", glyph: '/', levels: [ 1, 2 ],
    frequency: 1,
    base_damage: Some(3)
),
```

现在游戏具备了 3 种不同类型的宝剑，其中一种只会在后面两关游戏中出现。现在运行游戏，地图上就会出现各式各样的武器，如图 15-4 所示。

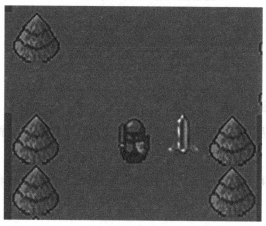

图 15-4

15.4 小结

在本章中，你学习了如何通过数据文件来定义游戏中的实体和组件。数据文件非常有用，通过使用数据文件，开发者不仅能够缩短试验新实体所需要的时间，还可以在不修改任何用于加载这些实体的底层代码的情况下添加新的实体。

现在，你通过使用数据文件的方式实现了 3 种武器以及不同的地下城原住民。至此，本书已经快接近尾声了。在第 16 章中，你将对游戏进行一些最后的润色，并了解如何分发它。

第 16 章　最后的步骤和润色

刚开始制作许多游戏项目时，开发者都是兴致勃勃的，但不幸的是，很多项目最终都没能成功发布。把精力集中在最简可行的产品上，并遵循本书给出的设计指引，你会距离完成和发布自己的 Rust 游戏又近一步。

本章将帮助你走完后一步，指导你将游戏打包以进行分发，还会就后续改进游戏提供一些创意，并会对本书的内容进行总结。

16.1　打包游戏以进行分发

在之前的章节中，你是在**调试**（Debug）模式下编译并运行游戏的。调试模式会为可执行文件添加额外的信息（在 Windows 平台上会生成出额外的 .pdb 文件），从而把机器指令映射到 Rust 源代码中，这样做使得开发者能够在调试器中运行程序，并观察程序状态的变化。调试模式还会禁用掉很多能让游戏运行更快的编译器优化，因为这些优化可能会合并或者删除一些代码，从而让程序变得难以调试。因为开发者并不打算让玩家来调试游戏，所以可以通过**发布构建**（Release Build）来使用这些优化。

> **为什么不一直在发布模式下运行**
>
> 发布模式会禁用一些安全检查，特别是对集合类型的越界检查以及对数值计算的溢出检查。开发者有可能会编写出在发布模式下运行良好但在调试模式下崩溃的代码。最好的方式是在调试模式下开发，然后定期在发布模式下做测试。

16.1.1　开启发布模式和链接时优化

你可以通过 `cargo run --release` 命令来在发布模式下运行游戏。现在不妨试一下，你会明显感受到游戏运行更快了，响应也更迅速了。从头到尾玩一遍游戏，并保证游戏能够正常运行。理论上它应该是正常工作的，但有时开启优化会导致意想不到的结果。

你可以通过**链接时优化**（Link Time Optimization，LTO）来进一步优化游戏。普通的编译优化只会单独优化每一个模块的内容。LTO 会分析整个程序，包括所有依赖的 crate（以及依赖项的依赖项）。为了开启 LTO，你需要打开 `Cargo.toml`，并在其结尾添加如下所示的代码：

```
[profile.release]
lto = "thin"
```

现在，无论是在发布模式下编译还是运行游戏，LTO 都会优化整个二进制可执行文件。编译和链接会变慢很多，但是使用 LTO 有时能够显著提升性能。在开启 LTO 的情况下，你可以尝试用 `cargo run --release` 来运行游戏。你会体验到进一步的性能提升，但是这次的提升幅度不会像从调试模式切换到发布模式那样明显。

现在，你能够在发布模式下编译游戏了。下一步，为了分发游戏，你需要先对游戏进行打包。

16.1.2 分发游戏

最好在一个干净整洁的环境中开始打包，所以你可以先运行一下 `cargo clean`。这个命令会删除所有之前编译时留下的缓存，缓存的存在是因为 Rust 支持**增量编译**（incremental compilation）。有时，缓存中的内容会被直接添加到可执行文件中，而不是彻底重新编译。在完成项目的清理以后，输入 `cargo build --release` 来在发布模式下编译整个游戏。

下一步，创建一个新的文件夹（在计算机中位于本项目之外的另一个位置），用以存储打包后的游戏。你需要将一些文件和文件夹从项目文件夹复制到新文件夹里面。

（1）游戏的可执行文件位于 `target/release` 目录下，它的文件名和在 `Cargo.toml` 中指定的项目名一致。如果你是在第 5 章中创建的名为 dungeoncrawl 的项目下开发，就要寻找名为 dungeoncrawl（在类 UNIX 操作系统上）或 dungeoncrawl.exe（在 Windows 系统上）的文件。

（2）把 `resource` 文件夹作为一个整体复制到新建的文件夹里面。

你不需要任何编译后的依赖项。Rust 将所有依赖项**静态链接**（statically link）到可执行文件中，因此所有依赖项都被包含在其中，不再需要额外的文件或者运行时。

最终得到的目录结构如图 16-1 所示。

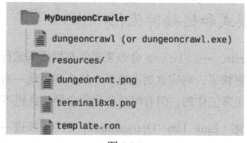

图 16-1

在新目录下运行游戏，一切应该工作正常。如果不能正常运行，你就需要再确认一下是否复制了所有需要的文件和文件夹。

最后一步是压缩游戏所在的文件夹并将压缩文件分享给朋友。你也可以在类似 Itch 的网站上分享游戏。

在笔者的操作系统下，最终的游戏需要 2.3MB 的硬盘空间。在进行 LTO 和其他优化之前，作者的 `target` 文件夹有将近 300MB，这是很大的区别。

你可能有一些让地下城探险类游戏变得更好的想法，可能想添加或者删除一些东西，抑或希望更改一些设计元素。但是，应该从哪里开始呢？

16.2　开发属于自己的地下城探险类游戏

对于开发者来说，调整游戏并使之具有个人特色是非常重要的。你已经具备了为游戏添加新功能并使之具备个人特色的知识，接下来可以尝试一些这里给出的项目创意怪兽和物品。

- 添加新的怪兽和物品，或者修改现有的怪兽和物品。
- 修改主题风格，给游戏"换肤"。你可以通过不同的贴图来从根本上改变游戏的观感。
- 增加计分机制。
- 也许你不喜欢回合制的游戏。当前游戏的绝大多数系统都可以在实时游戏中使用，你只需要做一点调整，再编写一些类似于在 *Flappy Dragon* 中用过的计时代码就行。
- 回顾一下 *Flappy Dragon* 的改进版，看看是否可以为游戏添加一些动画效果。
- 研究一下如何使用 Amethyst Engine 或 Bevy 来为更高级的游戏提供框架。它们都是基于 ECS 的游戏引擎，并且可以用来编写 2D 和 3D 游戏。

最重要的是，思考一下自己想写什么。遵循附录 2 里面的设计建议，从简单游戏开始，为构建梦想中的游戏而不断努力。

16.3　更多内容

写完一本书的感觉就像写完一个游戏一样，在获得巨大成就感的同时，也会意识到还有很多内容没有涉及。如果读者想获取更多相关内容，可以访问作者的个人网站。

作者计划发布如下内容。

- WebAssembly（WASM）——将游戏发布到 Web 平台，在浏览器中进行游戏。
- 粒子效果——为游戏添加更多的图形化交互。

● 保存游戏——学习如何序列化 ECS，以实现简单的游戏保存和恢复。

16.4 小结

恭喜！你已经读完了本书。你从学习如何用 Rust 编写 "Hello, World" 开始，到现在已经编写出了 *Flappy Dragon*，以及具有程序化地图生成、生命值、近身战斗、物品、战利品以及数据驱动设计的地下城探险类游戏（或者称之为 Rogue 类游戏）。你已经走了很长的一段路。真心地希望本书的结束并不代表着你学习游戏开发或者 Rust 语言旅程的结束，也希望你真正具备了编写有趣游戏并与全世界分享创造力的能力。

 作者自述：我想听到你的声音

我非常喜欢有人与我联系并对我说："在你的游戏引擎库以及这本书的帮助下，我做出来了这个东西"。如果这本书启发你做了什么有意思的东西，请告知我。你可以在推特上通过 aherberticus 这个账号找到我，也可以在 Devtalk 网站找到我。

第三部分　其他资源

在这一部分中，你可以找到其他一些资源：一份 ASCII/Codepage 437 的对照表，它可以帮助你使用基于终端的渲染方式来构造游戏原型；一份简短的设计文档指导书，它可以帮助你规划自己的游戏；一份 Rust 速查表，它汇总了 Rust 语言中的大部分语法知识。

附录 A　ASCII/Codepage 437 对照表

☺	☻	♥	♦	♣	♠	•	◘	○	◙	♂	♀	♪	♫	☼
1	2	3	4	5	6	7	8	9	10	11	12	13	14	15

0															
►	◄	↕	‼	¶	§	▬	↨	↑	↓	→	←	∟	↔	▲	▼
16	17	18	19	20	21	22	23	24	25	26	27	28	29	30	31
	!	"	#	$	%	&	'	(	)	*	+	,	-	.	/
32	33	34	35	36	37	38	39	40	41	42	43	44	45	46	47
0	1	2	3	4	5	6	7	8	9	:	;	<	=	>	?
48	49	50	51	52	53	54	55	56	57	58	59	60	61	62	63
@	A	B	C	D	E	F	G	H	I	J	K	L	M	N	O
64	65	66	67	68	69	70	71	72	73	74	75	76	77	78	79
P	Q	R	S	T	U	V	W	X	Y	Z	[	\	]	^	_
80	81	82	83	84	85	86	87	88	89	90	91	92	93	94	95
`	a	b	c	d	e	f	g	h	i	j	k	l	m	n	o
96	97	98	99	100	101	102	103	104	105	106	107	108	109	110	111
p	q	r	s	t	u	v	w	x	y	z	{	|	}	~	⌂
112	113	114	115	116	117	118	119	120	121	122	123	124	125	126	127
Ç	ü	é	â	ä	à	å	ç	ê	ë	è	ï	î	ì	Ä	Å
128	129	130	131	132	133	134	135	136	137	138	139	140	141	142	143
É	æ	Æ	ô	ö	ò	û	ù	ÿ	Ö	Ü	¢	£	¥	₧	ƒ
144	145	146	147	148	149	150	151	152	153	154	155	156	157	158	159
á	í	ó	ú	ñ	Ñ	ª	º	¿	⌐	¬	½	¼	¡	«	»
160	161	162	163	164	165	166	167	168	169	170	171	172	173	174	175
░	▒	▓	│	┤	╡	╢	╖	╕	╣	║	╗	╝	╜	╛	┐
176	177	178	179	180	181	182	183	184	185	186	187	188	189	190	191
└	┴	┬	├	─	┼	╞	╟	╚	╔	╩	╦	╠	═	╬	╧
192	193	194	195	196	197	198	199	200	201	202	203	204	205	206	207
╨	╤	╥	╙	╘	╒	╓	╫	╪	┘	┌	█	▄	▌	▐	▀
208	209	210	211	212	213	214	215	216	217	218	219	220	221	222	223
α	ß	Γ	π	Σ	σ	µ	τ	Φ	Θ	Ω	δ	∞	φ	ε	∩
224	225	226	227	228	229	230	231	232	233	234	235	236	237	238	239
≡	±	≥	≤	⌠	⌡	÷	≈	°	∙	·	√	ⁿ	²	■	
240	241	242	243	244	245	246	247	248	249	250	251	252	253	254	255

附录 B　简短的游戏设计文档

一个简短的游戏设计文档可以帮助开发者把注意力集中到游戏的核心思想上，而不会把精力花费在一些听起来非常棒，但是只有等到游戏的基础功能完成以后才可以实现的周边功能上。它还可以帮助开发者克服写作困难症，一个结构合理的简短设计文档可以帮助开发者完成游戏。地下城探险类游戏的设计文档示例参见第 4 章。

首先从一个可以帮助克服写作困难症的窍门入手：做笔记。

记录下每一个想法

在玩游戏和制作游戏的过程中，开发者经常会发现自己的头脑里充满了创意。但灵感总是在我们最不方便的时候突然到来——在淋浴时、在工作时或者在准备入睡时。所以，不妨在手边准备一个笔记本，实物笔记本或是电子笔记本都可以。当好的想法闯入脑海时，请立刻简略地记下来。只需要记录下足够事后回忆起当时想法的必要信息就够了。"类似 Pong 的游戏，但是用激光"是一个便于回忆的笔记。"超能力怪物"是一个很好的标题，但是可能需要更多的注释才能让你在回看笔记的时候记起来当时在想什么。

你可以使用任何一款自己喜欢的笔记管理系统。从 EMACS Org Mode 到 Evernote，从 Google Keep 到 Microsoft OneNote，有很多款笔记软件可以尝试使用。使用什么样的笔记工具并不重要，即便是一摞发黄的纸和一根破笔也没有关系。

把笔记按照游戏创意进行组织是一个好的做法。写下一个游戏创意并将其置顶，然后在下面书写关于各种细节特性的笔记。你需要思考这些细节特性对游戏的核心创意而言有多重要。举个例子：这个想法是游戏的一个核心概念，还是一个需要与其他想法配合才能实现的游戏视觉特效？

当你有强烈的创作欲望但是不知道具体应该做什么时，你就可以翻阅这些笔记，然后找到一些听起来有趣的东西。

有关游戏创意的笔记既不是设计文档，也不是开发计划。你经常会发现可以把来自不同笔记的创意结合起来——很多更加有趣的游戏创意都来自对多种流派或创意的组合思考。在把笔记转换为设计计划之前，先来思考一下计划应该包含什么内容。

为什么需要设计文档

一份设计文档可以起到如下几个作用。

（1）可以将希望制作的游戏的精髓浓缩成一个易于表达的目标。

（2）将笔记"编译"为一个更加正式的文档可以使得开发者用心思考游戏内部是如何运作实现的，而不是仅仅停留在游戏最终的效果概念上。

（3）编写设计文档可以帮助开发者分清楚哪些是基础的功能，哪些是锦上添花的功能。

（4）一个精心编写的设计文档可以把整个任务拆分为大小适中的子任务。这样开发者发现自己有时间编写程序时，就知道可以着手做什么了，并且可以真切地感受到自己确实在这段时间内完成了一些工作。

综上所述，我们从理论上介绍了设计文档的必要性以及它应该有的样子。实际上，你所需要的开发文档取决于项目的规模如表 B-1 所示。

表 B-1

个人开发者	小型团队	游戏工作室雇员
一个简短的游戏设计文档	能够让团队中的成员齐心协力	非常详细的文档
保持简单就好	能够追踪每一个 Sprint 的进度	游戏制作人会把它写好，不需要自己动手写

本书假设你是初学者，所以大概率是一个人开发或者和一个朋友合作开发，这就拥有了非常大的自由空间。设计文档可以不那么正式，只需要包含足够的信息来提醒自己该做什么即可。

设计文档是动态的

 通常情况下，设计文档并不是刻在石头上一成不变的碑文。相反，这些文档被称为动态文档——它们会被不时修改，以满足实际情况的需要。

接下来，让我们讨论一个最小化的、目标清晰的设计文档里面应该有什么。

设计文档的若干小标题

记住要保持设计文档的短小、精悍。你只需要几个基础的小标题，以及一些为了实现创意而对完成的任务的粗略评估即可。这一节旨在让你了解如何编写一个目标明确的设计文档，该文档可以帮助开发者在开发游戏的道路上保持正确的轨迹。

游戏的名称

起名字是一件困难的事情，而且通常情况下，第一个名字并不会成为游戏最终的名字。你可以先起一个随意的名字，然后再去想一个有趣的好名字。用暂定名称开始编写设计文档，把它写在文档的第一行。

游戏简介

在设计文档的最前面应该包含游戏的简要介绍。*Flappy Dragon* 可以被描述为"一个 *Flappy Bird* 的仿版"。一个典型的 Rogue 类游戏可以这样描述："一个具有随机生成的关卡、越来越难以打败的怪兽，以及回合制操作的地下城探险类游戏"。

游戏简介应尽量保持简短。这类似于营销手段中的"电梯推销"——当你想向朋友介绍这款游戏时可以使用的文案。

游戏剧情

并不是每一个游戏都有剧情。没有人知道为什么 *Flappy Bird* 游戏中的小鸟要不顾一切地向东飞，而且对于一个有趣的小游戏而言，有没有剧情并不重要。如果游戏配有剧情，那么就加入一个剧情的概要；如果没有剧情的话，就可以直接略过这个环节。

游戏的基本流程

游戏通常都具有**设计循环**（design loop），它描述了游戏主人公的行为，以及这些行为对周边世界产生的影响。*Flappy Dragon* 游戏的循环非常简单：飞龙向东飞，避开障碍物。一个回合制的地下城探险类游戏的循环机制应该是如下这样的。

（1）进入一个随机生成的地下城关卡。

（2）探索地下城。

（3）遇到怪兽，与怪兽战斗或者逃离。

（4）捡起在行进路上遇到的物品。

（5）寻找关卡的出口，然后从步骤 1 重新开始。

你所设计的游戏也可以包含多个循环。这样做没什么问题，但也可能是一种值得警惕的迹象——它表明开发者可能正朝着开发一个大型或者复杂游戏的方向前进。一个即时战略类游戏一般会有下列几个不同的循环。

（1）找到资源并且安排工人去开采。

（2）建造自己的基地，需要同时考虑资源消耗、游戏单位的建造，以及防御系统。

（3）组建自己的军队。

（4）找到敌人的据点，并指挥自己的军队消灭敌人。

最简可行产品

为游戏想出各种创意是很容易的，但去繁就简找到游戏最本质的要素反而是一件困难的事情。能够实现最基础设计功能的最小程序称之为最简可行产品，也就是 MVP。

MVP 是开发者的最初目标。首先构建由 MVP 拆分出的各个部件，一旦这些部件可以拼合起来，那就已经有了一个实际可玩的游戏。虽然这不是最终的游戏，但这是一个值得骄傲的成就。你可以把它分享给朋友试玩以获取反馈意见。在实际试玩之前，你永远无法判断一个创意是不是一个好创意。把精力集中在实现 MVP 功能上可以避免花费好几个小时打磨一个听起来很有趣但在现实中并不理想的功能。

延展目标

一旦确定了 MVP 功能的列表，你就可以把其他所有希望开发的功能特性加入延展目标列表中。请试着把这些目标按照重要性排序，因为开发者可能无法实现其中的所有项目。理想情况下，开发者应该选择那些既符合游戏整体设计规划，又容易实现的目标。坐下来写一会儿就能完成的功能特性要比那些要花费数个星期才能实现的目标更能激发开发者的热情。

跳过森林，不要向摩多进军[1]

如果你曾经就职于软件行业，那么大概率体验过"死亡行军"一般的项目。每个人都感到精疲力竭，在项目上投入的时间越多，反而感觉距离取得成功越遥远。这并不是在开玩笑，所以要尽量避免把这样的压力强加到自己身上。如果一个目标使自己感到有压力，那么就把它从设计中去掉。如果你是一个孤独的游戏爱好者，那么这一点尤为重要。如果连开发者本人都讨厌制作游戏，那么这种"怨念"最终会被玩家觉察到并使玩家对这款游戏产生厌恶。

---

① 该标题引用了《魔戒》中的故事。——译者注

关于永远不会用到的东西

如果想让游戏顺利完成，那就要粗暴一些，把所有不在 MVP 中的功能全部放到扩展目标里。开发者一旦开始享受开发游戏的乐趣，就会有层出不穷的想法，其中有一些想法是可行的，但也有一些是不好的。你可以先把它们都记下来，但是在把它们添加到游戏设计文档中作为一个新任务之前，问问自己，"我真的需要这个功能吗？"除了核心功能，你大概率并不需要这个功能——它只是锦上添花而已。如果这些额外功能看起来可以实现，就把它们加入扩展目标中；否则，就让它们继续躺在笔记本里——也许可以在游戏的 2.0 版本中加入它们，或者用它们打造一个全新的游戏。

Sprints 与信心保持

现在你有了最高层次的开发文档，接下来可以将其转化为计划。你需要把创意分解为多个容易处理的小任务块。游戏包含一个可以在地下城里游走的玩家角色吗？这个功能就是一个大小合理的任务块——创建地图并且让玩家角色可以在其中移动。游戏是回合制的吗？搭建起回合制的框架是一个不错的 Sprint。本书的各个章节被特意设计为与真实开发中的各个 Sprint 相对应。

在讨论 Sprint 时，你需要考虑到它们之间的依赖关系。直到拥有了地图、玩家角色以及可以和玩家角色对战的元素之后，开发者才可能去实现战斗系统。直到玩家具有生命值属性以后，回血药才变得有用处。高能热核爆炸很酷炫，但是它需要先有被打击的目标、使用它的原因、以及一种用来展示其强大破坏力的表现方式。

保持 Sprint 短小的另一个原因是它可以很好地保持开发者的开发动力。一个小的 Sprint——特别是在一小段时间内就能完成的——可以给开发者带来项目进度被显著推进的感觉。他们可以试玩新加入的功能，然后说，"看，我实现了这个功能。"这一点非常重要。要避免先把所有代码一口气写完再做集成的"瀑布式"开发模式，这种模式会导致开发者几个月都看不到一丁点有价值的进展，从而变得灰心并且对项目失去兴趣。

不要害怕说出"这段代码没什么用"的话，可以先把它删掉——但是要记得把它备份在一个地方，即便是放在一个 Github 的分支里面也行，你在后面的开发中很有可能会再次回过头来使用它。

设计文档带来的长期收益

保持记笔记的习惯可以为开发者打造出一个创意池，当有写代码的冲动时，开发者可以从中寻找灵感。这可以帮助开发者克服写作困难症——没有什么比面对一个新建的空文档冥思苦想更糟糕的事情了。从创意池中选择一个创意，先写一个简陋的设计文档，然后拼凑出一个原型。即使做出来的东西很糟糕也没关系，每个游戏开发者都是从制作糟糕的游戏开始的。重要的是，开发者实际尝试做了一些东西，并且在做的过程中学到了新东西。

随着开发者逐渐变得更优秀，经历过的失败项目和成功项目会越来越多，开发者的经验会逐渐积累起来，而且对于项目的成败也会有更加敏锐的直觉。此外，开发者还会开始编写很多可以复用的代码。如果一个游戏创意需要一些来自以前项目中的东西，那么可以直接拿过来使用。

认清自己的能力

如果你经常访问游戏开发论坛或者 Discord 网站，就会发现每一个人都有远大的想法。每当有新人开发者发帖介绍自己所设想的大规模多人在线游戏、大型角色扮演游戏，或者和《刺客信条》一样规模的游戏时，都会被类似"为什么不从写一个 Pong 开始呢？"这样的回复刷屏。虽然表面上看起来不太礼貌，但这些长期混迹于论坛的老油条们并不是故意对新人刻薄。因为开发者确实需要从小的项目做起，并且逐步积累经验。这就是本书以 Flappy Dragon 作为起点的原因——你可以在一个章节内完成这个游戏，并且在这个过程中掌握很多基础知识。总有一天，你（以及你所在的大型游戏团队）将准备好去制作一个和《魔兽世界》（World of Warcraft）相媲美的游戏。如果一开始就从如此大规模的游戏入手，那么几乎可以预料到一个大家都熟悉的结局：信心满满地开始，然后意识到开发支持数千人在线的网络代码有多么复杂，于是决定写一个小一点的游戏，或者彻底放弃游戏开发。

记笔记的习惯可以使你能够描述自己的梦想。但要意识到，在具备相应的能力之前，它只是一个梦想。

快速试错

在设计一个新颖的游戏时，开发者有可能会忽略掉最重要的一点：游戏本身不好玩。然而问题是，除非实际试玩过，否则谁也不会知道好玩还是不好玩（尽管有时经验可以帮助判断）。创建一个能展现游戏核心玩法的简陋原型，然后把它展示给一个值得信任的朋友。如果游戏的核心玩法是个非常好的创意，当他在享受游戏时会自然而然地露出喜爱之情。如果核心创意是无趣的，那也没关系。在这个创意的旁边标注上"这是一个好主意"并让它继续躺在笔记本中，然后继续尝试下一条创意。也许有一天，你会发现它可以成为一个在大型游戏中嵌入的迷你小游戏。最坏的情况是，你从中吸取了教训，并决定不再尝试这个创意。

不要强调截止日期

我喜爱截止日期。我喜爱它们来临时发出的呼啸声。

——Douglas Adams

如果你做游戏是兴趣使然，那么就不要被截止日期束住手脚。没有什么能比一个原本"有趣"的项目却让开发者因任务延期而感到痛苦更糟糕的事情了。如果你正在使用一个项目管理软件，那么不妨给自己留出足够富裕的时间——如果真的逾期了，就重新调整时间安排。

小结

从用笔记本记录灵感到简短设计文档的模板，你应该已经了解了规划一个小型游戏项目的全部内容。你不需要花费数小时的时间来编写内容冗长的设计手册——但是在开始前快速勾勒一个轮廓可以保证你在开发过程中不会走偏，从而保证项目能够完成。

附录 C　Rust 语法速查表

□变量赋值

let n = 5;　　　　　　将数值 5 赋值给变量 **n**，变量 n 的类型是由编译器自动推导出的。

let n : i32 = 5;　　　将数值 5 赋值给变量 **n**，变量 n 的类型是 **i32**。

let n;　　　　　　　　创建一个名为 n 的占位变量，开发者可以在后面为其赋值（但只能赋值 1 次）。

let mut n = 5;　　　　将数值 5 赋值给变量 **n**，变量 **n** 是可变的，可以在后续修改它的值。

let n = i == 5;　　　　将表达式 i==5 执行后的结果（true 或 false）赋值给变量 **n**，变量 n 的类型是由编译器自动推导出的。

x = y;　　　　　　　　如果变量 **y** 是一个不可被复制的类型，则将变量 **y** 的值移动到变量 **x** 中（此后变量 **y** 就不能再被使用了）。如果变量 **y** 实现了[derive(Copy)]，则会制作一份备份赋值给 **x**，变量 **y** 还可以继续使用。

□结构体

struct S {x:i32}　　　创建一个结构体，使之包含一个名为 **x**，类型为 **i32** 的字段，可以通过 **s.x** 的形式来访问这个字段。

struct S (i32);　　　　创建一个元组结构体，使之包含一个 **i32** 类型的字段，可以通过 **s.0** 的形式来访问这个字段。

struct S;　　　　　　创建一个单元结构体，它将在编译时被优化算法从程序中移除。

□枚举体

enum E { A, B }　　　定义一个枚举体类型，它有 **A** 和 **B** 两个可选的值。

enum E { A(i32), B }　定义一个枚举体，它有 **A** 和 **B** 两个可选的值，其中 **A** 选项可以额外包含一个 **i32** 类型的数据。

☐控制流

while x {...}	当表达式 **x** 的求值结果为 **true** 时，重复运行括号中的代码。
loop { **break**; }	重复运行括号中的代码，直到 **break**;被调用。
for i **in** 0..4 {...}	在 **x** 变量取值为 0、1、2、3 的情况下分别运行一次括号中的代码。循环范围并不包含最后一个数字。
for i **in** 0..=4{...}	在 **x** 变量取值为 0、1、2、3、4 的情况下分别运行一次括号中的代码。循环范围包含最后一个数字。
for i **in** iter {...}	对于迭代器中的每一个元素，执行一次括号中的代码。
iter.for_each(|n|...)	和 for i in iter()是一样的，为迭代器中的每一个元素执行一次闭包。
if x {...} **else** {...}	如果 x 是 true，则运行第一个代码块；否则，运行第二个代码块。

☐函数

fn my_func() {...}	声明函数 my_func，它没有参数列表和返回值类型。
fn my_func(i:i32) {...}	声明函数 my_func，它有一个 i32 类型的参数 i。
fn n2(n:i32)**->** i32 {n*2}	声明函数 n2，它接收一个 i32 类型的参数，并返回 n*2。
|| {...}	创建一个没有参数的闭包。
|| 3	创建一个没有参数的闭包，它会返回数字 3。
|a| a*3	创建一个闭包，它接收一个名为 a 的参数，并返回 a*3。

☐成员函数、关联函数

impl MyStruct {	在这个代码块中定义的函数将被关联到 MyStruct。
fn assoc() {...}	关联函数，通过 MyStruct::assoc()的方式来调用。
fn member(&self) {...}	成员函数，通过 my_instance.member()的方式来调用。
fn mem_mut(&**mut** self) {...}	可变成员函数，通过 my_instance.member_mut()的方式来调用。这个函数可以修改结构体实例的值。
}	
impl Trait **for** MyStruct {...}	为 MyStruct 定义 Trait 中要求的成员函数。

□枚举体匹配（包括 Result 和 Option 类型）

match e {	在 e 的值上进行匹配。
MyEnum::A **=>** do_it(),	如果 e 的取值是 A，调用 do_it()。
MyEnum::B(n) **=>** do_it(n),	从枚举体中提取出名为 n 的成员。
_ **=>** do_something_else()	_表示没有任何其他条目匹配成功时的默认值。
}	

□Option 类型变量

option.unwrap()	拆开一个 Option 类型变量，如果是空的，则触发 Panic 或使程序崩溃。
option.expect("Fail")	拆开一个 Option 类型变量，如果是空的，则打印指定消息后让程序崩溃。
option.unwrap_or(3)	拆开一个 Option 类型变量，如果是空的，则使用 3 作为它的默认值。
if let Some(option) = option {...}	使用 if let 语句提取 Option 类型变量内部的值，如果其中有值，则括号中的代码可以通过 option 变量来访问其中存储的值。

□Result 类型变量

result.unwrap()	拆开一个 Result 类型变量，如果有错误，则触发 Panic 或使程序崩溃。
result.expect("Fail")	拆开一个 Result 类型变量，如果有错误，则打印指定消息后让程序崩溃。
result.unwrap_or(3)	拆开一个 Result 类型变量，如果有错误，则使用 3 作为它的默认值。
if let Ok(result) = result {...}	使用 if let 语句提取 Result 类型变量内部的值。
function_that_might_fail()?	对于返回 Result 类型的函数来说，可以使用?来作为 unwrap 的简便写法。

□元组与解构

let i = (1, 2);	将 1 和 2 两个数字分别作为元组 i 的第 0 个和第 1 个成员。
let (i, j) = (1, 2);	将元组(1, 2)解构到变量 i 和 j 中。

i.0	访问元组的第一个成员。

□模块与导入

mod m;	引用模块 m，它会查找 m.rs 或者 m/mod.rs 这两个文件。
mod m {...}	以内联的形式定义一个模块，可以通过 m::x 的形式来访问其内部的成员。
use m::*;	将模块 m 中的所有成员导入当前作用域中，从而可以直接使用它们。
use m::a;	将模块 m 中的成员 a 导入当前的作用域中，这样就可以直接使用 a，而不是 m::a 了。

□迭代器链式调用

iter	代表一个迭代器，它可以是在集合类型上调用 iter() 得到的，也可以是调用其他返回迭代器的函数而得到的。
.for_each(|n| ...)	为迭代器中的每一个成员调用一次闭包。
.collect::<T>()	将迭代器中的所有成员收集到一个新的类型为 T 的集合中。
.count()	获得迭代器中成员的数量。
.filter(|n| ...)	过滤迭代器中的元素，只保留下那些能使闭包返回 true 的元素。
.filter_map(|n| ...)	过滤迭代器中的元素，返回第一个能使闭包返回 Some(x) 的结果，如果要忽略掉某个元素，让闭包返回 None 即可。
.find(|n| ...)	在迭代器中寻找指定成员，如果没有找到，则返回 None。
.fold(|acc, x| ...)	将迭代器中的所有成员叠加到 acc 变量上。
.map(|n| ...)	将迭代器中的每一个元素都替换为对应闭包返回的值。
.max()	在迭代器中找到最大的一个值（仅对数值类型有效）。
.max_by(|n| ...)	在迭代器中找到最大的一个值，比较大小的规则由闭包指定。
.min()	在迭代器中找到最小的一个值（仅对数值类型有效）。
.min_by(|n| ...)	在迭代器中找到最小的一个值，比较大小的规则由闭包指定。
.nth(n)	返回迭代器中位于第 n 个位置的元素。
.product()	将迭代器中的所有元素相乘（仅对数值类型有效）。

`.rev()`	翻转迭代器的顺序。
`.skip(n)`	跳过迭代器中接下来的 n 个元素。
`.sum()`	将迭代器中所有的元素进行累加（仅对数值类型有效）。
`.zip(other_it)`	与另一个迭代器做合并，合并后的结果按照 A、B、A、B 的模式交织在一起。